JN417920

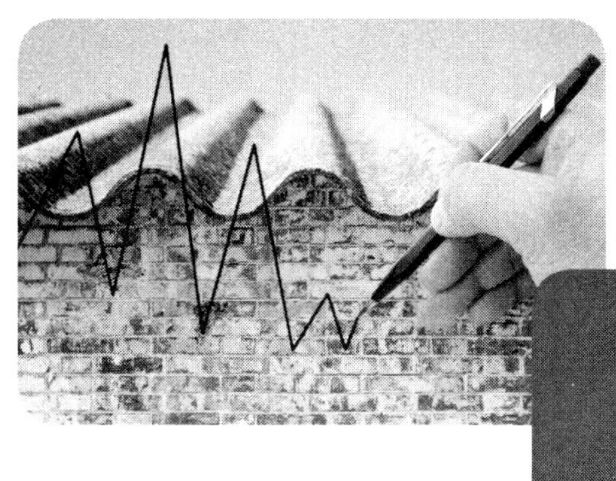

건설업
석면해체 · 제거작업
관리감독자

화학안전보건협회
(김정만 외 9인)

도서출판 동화기술

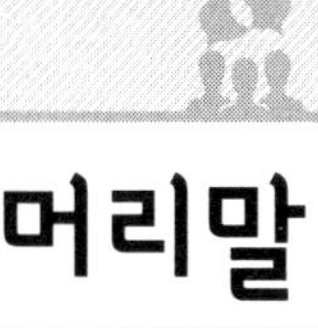

머리말

석면은 세계적으로 사용되었던 광물성 섬유로서 기원전부터 최근까지 광범위하게 여러 분야에서 유용한 물질로서 사용되어 왔습니다. 우리나라의 경우는 1970년대부터 1990년대까지 슬레이트, 텍스, 보온단열재 등의 건축자재로 다양하게 사용되어 왔으나 석면으로 인한 건강피해가 증가되는 추세를 보이고 있어 정부에서는 2009년 1월부터 석면의 사용을 전면금지한 바 있습니다.

석면의 안전한 해체 및 제거를 위하여 2009년 8월 7일부로 석면조사기관의 허가제와 석면해체·제거등록업의 등록제가 고용노동부 소관으로 시행되어 왔습니다. 또한 석면해체·제거 작업장 외부로 비산될 가능성이 있는 석면을 조사 및 관리하는 석면안전관리법이 환경부의 주관으로 2012년 4월 29일 시행되었습니다. 석면안전관리법의 시행취지는 석면을 취급하는 작업자뿐만 아니라 인근 지역주민들의 건강을 석면으로부터 보호하고자 함이며 일상생활에서 쉽게 접할 수 있는 석면을 보다 안전하고 체계적으로 관리하고자 하는 것인데, 그 내용을 살펴보면 석면의 안전관리를 위해 일정규모의 석면해체·제거를 하는 공사 현장에서는 석면비산농도를 측정 후 결과를 공개하고, 건축물 소유자의 석면조사 의무화, 자연발생석면의 관리 등에 대한 것을 상세히 규정하고 있습니다. 석면에 대한 국민의 관심과 우려가 점차 높아지는 등 석면에 대한 관심이 증가되고 있는 상황에서 석면관련 종사자들이 실제적으로 업무에 활용하고 일반시민에게 석면에 대한 정확한 정보를 제공할 수 있는 자료의 필요성이 대두되어, 2012년 4월에 발간된 "석면관리"라는 책을 수정, 보완하고 새로이 개정된 석면안전관리법의 관련내용 뿐만 아니라 석면조사와 해체·제거의 구체적 방법과 석면감리내용을 담아 "건설업(석면해체·제거작업) 관리감독자"라는 제목으로 발간하게 되었습니다.

새로이 발간되는 이 "건설업(석면해체·제거작업) 관리감독자"라는 책이 우리나라의 석면을 안전하게 해체·제거하여 석면으로부터 국민의 건강을 보호하는데 활용되는데 큰 의미를 가졌으면 합니다.

끝으로 이 책을 발간하는데 공동저자로 참여해주신 분들께 감사드리며, 편집을 맡아주신 도서출판 동화기술 관계자 여러분들께 진심으로 감사의 말씀을 드립니다.

대표저자 김정만

차례

부록

Chapter 1

산업안전보건법 및 일반관리에 관한 사항

1. 석면의 특성 ▮ 김정만, 오세민

1.1 석면의 역사

석면(石綿, Asbestos)은 그리스어에서 유래한 것으로 "불멸의, 끌 수 없는(indestructable, inextinguishable)"이라는 의미를 갖는 물질로서 프랑스에서는 "asbeste", 독일에서는 "steinflachs", 이탈리아에서는 "aminato", 지질학에서는 석면을 "asbestus"라고 불린 바가 있다.

석면은 백만 년 전 화산활동에 의해 발생된 화성암의 일종으로서, 자연계에 천연으로 존재하는 사문석(蛇紋石) 및 각섬석(角閃石)의 광물에서 채취되는 섬유모양의 규산화합물로서, 직경이 0.02~0.03μm 정도의 유연성이 있는 견사상(繭絲狀)의 물질로 광택이 특이한 극세 섬유상의 광물이다.

석면이 우리 생활에 언제부터 이용되었는지 정확히 알 수는 없으나 최초로 인류가 석면을 사용한 흔적은 핀란드에서 발견되었으며 연대는 기원전 2500년으로 추정된다. 역사 시대 이후의 기록을 통해 그리스와 이집트, 중국에서 석면섬유를 직조했던 사실을 알 수 있다.

기원전 4~5세기경에는 그리스와 아테네의 신전이나 희랍초기의 미네르바사원에서 등에 불에 타지 않는 석면심지를 사용하였으며, 로마사람들은 화상을 입지 않고 불속을 통과할 수 있는 기능 때문에 왕의 옷의 재료로 석면을 사용하였다. 기원전 50년의 이집트에서는 석면심지를 만들 때에 기술자가 분진의 흡입을 막기 위하여 마스크를 착용했다는 기록이 있다. 또한 중국의 소설 삼국지의 위지(魏志)에서 "불로 태우면 더욱 아름답게 된다."는 뜻을 가진 화완포(火浣布)를 석면으로 제작한 바 있다. 또한 캐나다에서는 1930년대에 백석면의 긴 섬유를 이용하여 장갑과 양말을 수공예로 제작하여 사용하였다는 기록이 있다.

그동안 석면가스켓(단열재), 석면시멘트(내화재), 석면직물(방화재), 석면 브레이크라이닝(마찰재) 등 다양한 분야에서 이용되었고, 그 제품도 3,000여개가 넘는 것으로 알려져 있다.

전 세계적으로 거의 모든 경제 분야에 석면이 사용되어 왔으며, 오랫동안 석면을 대체할 만한 물질은 없는 것으로 여겨졌다. 또한 과거에 석면은 광물성 규산염이기 때문에 건강에 큰 문제가 없는 것으로 여겨졌으며, 따라서 석면 분진으로 인한 건

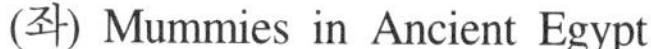

(좌) Mummies in Ancient Egypt

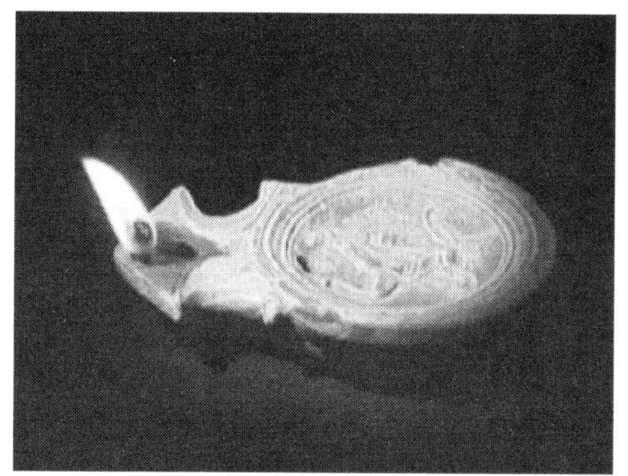

(우) Lamps of Ancient Rome

그림 1-1-1 고대 이집트의 석면에 둘러싸여 있는 미라와 로마시대에 사용한 등잔의 석면 심지

강의 위험은 일반 분진의 경우와 특별히 다르게 취급되지 않았다. 이렇듯 석면이 오늘날 같은 유해물질로 취급되지 않았기 때문에 그 사용량은 증가하여 1966년에 세계 생산량이 2백8십만 톤이었던 것이 1975년에는 5백2십만 톤으로 증가하였으나, 최근 들어 석면의 유해성이 알려지면서 석면대체물질이 개발되어 사용되고 있어 현재는 감소하는 추세이다.

근대 석면의 역사는 1850년대 캐나다의 퀘벡(Quebec)과 1800년대 초반에 남아프리카에서 석면광산이 발견되어 대대적으로 석면이 채굴되기 시작한 후 부터이고, 석면이 상업적으로 널리 사용되게 된 것은 19세기 중엽 직포기가 개발되면서부터이다.

상당량의 석면을 생산하였던 국가는 캐나다와 남아프리카 외에 이탈리아, 러시아, 중국, 호주, 미국, 짐바브웨 등을 들 수 있겠으나 그 중 캐나다의 퀘벡은 서방세계에서 가장 중요한 석면 생산지로 약 70%를 생산하였으며 대부분이 백석면이고, 호주와 남아프리카에서는 청석면이 생산되었다. 2000년에 러시아는 70만 톤 생산으로 세계 최대였고, 중국이 45만 톤, 그리고 캐나다가 33만5천 톤이었는데 이 당시 세계 총생산량은 213만 톤으로 이들 3개국이 전체의 약 70%를 생산하였다. 최고의 소비국가는 러시아와 중국이었으며 다음으로 브라질, 인도, 태국, 일본의 순이었다.

우리나라는 1930년대 중반 전국에 걸쳐 석면광산이 개발되었으며 2차 대전 중에 일본은 군수물자 조달을 위해, 특히 해군함정에 사용하는 석면의 수요가 급증함에 따라 우리나라에서 석면 생산을 시작하였는데 이 때 생산된 석면은 대부분 일본으로 수출되었고 일부는 국내에서 사용되었다[출처 : 조선광상조사요보(1941~1945)].

해방되면서 석면 생산량은 급속이 감소하고 일부 명맥을 유지하다가 산업의 발달로 석면 생산량도 증가하여 1978년부터 1983년까지 연간 10,000톤 이상을 생산하였으나 광맥의 빈약과 인건비 상승으로 수입에 의존하게 되었다. 대표적인 석면 광산은 백석면(chrysotile)광산인 충남 홍성지방의 광천 석면광산으로 1944년 백석면 4,815톤을 생산하여 우리나라 백석면의 90%를 생산하였으며, 근로자수가 약 1,100명에 이르고 지역주민이 약 2,000명 정도가 관련되었다(출처 : 한국의 지질과 광물자원, 1998). 1984년 광천광산이 폐광될 때까지 우리나라에서 생산된 석면의 총 생산량은 145,000톤이었으며 대부분 백석면이었다.

우리나라 석면의 사용은 일제 강점기부터 서울 용산의 아사노 슬레이트 공장을 필두로 시작하였으며 급속한 경제 성장과 경제성장과 더불어 석면의 사용이 급속히 증가하였다. 석면 생산과 슬레이트 제조에 이미 50년 이상 사용하였으며 석면 방직업과 브레이크 제조업은 34년의 역사를 가지고 있다. 우리나라에서 석면은 크

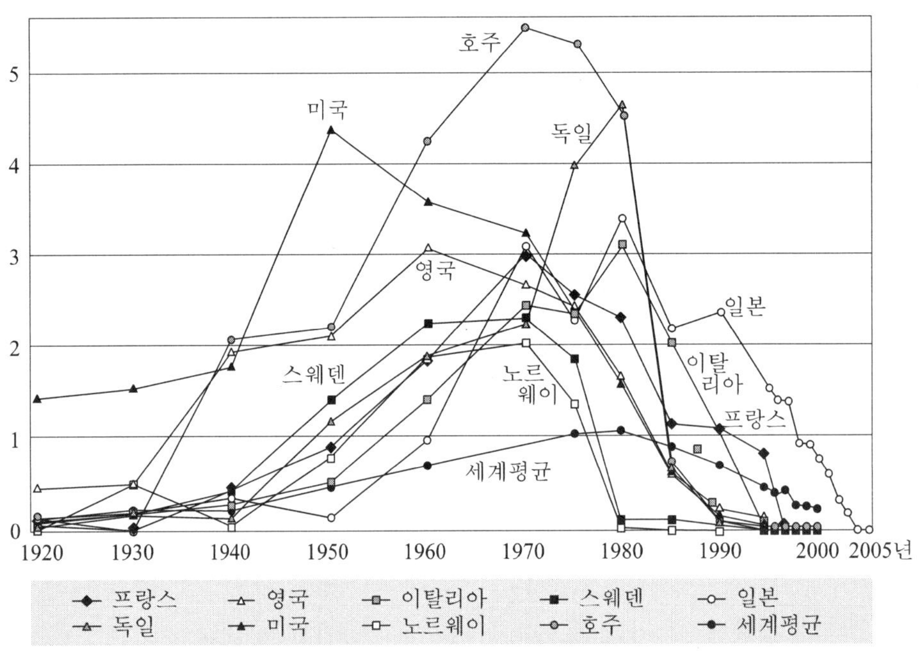

(출처 : US Geological Survey, Worldwide asbestos supply consumption trends from 1900 to 2000, Open-File Report 03-83)

그림 1-1-2 국가별 인구 1인당 추정소비량(kg)

게 시멘트제품, 마찰재, 조인트시트, 방직제품 등에 포함되어 현재까지 다양한 분야에 사용되었다.

1976년 석면의 수입량은 7만4천 톤에서 1995년 8만8천 톤까지 꾸준히 증가하였으나 급격한 증가추세는 보이지 않고 있다가 2009년 전면 수입 및 사용이 금지되었다.

(출처 : 캐나다 퀘벡, 광물박물관)

그림 1-1-3 1930년대 석면장갑과 양말의 제작

(출처 : Asbestos Institute, Canada)

그림 1-1-4 캐나다 퀘벡 Thetford Mines시의 Lab Chrysotile Inc. 석면광산

1.2 석면의 일반적 특성과 종류

1) 석면의 특성

수천가지 이상의 제품 생산에 사용되는데, 주로 강도를 높이고 강산이나 화학물질 또는 고열에 대한 내구성을 증가시키고, 탄성을 조절하기 위해서 사용된다. 석면은 증발하거나 녹거나 타지 않으며, 다른 화학물질과 심한 반응을 일으키지 않으며 생분해가 되지 않기 때문에 석면이 일반 환경 및 작업환경 내에 축적된다. 이 같은 성질 때문에 흡입된 석면은 사람의 생체 내에서 축적되어 다양한 종류의 질병을 일으킨다.

다음은 석면이 갖고 있는 일반적인 특성을 나열한 것이다.

① 내화성(Fire proofing) 및 단열성(Heat resistance)0

② 절연성(insulation)

③ 방부성(corrosion resistance)

④ 방적성(spinability) 및 고인장성(high tensile properties)

⑤ 유연성(flexible)

⑥ 내마모성

⑦ 비흡습성

⑧ 안정성 및 환경축적성

2) 석면의 종류

석면은 크게 사문석계 석면과 각섬석계 석면으로 나눌 수 있다. 가장 널리 사용되는 백석면(크리소타일 ; Chrysotile) 등의 사문석 군과 청석면(크로시도라이트 ; Crocidolite)과 갈석면(아모사이트 ; Amosite), 양기석석면(악티노라이트 ; Actinolite), 투각섬석면(트레모라이트 ; Tremolite), 직섬석석면(안소필라이트 ; Anthophylite) 등의 각섬석 군으로 구분된다. 사문석계 석면인 백석면은 세계 석면 소비량의 약 93% 이상을 차지하며 널리 사용되는 반면, 청석면, 갈석면, 직섬석, 투각섬석, 양기석 등이 포함되는 각섬석계 석면은 사문석계 석면에 비해 비교적 드물게 사용되고 있다.

석면은 주로 노천광산에서 채굴되며, 암석에는 단지 3~10% 정도의 섬유량을 얻고 기술적으로 필요한 섬유의 품질을 확보하기 위해 엄청난 작업과정이 수반된다. 개별 섬유를 현미경으로 관찰해 보면 이들 섬유가 다수의 극히 작은 섬유형태의 결정으로 이루어져 있음을 알 수 있다. 이들 섬유의 배열에서 근본적인 차이점을 알 수 있다. 석면은 내열성, 불연성, 전기 절연성, 단열성, 탄력성과 같은 특징이 있고 비교적 가격이 저렴하여 광범위하게 사용되었다.

이들 석면은 종류에 따라 철, 마그네슘, 규소 등의 함량이 각각 다르고 특성도 달라진다. 석면의 주요 화학조성비는 다음과 같다.

표 1-1-1 석면의 종류 및 특성

Group	석면명	광물명(영문)	특 성
사문석군 (Serpentine)	크리소타일 (백석면 : Chrysotile)	Chrysotile	가늘고 부드러운 섬유. 휨 및 인장강도 큼. 가장 많이 사용
각섬석군 (Amphibole)	아모사이트 (갈석면 : Amosite)	Grunerite	고내열성 섬유
	크로시도라이트 (청석면 : Crocidolite)	Riebeckite	석면광물 중 가장 독성이 강함
	안소필라이트 (Fibrous anthophylite)	Anthophylite	흰색 섬유 거의 사용치 않음
	트레모라이트 (Fibrous tremolite)	Tremolite	거의 사용치 않음
	악티노라이트 (Fibrous actinolite)	Actinolite	거의 사용치 않음

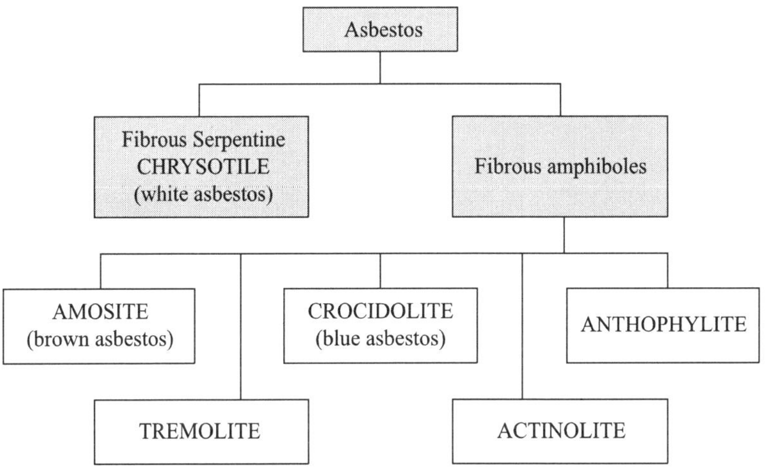

그림 1-1-5 석면의 계통도

'백석면'은 세계 석면 사용량의 93% 이상을 차지하는 물질로 사문암의 맥상에 존재하고, 주요 생산지로는 캐나다의 퀘벡지방과 러시아의 우랄지방 등이 있다. 꼬인 물결 모양의 섬유 다발로 그 끝은 분산되어 있고 가늘고 부드러워 잘 휘어진다. 강도는 500 kg/mm^2 이상으로 매우 우수하여 철강의 항장력보다 크다. 가열하면 무색에서 밝은 갈색의 빛깔을 띠나 다색성은 아니다. 종횡비는 전형적으로 10 : 1 이상이고 내화성, 불연성이며 400℃에서 탈수분해가 일어나 800℃에서 완전히 결정

표 1-1-2 석면의 화학조성비(출처 : Cape Asbestos Fibers Ltd)

구 분	백석면	청석면	갈석면
유리규산(SiO_2)	40.75	52.00	49.70
알루미나(Al_2O_3)	3.37	-	0.40
삼산화철(Fe_2O_3)	0.44	16.05	0.03
산화철(FeO)	0.28	17.65	39.70
산화망간(MnO)	0.03	trace	0.22
산화마그네슘(MgO)	41.28	4.28	6.44
산화칼슘(CaO)	0.35	1.20	1.04
산화나트륨(Na_2O)	0.07	6.21	0.09
산화칼륨(K_2O)	0.04	0.06	0.63
수화물$(H_2O)^+$	12.86	2.43	1.83
수화물$(H_2O)^-$	0.78	0.26	0.09

표 1-1-3 석면의 물리 · 화학적 특성[출처 : 기술표준원 고시 제2009-0981호(2009.12.30)]

석면종류	사문석군	각 섬 석 군				
	백석면	청석면	갈석면	직섬석	투각섬석	양기석
영문명	Chrysotile	Crocidolite	Amosite	Anthophylite	Tremolite	Actinolite
화학구조식	$Mg_3Si_2O_5(OH)_4$	$Na_2Fe_3^{2+}Fe_2^{3+}Si_8O_{22}(OH)_2$	$(Fe,Mg)_7Si_8O_{22}(OH)_2$	$Mg_7Si_8O_{22}(OH)_2$	$Ca_2Mg_5Si_8O_{22}(OH)_2$	$Ca_2(Mg,Fe)_5Si_8O_{22}(OH)_2$
Cas No.	12001-29-5	12001-28-4	12172-73-5	77536-67-5	77536-68-6	77536-66-4
분자량	277.13	1,008.82	1,171.83	780.88	812.42	1091.67
경도	2.5~4.0	4	5.5~6.0	5.5~6.0	5.5	6
비중	2.55	3.37	3.43	2.85~3.1	2.9~3.2	3.0~3.2
내산성	열	우	양	우	우	양
내알칼리성	우	우	우	우	우	우
용융점(℃)	1,500	1,200	1,400	1,450	1,315	1,400

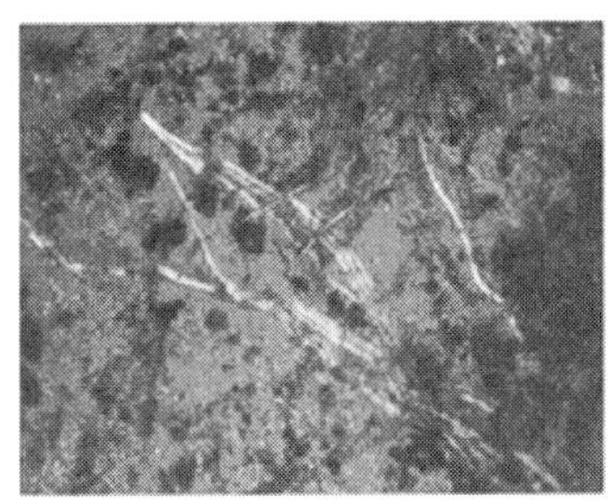
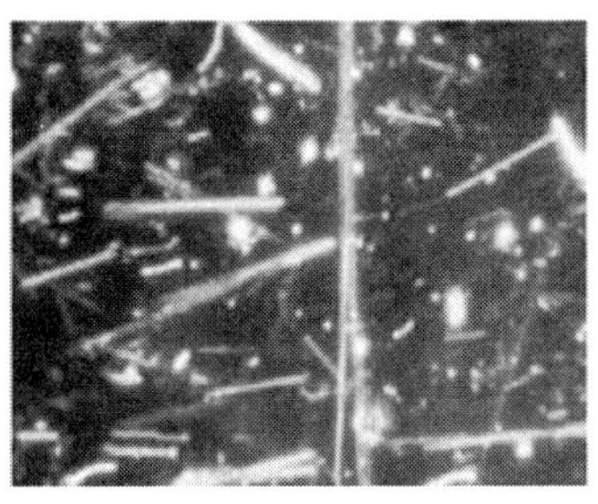
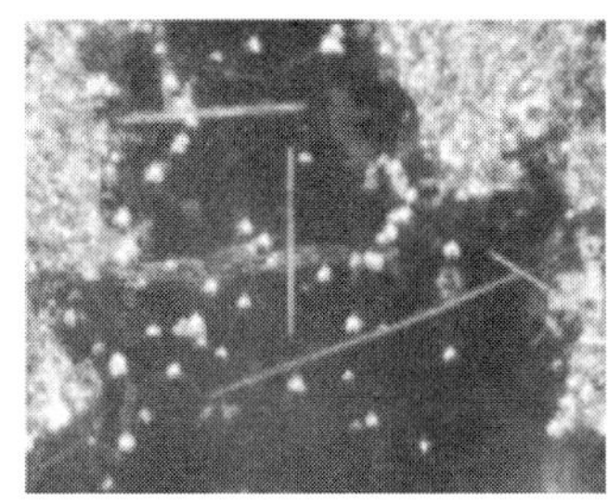

그림 1-1-6 석면의 종류에 따른 편광현미경 사진[백석면(좌), 갈석면(중), 청석면(우)]

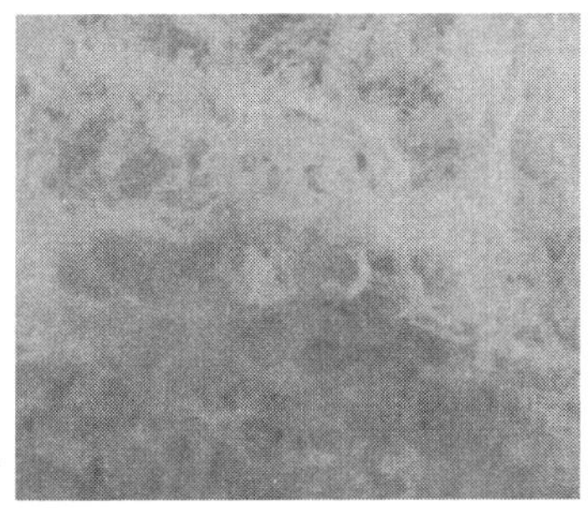
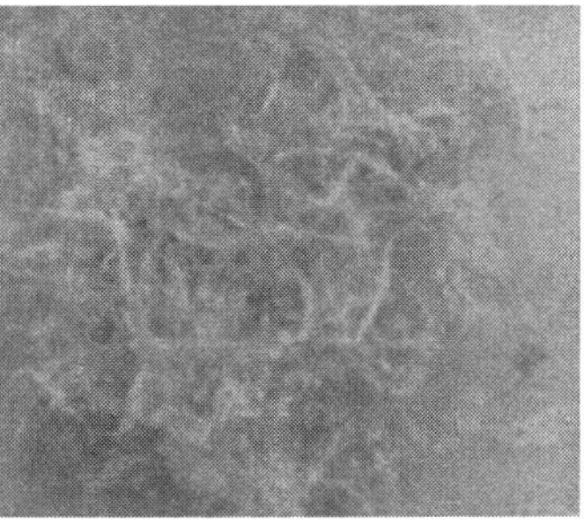

그림 1-1-7 백석면(좌), 갈석면(중), 청석면(우)의 섬유 모양

수를 잃고 강도와 보온성을 상실한다. 실리카와 마그네슘이 주성분이다.

'갈석면'은 내열성이 강한 바늘 모양의 곧은 섬유와 섬유다발로서, 대부분 50~100 mm 정도의 굵기를 가지고 있다. 다발 끝은 빗자루 같거나 분산된 모양이고 가열하면 무색에서 갈색의 빛깔을 띠며 약한 다색성이다. 종횡비는 전형적으로 10 : 1 이상이고 취성 및 고내열성이며 끓는점은 600~800℃로 1,000℃에서 분해된다. 과거 보온재로 많이 사용된 갈석면은 청석면보다 강하고 탄력이 있어 휘어도 원상태로 복귀하는 성질이 있다. 실리카와 산화철이 주성분이며 남아프리카 북동부 지역에서 생산된다.

'청석면'은 실리카와 산화철이 주성분이고, 철분 함유량이 많아 특징적인 청색을 띠며 다색성이다. 청석면은 석면 광물 중 강도가 가장 강하고 곧은 섬유와 섬유 다발로 이루어져있는데, 긴 섬유는 만곡되고 다발 끝은 분산된 모양이다. 종횡비는 일반적으로 10 : 1 이하이며 끓는점은 1,200℃, 불연성이고 1,200℃에서 분해된다. 내산성이 매우 강하여 주로 내산성 패킹재료로 많이 사용되고 전기분해용 융막재로도 사용된다. 딱딱해서 잘 쓰이지 않았으나, 분무하면 부피감이 있어 뿜칠용 석면으로도 사용되었다.

1.3 석면함유물질(Asbestos Containing Materials, ACM)

석면함유물질(Asbestos Containing Material, ACM)이란 순수한 석면만으로 제조되거나 석면에 다른 섬유물질이나 비섬유질을 혼합한 물질로서 중량기준으로 1% 초과의 석면을 함유한 물질을 말하지만 규정, 기관, 국가에 따라서 그 비율은 변동될 수 있다.

1) 석면함유물질의 분류

석면함유물질은 사용용도 또는 석면함유 물질의 비산정도에 따라 다음과 같이 분류하기도 한다. 여기서 표면재라는 용어는 쉽게 이해되지 않는 용어인데, 미국에서 사용되는 "surfacing"이라는 용어를 번역하는 과정에서 표면재라는 용어를 사용하게 된 것이다.

(1) 사용용도에 따른 분류

- 표면재(Surfacing) : 뿜칠, 분사 또는 미장 바름재
- 보온단열재(Thermal System Insulation, TSI) : 열전달 및 결로 방지를 위해 배관, 보일러, 탱크 등에 사용
- 기타 자재(Miscellaneous materials) : 천장타일, 바닥타일, 지붕재 등

(2) 비산의 정도에 따른 분류

- 비산(부서지기 쉬운 석면, Friable asbestos) : 건조한 상태일 때 손의 악력으로 부서져 가루로 변형되는 석면함유물질
- 비비산(잘 부서지지 않는 석면, Non-friable asbestos) : 평상시 사용하는 동안 부러뜨리기 전까지 공기 중에 석면섬유를 방출하지 않는 석면 함유물질

2) 석면함유물질의 용도

석면은 일반건축물 및 설비 등에 매우 광범위하게 사용되는 물질이므로 일반 환경의 어디서나 석면함유물질이 발견될 수 있다. 빌딩의 구성 성분에서 석면이 포함되어 있는 경우에는 석면 함 부위가 손상되거나 부식되면서 석면이 발생되어 실내 공기가 석면에 오염될 수 있다.

석면함유제품의 사용실태를 살펴보면 1970년대는 약 96%가 건축자재인 슬레이트 원료로 사용되었으나, 1990년대에는 슬레이트와 보온 단열재 등으로 약 82.3%가 사용되었고, 다음으로 많이 사용하는 사업장은 석면 마찰재 생산 사업장으로 자동차와 기차, 중장비용 브레이크 라이닝과 패드, 클러치페이싱 등에 약 8.5%가 사용되었으며, 석면포와 석면사, 석면 패킹 등의 서면 방직에는 약 5.5%가 사용되었고, 기타 가스켓과 단열제품에 1.5%가 사용되었다. 그림 1-1-8은 우리나라의 연도별 석면수입량을 나타내고 있다.

(1) 건축재료

① 마감재 : 장식, 음향조절, 방화용으로 벽과 천장에 분사 또는 미장바름으로 사용. 철골부재에 내화피복으로 사용

② 단열 및 보온재 : 급수관, 증기관, 덕트, 보일러 및 온수탱크에 보온재로 사용

③ 기타 수장재 : 비닐석면 바닥타일, 천장타일, 트랜사이트(transite) 또는 시멘트판, 벽판, 지붕용 골슬레이트 등으로 사용

(2) 기타

① 석면시멘트관

② 자동차 제동장치 라이닝(lining) 및 클러치(clutch) 표면

③ 고온물질 취급용 장갑 및 방석, 배관공사의 플랜지이음부에서의 가스켓 등

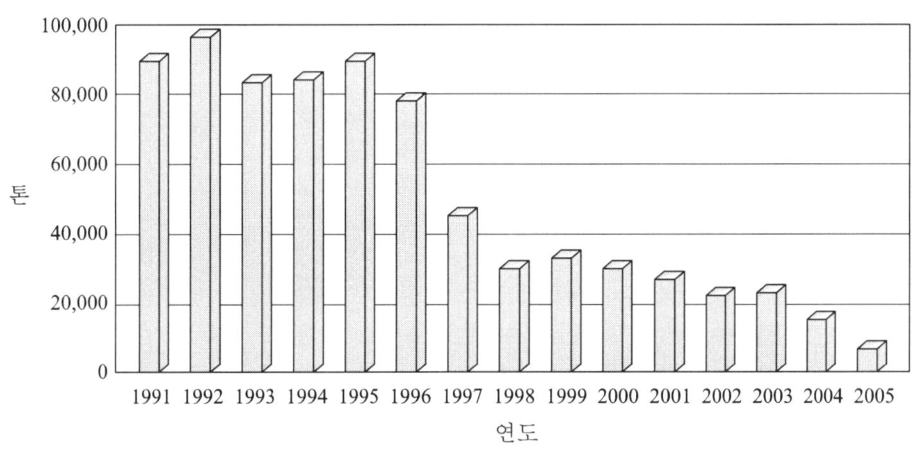

그림 1-1-8 우리나라의 연도별 석면수입량

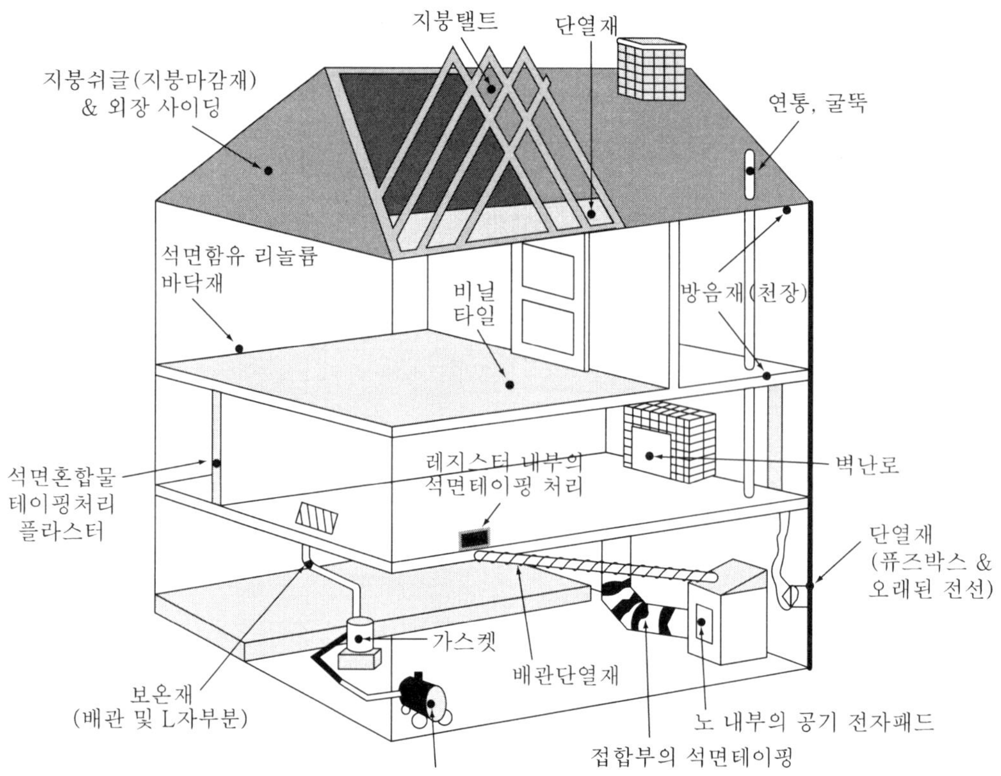

그림 1-1-9 건축물 내 석면의 사용

표 1-1-4 석면이 함유되어 있을 수 있는 주요 제품

구 분	제 품	
공업용	보일러나 난방 배관 시멘트 파이프 브레이크, 클러치, 트랜스미션 부품 부식성 화학물질 컨테이너 전기모터 부품	내열성 패드 실험실의 가구 파이프 커버 지붕포장재 섬유제품(방화 커튼 등)
가정용 또는 빌딩용	배관이나 가정용 절연제품 내화벽 화덕의 단열패드	파이프나 보일러 단열재 바닥 마감재 지붕의 타일 등

표 1-1-5 건축자재 중 석면함유가능물질

구분	제 품	석면함유량(%)	조합물(binder)	비산여부
벽 천장	스프레이외장	1~95	포틀랜드 시멘트, 실리카 나트륨, 고착제	비산가능
	미장재	1~95	포틀랜드시멘트, 실리카 나트륨	비산가능
	석면-시멘트 시트	20~50	포틀랜드 시멘트	비산불가
	Spackle	3~5	석회풀, 카세인, 인공수지	비산가능
	이음 접합재	3~5	아스팔트	비산가능
	하드보드 판지	80~85	풀, 석회, 진흙	비산가능
	비닐 벽지	6~8		비산불가
	단열, 절연판	30	규산	비산가능
바닥	비닐-석면 타일	21	폴리염화비닐	비산불가
	아스팔트-석면 타일	26~33	아스팔트	비산불가
	바닥용 탄성수지	30	드라이 오일	비산불가
	매스틱 점착제	5~25	아스팔트	비산가능
지붕 및 외벽	지붕 펠트	10~15	아스팔트	비산불가
	펠트 싱글	1	아스팔트	비산가능
	지붕 싱글	20~32	포틀랜드 시멘트	비산가능
	지붕 타일	20~30	포틀랜드 시멘트	비산가능
	외벽 싱글	12~14	포틀랜드 시멘트	비산가능
	물막이 판자	12~15	포틀랜드 시멘트	비산가능
파이프 및 보일러	시멘트 파이프	20~90	포틀랜드 시멘트	비산불가
	블록 단열재	6~15	탄산 마그네슘, 실리카 칼슘	비산가능
	전성 파이프 덮게	50	탄산 마그네슘, 실리카 칼슘	비산가능
	슬레이트	90	실리카 칼슘	비산가능
	종이 테이프	80	폴리머수지, 풀	비산가능
	연마제	20~100	진흙	비산가능

표 1-1-6 산업별 석면사용 실태

[단위 : 톤, (%)]

연도	건축재 1)	마찰재 2)	방직재 3)	기타 4)	계
1976	71,312(96.1)	1,484(2.0)	1,113(1.5)	297(0.4)	74,206
1981	48,032(89.3)	3,926(7.3)	1,399(2.6)	430(0.8)	53,787
1985	49,143(86.0)	4,686(8.2)	2,685(4.7)	629(1.1)	57,143
1990	61,354(82.3)	7,828(10.5)	4,100(5.5)	1,267(1.7)	74,549
1993	68,189(82.3)	8,700(10.5)	4,226(5.1)	1,740(2.1)	82,854

1) 석면슬레이트, 석면보드, 석면타일, 석면지 등
2) 브레이크 라이닝 및 패드 등
3) 석면방사, 석면사(thread), 로프, 코드, 패킹, 의복 등
4) 가스켓, 석면지, 페인트 등

표 1-1-7 한국공업규격에 수록되어 있었던 석면함유물질(2009년 폐기되었음)

규격번호	제 품 명	석면함유량(무게비)
KSL 5114	골석면슬레이트	20%
5115	석면시멘트판	15~35%
5116	석면시멘트관	14%
5123	미장석면 규회판	-
5202	석면포	80~99% 이상
5203	석면편조패킹	80~99% 이상
5209	석면규회판	20%
5212	산업기계용 석면 브레이크라이닝	-
5213	물전해용 석면격막	-
5215	석면단열시멘트	-
5301	석면사	80~99% 이상
5302	석면시멘트질 압력판	-
5304	석면패킹끈	80~99% 이상
5311	석면판	50% 이상
5314	석면시멘트질 하수관(무압력)	-
5406	압축석면판	65% 이상

2. 석면관련법령 및 제도(석면관련법규) ▌심상효, 노영만, 박희련

2.1 국내 석면관련 법규의 변천

우리나라는 석면의 수입, 석면 함유 제품(asbestos containing materials, ACM)의 제조, ACM의 평상시 관리, 석면의 조사 및 제거, 석면폐기물의 처리 등에 관한 법률과 규정을 각 관련부처에서 제정하여 석면을 관리하고 있다.

즉, 고용노동부의 산업안전보건법에서 '석면의 제조, 사용 등에 관한 규정'을, 국토교통부의 자동차 관리법에서 '자동차 등록 시 석면 사용금금지에 관한 조항'을, 환경부에서는 석면안전관리법을 2011년 4월 28일 제정 공포하여 2012년 4월 29일 시행한 바 있다. 화학물질관리법에서는 '유해성 물질의 지정 및 관리에 관한 조항'에서 석면을 관리하고 있다.

또한 건축물관리 부분에서는 환경부의 석면안전관리법에서 그리고 석면의 해체제거 작업시 등록업체에 의한 신고 제도를 고용노동부에서, 건축물 멸실신고에 대한 내용을 국토교통부의 건축법에서 규제하고 있다. 또한 환경부에서는 다중이용

표 1-2-1 우리나라의 석면관련 법규

구분	주 요 업 무	관계법령	소관부처
제조 사용금지	제조사용 등의 금지 자동차등록규제(석면사용 제동장치 장착 자동차) 석면사용금지 및 제품관리 유해성물질의 지정 및 관리	산업안전보건법 자동차관리법 석면안전관리법 화학물질관리법	고용노동부 국토교통부 환경부 환경부
건축물 관리	해체 제거 작업시 신고 사업장주변의 비산먼지관리 건축물멸실신고 건축물의 석면관리 다중이용시설 공기질 관리 학교의 환경위생 관리	산업안전보건법 석면안전관리법 건축법 석면안전관리법 실내공기질관리법 학교보건법	고용노동부 환경부 국토교통부 환경부 환경부 교육부
폐석면 처리	석면폐기물의 처리	폐기물관리법	환경부
보상	석면에 의한 건강피해	산업재해보상보험법 석면피해구제법	고용노동부 환경부

시설 등에 관한 실내공기질 관리법에서, 교육부에서는 학교의 환경위생관리부분에 석면조항을 넣어 학교보건법에서 석면을 관리하고 있다. 제거된 폐석면의 처리는 환경부의 폐기물관리법에서 지정 폐기물의 분류 및 처리에 대한 조항을 제시하고 있다. 석면노출에 의해 건강피해를 입은 자에 대하여는 고용노동부의 산업재해보상보험법에서, 환경부의 석면피해구제법에서 정해진 규정에 의해 보상을 해주고 있다.

석면의 규제는 고용노동부의 산업안전보건법이 제정될 초기에도 관련 내용이 있었지만, 본격적의 석면에 대한 관리가 시작된 것은 1990년대라고 볼 수 있다. 1990년에 산업안전보건법 시행령을 개정하여 사용허가 대상 유해물질에 석면을 추가하였고, 청석면 및 갈석면은 1997년에 제조 · 수입 · 양도 · 제조 또는 사용이 금지되었고, 악티노라이트석면, 안소필라이트석면, 트레모라이트석면은 2003년 7월에 산업안전보건법을 개정하여 추가로 금지시켰다. 또한 환경부에서는 1991년 대기환경보전법에서 대기오염물질 특정대기유해물질에 석면을 포함하였고, 1991년 특정폐기물로 석면을 폐기물관리법에 추가한 바 있다.

고용노동부는 2006년 산업안전보건법 시행령을 개정하여 2007년 1월부터 석면이 함유된 중량의 비율이 1% 이상인 지붕, 천장, 벽 또는 바닥재용 석면시트 제품과 자동차용 석면마찰제품 등의 제조 · 수입 · 양도 · 제공 또는 사용을 금지하였다. 또한 2008년 1월부터는 석면의 중량이 제품 중량의 0.1%를 초과하지 않도록 하고, 석면클러치페이싱 등을 포함하는 석면마찰제품 5종의 제조 · 수입 · 사용 등이 금지되었다.

환경부는 오산화비소, 폼알데하이드, 석면 등 5개 유해물질에 대한 취급을 제한하거나 금지하는 내용을 담은 「취급제한 · 금지물질에 관한 규정」을 개정하여 2008년 1월부터 백석면을 1% 이상 함유한 혼합물질 중 지붕, 천장, 벽 및 바닥재용 시멘트제품과 자동차용 석면마찰제품의 제조, 수입, 사용 등을 금지시켜 2008년 말까지 모든 석면제품에 대해 단계적으로 금지하였다.

고용노동부에서는 산업안전보건법 2009년 2월 6일에 시행령과 시행규칙을 개정하여 2009년 8월 7일부터 시행을 하였는데, 주요 골자는 등록업체에 의한 석면의 해체 및 제거, 석면조사기관 허가제, 석면제거 후 공기 중 석면농도 측정 및 보고 등에 관한 것이다.

환경부에서는 석면으로 인한 건강피해자 및 유족에게 급여를 지급하기 위한 조치로 2010년 3월 석면피해구제법을 공포하고, 2011년 시행을 하였고, 2011년 4월 석면의 안전한 관리를 위하여 석면안전관리법을 제정하여 공포하였는데 석면관리 기본계획 수립, 석면함유제품의 관리, 자연발생석면의 관리, 건축물 석면의 관리, 석면해체 사업장의 주변환경관리 등을 규정하고 있고 2012년 4월 29일 시행되었다.

표 1-2-2 우리나라의 석면규제 연혁

연도	법 규	내 용
1990년 7월	산업안전보건법 시행령 개정	사용허가 대상 유해물질에 석면 추가
1991년 2월	대기환경보전법 시행규칙 제정	대기오염물질 특정대기유해물질에 석면 포함
1991년 9월	폐기물관리법 시행령 개정	특정 폐기물에 석면 추가
1997년 5월	산업안전보건법 시행령 개정	제조 등 금지 유해물질에 석면(청·갈석면) 추가
1998년 1월	지하생활공간공기질관리법 시행규칙 제정	지하생활공간 공기오염물질에 석면 포함
1999년 6월	산업안전보건법 시행령 개정	제조 등 금지 유해물질에 석면 함유(1% 이상) 제재 추가
1999년 8월	폐기물관리법 시행령 개정	지정폐기물에서 슬레이트 제외
2003년 6월	산업안전보건법 시행령 개정	금지석면종류 확대 (악티노라이트, 안소필라이트, 트레모라이트)
2003년 7월	산업안전보건법 시행규칙 개정	석면함유 건축물 철거허가제도 시행
2005년 2월	건축법 시행규칙 개정	건축물 철거시 석면함유 여부를 시·군·구 관할노동청에 신고
2006년 2월	환경부 고시	5개 물질을 금지물질로 지정
2006년 9월	산업안전보건법 시행령 개정	석면함유제품(지붕, 천장, 벽 또는 바닥재용 석면시멘트제품과 자동차용 석면마찰제품)의 제조·수입·양도·제공 또는 사용금지
2007년 1월	산업안전보건법 개정 시행령 시행	위 시행령 시행 단, 석면시멘트제품 중 압출성형 시멘트판에 대해서는 2008년 1월 1일 시행
2008년 7월	산업안전보건법 시행령 개정	석면함유제품의 제조·수입·양도·제공 또는 사용금지 * 석면의 중량이 제품 중량의 0.1% 초과해선 안 됨 * 2008년 1월 1일부터 시행 단, 석면개스킷제품 및 석면마찰제품에 대해서는 2009년 1월 1일 시행
2008년 1월	화학물질관리법의 제조·수입 또는	백석면 및 이를 1% 이상 함유한 혼합물질 중 석면시

	사용 등을 금지하거나 제한하는 화학물질에 관한 규정 개정	멘트제품(지붕・천장・벽 및 바닥재용) 및 석면마찰제품(자동차관리법 상의 자동차용)의 용도로 제조・수입・사용 등을 금지, 환경부고시 2007-152호
2008년 7월	폐기물관리법 시행령 개정	• 폐석면 지정폐기물 분류대상 확대 • 폐석면 수집・운반・보관・처리 방법 다양화 • 폐석면 매립을 위한 지정폐기물 매립시설 설치기준 신설
2009년 8월	산업안전보건법 개정(2월) 및 시행령, 시행규칙 개정 및 시행	• 등록업체에 의한 석면의 해체 및 제거 • 석면조사기관 허가제 • 석면제거 후 공기 중 석면농도 제시
2011년 7월	산업안전보건법 일부개정 2012년 1월 26일 시행	이분화된 석면조사의무를 법률로 정비
2010년 3월	석면피해구제법 공포 2011년 1월 1일 시행	석면으로 인한 건강피해자 및 유족에게 급여를 지급
2010년 7월	산업안전보건법 시행령 개정	'대통령으로 정하는 일정 규모 이상의 건축물이나 설비'에 관한 석면조사대상 제시
2011년 4월	석면안전관리법의 제정 공포 2012년 4월 29일 시행	• 석면관리기본 계획수립 • 석면함유제품의 관리 • 자연발생석면의 관리 • 건축물의 석면관리 • 석면해체 사업장의 주변환경관리
2013년 8월	산업안전보건법 시행규칙 일부개정 2013년 8월 6일 시행	건강관리수첩 발급 대상 확대(안 별표 14의2) 석면과 관련된 업무에 종사한 근로자로서 흉부방사선상 석면으로 인한 징후유소견자 포함
2014년 3월	석면안전관리법 일부개정 2014년 3월 18일 시행	벌금형을 물가를 반영하여 징역 1년당 1천만원으로 상향
2016년 1월	석면안전관리법 일부개정 2016년 1월 27일 시행	• 석면실태조사 공개규정 마련 • 석면해체제거비용 반영여부에 과태료부과
2016년 2월	석면안전관리법 일부개정 2016년 2월 28일 시행	• 석면건축물 소유자 석면측정 위반시 과태료 부과 • 석면조사 실시 대상 학원건축물의 확대
2016년 7월	석면안전관리법 시행령 일부개정 2016년 7월 시행	• 석면 이용관리 등에 관한 실태조사 결과 공개 • 석면배출허용기준 위반시 2천만원 이하의 과태료 부과
2017년 11월	석면안전관리법 일부개정 2018년 5월 29일 시행	• 건축물석면조사대상에 용도변경승인의 경우 추가 • 석면의 해체 등으로 인하여 시설물 개량에 필요한 비용도 일부 또는 전부 지원
2017년 12월	석면안전관리법 시행규칙 일부개정 2018년 1월 1일 시행	• 석면건축물의 소유자는 석면건축물의 실내공기 중 석면농도 주기적 측정 및 보관

2.2 석면의 기준

우리나라에서는 부처별로 석면기준을 제시하고 있는데, 석면의 농도기준으로 가장 먼저 제정 및 개정된 것은 작업장 내 석면의 농도이다. 초기에는 석면의 종류에 따라 각각의 농도가 달랐지만 현재는 0.1 f/cc로 동일하게 규정하고 있다.

고용노동부의 석면제품의 제조, 수입, 양도, 제공, 사용금지에 대한 기준은 중량으로 0.1%를 규정하고 있다. 이는 건축자재의 제조 시 중량으로 그 양이 확인 가능하므로 중량퍼센트 단위를 사용하였다. 이와는 별도로 석면안전관리법에서 시행규칙에서 석면건축자재를 석면을 1% 이상 함유한 것으로 단열재, 보온재, 분무재, 내화피복재, 개스킷, 패킹재, 실링재 등으로 규정하고 있다.

또한 석면안전관리법 시행령 제14조에서 대통령에서 정하는 석면함유기준을 1% 미만으로 규정하고 있다. 다만 가공, 변형되어 수입되는 석면함유가능물질의 경우에는 환경부장관과 고용노동부장관이 공동으로 석면허용기준을 정하도록 하고 있다(석면안전관리법 제11조 6항).

실내공기중의 석면농도는 사무실(고용노동부), 다중이용시설(환경부), 학교교실(교육과학기술부) 모두 0.01 f/cc로 규정하고 있다.

석면의 공기 중 기준은 건강에 유해하지 않은 경계선이나 아니라 기술적으로 현실적으로 관리할 수 있는 농도이고 개인적으로 차이가 있기 때문에 기준 이하라고

표 1-2-3 부처별 석면기준

관련부처	석면 기준	적용범위
고용노동부	0.1 f/cc	작업장 내 공기 중
	0.1%(중량)	제조・수입・양도・제공・사용금지
	1.0%(무게) 초과	석면해체・제거 대상
	0.01 f/cc	석면해체・제거 후 최종공기질, 사무실 실내공기 중
환경부	0.01 f/cc	실내공기 중
	1% 미만	석면함유제품기준
	1% 이상	석면건축자재
	1%(함량)	폐기물 중
	0.01 f/cc 이하	사업장주변 석면배출허용기준
교육부	0.01 f/cc	석면함유 학교교실

할지라도 안전하다고 판단할 수는 없다.

또한 석면함유물질의 해체·제거 후의 공기 중 석면기준을 0.01개/cc 이하로 유지할 것을 산업안전보건법 제38조의 5(석면농도기준의 준수)에서 근거하여 같은 법 시행규칙에서 규정하고 있는데 석면의 해체·제거 후 석면밀폐장치인 위생설비를 제거하더라도 기술적으로 관리 가능한 농도 수준으로 유지할 수 있도록 규정한 조치라고 볼 수 있다.

석면함유물질의 해체·제거 후의 공기 중 석면기준과 동일하게 석면안전관리법에서도 석면해체제거 사업장주변의 석면배출허용기준을 동법 시행령에서 0.01개/cc 이하로 규정하고 있다.

2.3 환경부

1) 석면안전관리법

(1) 석면안전관리법 제정 의의

2011년 4월 제정, 공포되어 2012년 4월 29일 시행된 “석면안전관리법”은 기존의 개별 법령으로 분산·관리하고 있는 석면관리 업무를 유기적으로 연계·강화해 체계화하고, 중앙부처에서 전담하던 석면관리 업무를 지방자치단체장에게 권한을 부여해 석면관리 업무의 효율성을 제고했으며, 사회적으로 관심이 큰 슬레이트 건축물 처리를 위한 정부차원의 지원방안을 마련하는 등 국민중심의 석면관리체계를 마련하는데 있다.

특히, 그동안 시급했던 슬레이트 처리비용 지원을 위한 법적 근거가 마련되었고, 슬레이트의 친환경적인 처리기술개발 및 해체·제거·수집·운반·보관 또는 처리에 대한 특례규정도 마련할 수 있게 되어, 슬레이트의 안전하고 안정적인 처리에 큰 역할을 해왔다.

(2) 석면관리 기본계획 수립

석면안전관리법에 의하면 정부는 5년마다 석면관리 기본계획을 수립·시행하여야 하고, 기본계획은 석면관리의 기본목표 및 추진방향, 각종 사업의 재원 조달방안을 수립하는 절차 등 필요한 사항은 대통령으로 정할 것을 제5조에서 규정하고 있다.

▌표 1-2-4 석면안전관리법의 각 대항목별 비교

법령	석면의 함유제품관리	자연발생석면관리	건축물 석면의 관리	석면해체사업장의 주변환경관리
석면 안전 관리법	제8조 (석면 등의 사용금지) 제11조 (석면함유가능물질의 관리)	제13조 (자연발생 석면영향조사) 제14조 (자연발생석면 관리지역의 지정) 제17조 (석면비산방지계획서의 제출)	제21조 (건축물 석면조사) 제23조 (석면건축물 안전관리인의 지정) 제24조 (석면건축안전관리인의 교육) 제25조 (슬레이트 시설물 등에 대한 석면조사)	제27조 (석면해체제거작업의 공개) 제28조 (사업장 주변의 석면배출허용기준 준수 등) 제30조 (석면해체제거작업의 감리인 지정 등)

또한 환경부장관, 관계 중앙행정기관의 장 및 시・도지사는 매년 기본계획을 시행하기 위한 부문별 또는 지역별 세부계획을 수립・시행하도록 규정하고 있다(석면안전관리법 제6조).

(3) 석면 사용금지 및 함유제품 관리

법 제8조(석면 등의 사용금지 등)를 보면 누구든지 석면이나 석면함유제품을 제조・수입・양도・제공 또는 사용하여서는 아니 되며, 관계 중앙행정기관의 장 및 시・도지사는 석면 등에 대한 사용 등의 실태를 확인하기 위하여 석면 등을 수거하여 조사할 수 있다고 규정되어 있다.

석면 등을 수입하려는 자는 수입 신고 전까지, 제조 또는 판매하려는 자는 사용 또는 판매 개시 전까지, 해당 석면 등의 석면 함유 여부를 스스로 확인・조사하거나 「산업안전보건법」 제38조의2 제1항 본문에 따른 석면조사기관으로 하여금 확인・조사하게 하고, 그 결과를 기록・보존하여야 하며, 조사 대상, 조사 방법 및 기록・보존 방법 등 필요한 사항은 환경부령으로 규정되어있다(법 제9조).

(4) 자연발생석면의 관리

환경부 장관은 자연발생석면의 분포현황을 파악・관리하기 위하여 분포지역에 대한 지질도를 작성하고 그 내용을 공고하여야 하며, 지질도 작성을 위하여 관계 중앙행정기관의 장이나 지방자치단체의 장에게 필요한 자료와 전문인력을 협조 요청할 수 있으며 작성 기준, 방법 및 공고 등은 대통령령으로 정한다고 석면안전관리법 제12조에서 규정하고 있다.

자연발생석면영향조사는 지질도를 기초로 하여 자연발생석면이 존재하거나 예상되는 지역에 대하여 공기·토양 중 석면 농도, 석면으로 인한 지역 주민의 건강피해 및 위해성 등에 대한 조사계획 및 결과를 환경부장관에게 보고하고, 조사기관, 내용, 방법 및 공고 등은 대통령령으로 정할 것을 법 13조에서 정하고 있다.

또한 자연발생석면영향조사 결과 석면으로 인한 지역 주민의 건강피해 및 위해성 등이 크게 우려되는 경우에는 그 지역을 자연발생석면 관리지역은 미리 그 지역주민의 의견을 들어야 하며, 환경부 장관과 국토교통부 장관과 협의하여야 하고(법 제14조), 관리지역에서 개발사업을 하려는 자는 석면의 비산을 방지하고 주민의 건강을 보호하기 위하여 "석면비산방지계획서"를 작성하여 승인기관의 승인을 받아야 한다(법 제17조).

(5) 건축물 석면의 관리

가) 건축물 석면조사

① 건축물 석면조사 대상

대통령령으로 정하는 건축물의 소유자는 건축법 제22조 제2항에 따른 사용승인서를 받은 날로부터 1년 이내에 석면조사기관으로 하여금 석면조사(석면안전관리법 제21조)를 끝난 후 1개월 이내에 특별자치도지사·시장·군수·구청장, 학교의 경우는 교육감 또는 교육장에게 제출하고, 기록·보존하여야 한다(법 제22조).

나) 건축물 안전관리인의 지정 및 교육

석면건축물의 소유자는 본인, 해당 건축물의 점유자 또는 관리자 중에서 1명 이상을 "석면건축물안전관리인"을 지정(법 제23조)하여야 하며, 지정기준, 지정 및 변경 신고기한, 신고방법 등 필요한 사항은 환경부령으로 정하고 있다.

① 건축물 안전관리인의 교육 및 교육시기

석면안전관리인의 교육에 대한 조항은 석면안전관리법 제24조에서 언급하고 있는데, 석면안전관리인은 환경부 장관이 실시하는 석면안전교육을 받아야 함을 규정하고 있고, 교육을 관계전문기관에 위탁할 수 있다.

다) 석면슬레이트의 조사 및 관리

슬레이트 시설물(지붕재, 벽체)에 대한 석면조사에 대한 근거는 석면안전관리법 제25조에서 찾아볼 수 있고, 슬레이트처리에 관한 특례 조항을 동법 제26조에 신설하였는데 슬레이트의 처리 및 폐기에 관한 산업안전보건법,

폐기물관리법이 있음에도 불구하고, 석면안전관리법의 대통령령으로 정하는 바에 따라 해체제거, 수집, 운반, 보관 또는 처리할 수 있음을 규정하고, 동법 시행령에서 슬레이트 처리에 관한 특례에 관한 상세 규정을 신설하였다.

(6) 석면해체 사업장의 주변 환경관리

가) 석면해체제거 작업의 공개

석면안전관리법 제27조(석면해체제거 작업의 공개)에 근거하여 석면해체제거작업의 공개에 대한 규정이 동법 시행규칙에 규정되어 있다.

환경부 장관이 별도로 고시하는 석면의 비산정도 측정방법, 지점, 시기를 고려하여 석면의 비산정도를 측정하여 그 결과를 특별자치도지사, 시장, 군수, 구청장에게 제출하여야 하며, 환경부 장관은 그 결과를 정보망에서 공개하도록 되어있다.

나) 석면배출허용 기준 준수

석면해체・제거작업을 하는 자는 대통령령으로 정하는 사업장 주변의 석면배출허용기준(0.01개/cc)을 지켜야 하며, 석면의 비산 정도를 측정하고, 결과는 특별자치도지사・시장・군수・구청장은 이를 공개하여야 하며(석면안전관리법 제27조), 사업장 주변의 배출허용기준을 준수하고, 석면의 비산정도를 측정하여 공개하도록 동법 제28조에 규정되어 있다. 석면해체제거업자가 사업장 주변 배출허용기준을 지키지 않은 경우에는 특별자치도지사, 군수, 구청장은 석면해체제거작업의 중지를 명하여야 한다(동법 제29조).

다) 석면해체제거 작업의 감리인 지정

석면해체・제거작업 및 석면해체・제거작업을 수반하는 건설공사의 발주자는 석면해체・제거작업 개시 전까지 석면해체・제거작업의 안전한 관리를 위하여 "석면해체작업감리인"을 지정하여야 하며, 지정기준, 지정방법, 자격 및 업무범위 등은 환경부장관, 고용노동부장관 및 국토교통부장관이 협의하여 공동으로 고시한다(법 제30조).

석면해체작업감리인은 석면해체・제거작업이 사업장주변 석면배출허용기준 또는 「산업안전보건법」 제38조의5 제1항에 따른 석면농도기준을 지키기 어렵다고 판단하면 석면해체・제거업자에게 석면해체・제거작업의 시정, 석면해체・제거작업의 중지, 「산업안전보건법」 제38조의5 제3항에 따른 건축물이나 설비의 철거 또는 해체 중지 조치를 요청받고도 석면해체・제거작업을 계속하는 경우에는 환경부령으로 정하는 바에 따라 지방환경관서의 장과 특별자치도지사・시장・군수・구청장 또는 지방고용노동관서의 장에게 보고하여야 한다. 이 경우 보고를 받은 특별자치도지사・시장・군수・구청장 또는 지방고용노동관서의 장은 지체 없이 작업중지를 명하여야 한다.

2) 유해화학물질 관리법

유해화학물질관리법이 2017년 1월 17일 화학물질관리법(법률 제14532호)으로 개편되었으며 화학물질관리법은 화학물질로 인한 국민건강 및 환경상의 위해(危害)를 예방하고 화학물질을 적절하게 관리하는 한편, 화학물질로 인하여 발생하는 사고에 신속히 대응함으로써 화학물질로부터 모든 국민의 생명과 재산 또는 환경을 보호하는 것을 목적으로 한다, 같은 법 제2조(정의) 제5호에 "금지물질"이란 위해성이 크다고 인정되는 화학물질로서 모든 용도로의 제조, 수입, 판매, 보관・저장, 운반 또는 사용을 금지하기 위하여 환경부장관이 관계 중앙행정기관의 장과의 협의와 「화학물질의 등록 및 평가 등에 관한 법률」 제7조에 따른 화학물질평가위원회의 심의를 거쳐 고시한 것을 말하는데 여기에 석면이 포함되어 「화학물질관리법」 제2조 제4호 및 제5호에 따른 제한물질・금지물질로 분류된다.

3) 실내공기질 관리법

지하생활공간공기질관리법이 2006년 1월 1일 시행된 다중이용시설 등의 공기질 관리법으로 전면 개편되었으며, 석면에 관한 권고기준은 이전과 동일하게 개정되었다.

다중이용시설 등의 실내공기질 관리법 권고치는 0.01개/cc 이하로 권고하고 있다.

4) 폐기물 관리법

(1) 폐석면 지정폐기물의 종류

환경부 폐기물관리법 시행령 제3조와 관련 폐석면 지정폐기물의 종류는 다음과 같다(별표 1의 7항).

① 건조고형물의 함량을 기준으로 하여 석면이 1퍼센트 이상 함유된 제품・설비(뿜칠로 사용된 것은 포함한다) 등의 해체・제거 시 발생되는 것

② 슬레이트 등 고형화된 석면 제품 등의 연마・절단・가공 공정에서 발생된 부

스러기 및 연마·절단·가공 시설의 집진기에서 모아진 분진

③ 석면의 제거작업에 사용된 바닥비닐시트(뿜칠로 사용된 석면의 해체·제거작업에 사용된 경우에는 모든 비닐시트)·방진마스크·작업복 등

(2) 수집, 운반, 보관

석면함유 잔재물 등의 처리는 산업안전보건기준에 관한 규칙에 의거하여 사업주는 석면 해체·제거작업에서 발생한 석면함유 잔재물 등을 비닐이나 그 밖에 이와 유사한 재질의 포대에 담아 밀봉한 후 별지 제3호 서식(그림 1-2-1)에 따른 표지를 붙여 환경부 「폐기물관리법」에 자세한 규정이 있다.

석 면 함 유

신호어 : 발암성물질

유해·위험성 : 폐암, 악성중피종, 석면폐 등

예방조치 문구 : 취급 또는 폐기 시 석면분진이 발생하지 않도록 해야 합니다.
취급근로자는 방진마스크 등 개인보호구를 착용해야 합니다.

공급자 정보 :

※ "공급자 정보"에는 석면해체·제거 사업주의 성명, 주소, 전화번호를 기재함.
규격은 300 cm^2 (가로 × 세로) 이상, (0.25 × 세로) ≤ 가로 ≤ (4 × 세로)

그림 1-2-1 석면폐기물 용기 표지

가) 보관(포장)

① 석면의 해체제거작업에 사용된 바닥비닐시트(뿜칠로 사용된 석면의 해체제거 작업시 사용된 비닐시트의 경우 모든 비닐시트), 방진마스크, 작업복 등 흩날릴 우려가 있는 폐석면은 습도 조절 등의 조치 후 고밀도 내수성재질의 포대로 2중 포장하거나 견고한 용기에 밀봉하여 흩날리지 아니하도록 보관

② 고형화 되어 있어 흩날릴 우려가 없는 폐석면은 폴리에틸렌, 그 밖에 이와 유사한 재질의 포대로 포장하여 보관

그림 1-2-2 석면폐기물 포장

그림 1-2-3 지정폐기물운반차량(출처 : 내부자료)

표 1-2-5 지정폐기물 보관창고 표지판

<table>
<tr><th colspan="2">지정폐기물 보관표지</th></tr>
<tr><td>① 폐기물의 종류 :</td><td>② 보관가능용량 :   톤</td></tr>
<tr><td>③ 관리책임자 :</td><td>④ 보관기간 :   ~   (일간)</td></tr>
<tr><td colspan="2">⑤ 취급 시 주의사항
• 보관 시 :
• 운반 시 :
• 처리 시 :</td></tr>
<tr><td colspan="2">⑥ 운반(처리)예정장소 :</td></tr>
</table>

비고 1. 보관창고에는 표지판을 사람이 쉽게 볼 수 있는 위치에 설치하여야 한다.
2. 표지의 규격 : 가로 60센티미터 이상 × 세로 40센티미터 이상
(드럼 등 소형용기에 붙이는 경우에는 가로 15센티미터 이상 × 세로 10센티미터 이상)
3. 표지의 색깔 : 노란색 바탕에 검은색 선 및 검은색 글자

출처) 폐기물관리법 시행규칙 별표 5

나) 운반

① 폴리에틸렌 등의 재질의 2중 포대에 담아 수집 운반하고 운반차량의 적재함에는 덮개를 덮어야 한다.

② 지정폐기물의 수집・운반차량 적재함의 양쪽 옆면에는 지정폐기물 수집・운반차량, 회사명 및 전화번호를 잘 알아 볼 수 있도록 붙이거나 표기

하여야 한다. 이 경우 그 크기는 가로 100센티미터 이상, 세로 50센티미터 이상으로 하고, 검은색 글자로 하여 붙이거나 표기하되, 폐기물 수집·운반증을 발급하는 기관의 장이 인정하면 차량의 크기에 따라 붙이거나 표기하는 크기를 조정할 수 있다.

③ 임시로 사용하는 운반차량의 경우에도 또한 같다.

④ 추가로, 폐석면을 수집·운반하는 차량은 적재함 양측에 가로 100센티미터 이상, 세로 50센티미터 이상의 크기로 흰색 바탕에 붉은색 글자로 폐석면 운반차량을 표시하거나 표지를 부착하여야 한다.

다) 처리 및 매립

① 분진이나 부스러기 또는 성인의 손아귀로 쥐는 힘에 의하여 부스러지는 것은 고온용융 처리 또는 고형화 처리한다.

② 고형화 되어 있어 흩날릴 우려가 없는 것은 폴리에틸렌 그 밖에 이와 유사한 재질의 포대로 포장하여 지정폐기물매립시설에 매립한다.

③ 매립 시, 석면분진의 날리지 아니하도록 충분히 물을 뿌리거나 수시로 복토 등을 실시한다.

④ 석면 해체·제거작업에 사용된 바닥비닐시트(뿜칠로 사용된 석면의 해체·제거작업 시 사용된 비닐시트의 경우 모든 비닐시트), 방진마스크, 작업복 등은 고밀도 내수성재질의 포대에 2중으로 포장하여 지정폐기물매립시설에 매립하거나 고온용융처리 또는 고형화 처리한다.

표 1-2-6 폐석면 매립 표지판

폐석면 매립 표지판	
폐석면 종류	
매립용량(m^3)	
매립면적(m^3)	
매립위치	
매립기간	
관리기관(전화번호)	

비고 1. 표지판은 사람이 쉽게 볼 수 있는 위치에 설치
2. 표지의 규격 : 가로 80 cm 이상 × 세로 80 cm 이상
3. 표지의 색깔 : 노란색 바탕에 검은색 선 및 검은색 글자

⑤ 매립 시설 내 일정구열을 정하여 매립하고, 매립구역임을 알리는 표지판 설치(폐석면 종류, 매립 용량, 매립 면적, 매립 위치, 매립 기관, 관리 기관)한다.

매립시설 중 일부구역을 정하여 폐석면을 매립할 때에는 다른 폐기물과 혼합되지 아니하도록 제방 등 적정한 구조나 설비를 갖출 것을 폐기물관리법 시행규칙 별표 9에 기재되어 있다.

(3) 고형화 처리

폐기물관리법 시행규칙 별표 5의 지정폐기물의 기준 및 방법에 고형화 처리에 대한 자세한 규정이 있다. 즉, 분진이나 부스러기 또는 성인의 손아귀로 쥐는 힘에 의하여 부스러지는 것은 고온용융처리하거나 고형화 처리를 해야 하는데, 지정폐기물을 시멘트로 고형화하는 경우에는 시멘트의 양이 1 m^3당 150 kg 이상이어야 한다. 고형화 되어 있어 흩날릴 우려가 없는 것은 폴리에틸렌 그 밖에 이와 유사한 재질의 포대로 포장하여 지정폐기물매립시설에 매립하고, 이를 처리할 때는 석면 분진이 날리지 아니하도록 충분히 물을 뿌리거나 수시로 복토 등을 실시하여야 한다.

석면의 해체・제거작업에 사용된 바닥비닐시트(뿜칠로 사용된 석면의 해체・제거작업 시 사용된 비닐시트의 경우 모든 비닐시트), 방진마스크, 작업복 등은 고밀도 내수성재질의 포대에 2중으로 포장하여 지정폐기물매립시설에 매립하거나 고온용융처리하거나 고형화처리한다.

5) 석면피해구제법

(1) 배경

석면은 일상에 광범위하게 사용되는데 비해, 그것이 우리 몸에 들어왔을 때 그 잠복기가 10~40년으로 매우 긴 편이고 원인 규명이 어려워 피해자 대부분이 보상을 받지 못하는 실정이었다. 지난 2009년 6월 환경부가 기초조사를 실시한 결과, 충청남도 홍성과 보령의 석면광산의 인근 주민 55명이 석면폐(폐에 석면섬유가 쌓여 굳어지는 진폐증) 증상을 보였다(환경부, 2009).

향후 석면으로 인한 건강피해는 계속 증가할 것으로 보이며, 국내 석면사용량이 2백만 톤으로 추정되고 악성종피종 발생률은 석면 170톤 사용당 1명을 고려할 때, 약 11,764명(30년간 약 400명/년)의 석면피해자가 나올 것으로 추정되는 것으로 보고된 바 있어(환경부, 2009) 이로 인한 피해자를 구제하기 위하여 2010년 3월 석면피해구제법이 공포되고 2011년 1월 1일 시행되었다.

석면피해구제법은 석면으로 인한 건강피해자 및 유족에게 급여를 지급하기 위한 조치를 강구하여 석면으로 인한 건강피해를 신속하고 공정하게 구제하는 것을 목적으로 한 법률로서 근로자의 경우 산업재해보상보험법 등에 따라 산재보상을 받을 수 있으나, 석면광산·공장 주변 거주 주민 등 환경성 석면 노출로 인한 건강피해를 입었으나 구체적인 원인자를 규명하기 어려워 마땅한 보상과 지원을 받지 못하고 있는 피해자 및 유족들을 구제하기 위한 것이다.

(2) 석면피해구제법 내용

석면피해구제법 적용대상은 「산업재해보상보험법」, 「공무원연금법」, 「군인연금법」, 「선원법」, 「어선원 및 어선 재해보상보험법」, 「사립학교교직원 연금법」 등의 법령에 따라 급여 등을 받을 수 있는 자에 대하여는 적용되지 아니하며, 석면 질병 중 원발성(原發性) 악성중피종, 원발성(原發性) 폐암, 석면폐증에 대한 건강피해자에 한하여 적용된다.

석면피해구제기금은 석면피해구제법에 따른 구제급여를 지급하는데 드는 비용의 충당을 위하여 설치된 기금으로서 석면피해 원인을 제공한 산업계(석면피해구제 분담금), 국가(정부출연금), 지자체(지자체 분담금) 간 분담하여 함께 재원을 마련, 구제급여 지급과 석면피해구제센터 운영 및 석면피해 예방을 위한 사업 등에 사용된다.

석면피해구제분담금은 석면피해구제법에 따른 구제 급여의 지급 등에 드는 재원을 확보하기 위하여 그간 석면사용으로 인한 혜택을 공유한 국가와 지방자지단체 그리고 산업계 중 산업계가 분담하는 재원을 말한다.

석면피해구제분담금 부과 대상 사업주는 「산업재해보상보험법」에 따른 산업재해보상보험의 보험관계가 성립되어 있는 상시근로자 수가 20명 이상인 사업주와 건설업자가 시공하는 건설사에 부과·징수하게 되며, 산업안전보건법에 따른 석면 제조, 사용 허가량 누계가 10,000톤 이상인 사업주에 대해서는 일반분담금 이외에 특별 분담금을 별도로 부과·징수한다.

석면피해구제센터에서 수행할 주요 업무는 석면피해 인정(석면피해인정신청서 접수, 석면피해판정/심사위원회 구성·운영, 석면피해의료수첩 교부 및 관리 등), 구제급여 지급·관리, 석면피해구제기금 관리·운용, 피해구제정보시스템 구축·운영 등을 수행하게 된다.

석면피해구제 대상질병은 악성중피종, 석면으로 인한 폐암, 석면폐, 기타 대통령령으로 정하는 질병이며, 구제급여는 요양급여(자부담 의료비), 요양생활수당(매월 정액지급), 장의비, 특별유족조위금·장의비(법 시행 전 사망자 유족 지급) 등으로, 보상수준은 악성중피종·석면폐암은 3천1백만원으로, 석면폐는 석면폐증 병형 및 폐기능장해 정도에 따라 5백2십만원~1천5백5십만원 차등 지급된다.

(3) 석면피해구제법 절차 및 종류

석면피해구제 판정기구는 한국환경공단에 석면피해판정을 위해 전문가 심의기구(석면피해판정위원회) 설치·운영한다.

석면피해구제 신청의 종류는 국내에서 석면에 노출되어 석면질병(원발성 악성중피종, 원발성 폐암, 석면폐증)에 걸린 사람으로서 석면피해 인정을 받고자 하는 사람이 신청하는 석면피해인정 신청과 석면질병에 걸린 사람이 법 시행일 전·후 석면질병으로 사망하였을 경우 유족이 신청하는 특별유족인정 신청한다.

석면피해구제 신청 절차는 석면피해인정이나 특별유족인정을 받고자 하는 사람은 석면피해인정 또는 특별유족인정 신청서를 작성(구비서류 첨부)하여 관할 시·군·구청에 제출·접수하시면 된다. 단, 특별유족 인정신청은 사망한 자의 사망 당시 주소지 관할 시·군·구청에 제출·접수한다.

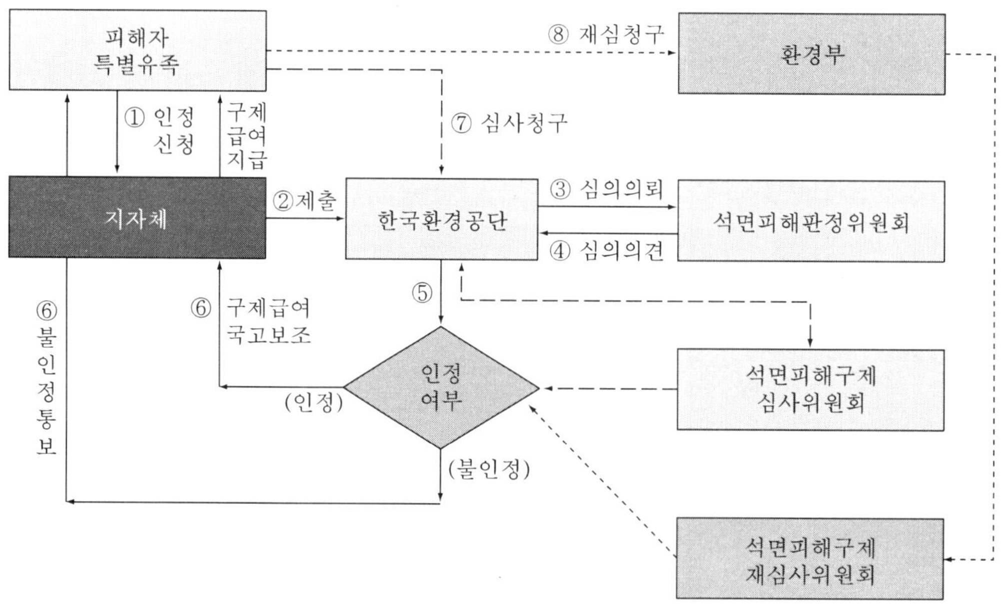

그림 1-2-4 석면피해구제 절차

표 1-2-7 석면피해구제 급여 종류

구제급여	지급시기	지 급 액	지급대상
요양급여	피해인정시 (수시)	• 석면질병의 치료에 소요되는 비용 중 국민건강보험법 등에 따라 피해자가 부담하는 금액	석면피해인정자
요양생활수당	피해인정시 (매월)	• 요양급여 이외 치료경비, 요양에 필요한 비용 등을 감안하여 대통령령으로 정하는 일정금액	석면피해인정자
장의비	피인정자 사망시	• 장제를 지낸 유족에게 대통령령으로 정하는 금액	석면피해인정자의 유족
구제급여 조정금	피인정자 사망시	• 특별유족조위금과 지급된 요양급여 및 요양수당의 합계액과의 차액 지급	석면피해인정자의 유족
특별유족조위금 및 특별장의비	특별유족 인정시	• 요양급여 및 요양수당을 감안하여 대통령령으로 정하는 금액	특별유족

2.4 고용노동부

석면관련 법령은 고용노동부의 산업안전보건법에 근거하여 동법 시행령과 시행규칙 및 안전보건기준에 관한 규칙에 규정되어 있다. 기타행정사항은 관련고시와 기술지침으로 KOSHA GUIDE 등이 있다. 여기서는 관련내용을 간단히 기술하고 관련 장에서 상세히 기술하고자 한다.

고용노동부의 석면관련법의 내용은 크게 석면의 사용금지, 석면조사, 석면해체제거로 나누어 볼 수 있다.

표 1-2-8 고용노동부의 석면관련 법령 비교표

항 목	산업안전보건법
석면의 사용금지 및 허가	제37조 (제조 등의 금지) 제38조 (제조 등의 허가) 제28조 (유해작업도급금지)
석면의 조사	제38조의2 (석면조사)
석면의 해체·제거	제38조의3 (석면 해체·제거 작업기준의 준수) 제38조의4 (석면해체·제거업자를 통한 석면의 해체·제거) 제38조의5 (석면농도기준의 준수)

1) 석면의 사용금지 및 허가

산업안전보건법 제37조에 제조 등이 금지되는 유해물질의 종류를 정하고 있다. 암의 유발 등 근로자의 보건에 특히 유해한 물질은 제조・수입・양도・제공 또는 사용을 금지하도록 규정하고 있으며, 다만 시험과 연구를 위한 경우에는 노동, 복지부령이 정하는 기준에 따라 노동, 복지부 장관의 승인을 받아 제조・수입 사용할 수 있도록 하고 있으나 제품의 양도나 제공은 불가하도록 규정하고 있다.

또한, 산업안전보건법 제38조에 암의 유발물질로 근로자의 보건에 특히 해롭다고 인정되는 물질 중에 제조 또는 사용허가를 받아야 하는 물질의 종류가 동법 시행령에 기술되어 있고, "석면을 제조・사용허가를 받고자 하는 자는 고용노동부령으로 정하는 바에 따라 유해물질의 제조사용허가신청서를 고용노동부장관에게 제출하여야 한다"라고 규정되어 있다.

고용노동부는「산업안전보건법」제37조 및 동법시행령 제29조 제1항 제10호의 규정에 근거한 석면함유제품의 제조・수입・양도・제공 또는 사용금지에 관한 고시(고용노동부 고시 제 2007-26호)를 개정하였다. 이 고시는 2008년 1월 1일부터 시행하였고, 석면함유제품 중 석면개스킷제품 및 석면마찰제품(자동차관리법상 자동차용 제외)에 대한 금지는 2009년 1월 1일부터 시행되었으며 2015년 4월 1일 석면함유제품의 제조・수입・양도・제공 또는 사용 금지에 관한 고시가 개정되면서 유예됐던 제품을 포함한 모든 석면함유제품의 제조・수입・양도・제공 또는 사용이 금지됐다(고용노동부고시 제2015-18호).

(1) 2009년부터 금지된 석면제품

가) 석면조인트시트제품

석면조인트시트제품에는 석면가스켓, 석면씰재, 석면패킹, 석면시트 등이 있다. 이들은 가격이 저렴한 이유로 제조 허가사업장과 영세 수입상을 통해 국내로 들여와 도소매업체 및 정비업체에서 소규모로 사용되고 있었으나 석면시트 등 기타 조인트시트는 수입 금지되어 있다.

나) 석면마찰제품

석면마찰제품은 군용, 궤도차량용, 산업용, 농기계용 등의 석면브레이크, 클러치 등으로서 현재 아라미드섬유(aramid fiber) 등을 이용한 대체품이 개발되어있는 실정이다. 산업용 및 농기계용의 수요가 많지 않은 관계로 현재 국내에서 제조되는 물량 이외의 수입량은 적다. 석면마찰제품은 대기 중으로 석면의 노출이 다른 제품보다 높을 수 있고 성능분석결과를 봐도 석면마찰재에 비하여 비석면마찰재가 내마모성, 저소음, 양질의 필링 등이 있는 것으로 나타났기 때문에 2009년 1월부터 금지되었다.

(2) 일반석면조사

건축물이나 설비를 철거하거나 해체하려는 경우에 해당 건축물이나 설비의 소유주 또는 임차인 등(이하 "건축물이나 설비의 소유주등"이라 한다)은 다음 각 호의 사항을 고용노동부령으로 정하는 바에 따라 조사(이하 "일반석면조사"라 한다)한 후 그 결과를 기록·보존하여야 한다.

가) 해당 건축물이나 설비에 석면이 함유되어 있는지 여부

나) 해당 건축물이나 설비 중 석면이 함유된 자재의 종류, 위치 및 면적

(3) 기관석면조사

건축물이나 설비 중 대통령령으로 정하는 규모 이상의 건축물이나 설비의 소유주등은 고용노동부장관이 지정하는 기관(석면조사기관)으로 하여 해당 건축물이나 설비에 함유된 석면의 종류 및 함유량을 조사(기관석면조사)하도록 한 후 그 결과를 기록·보존하여야 한다. 다만, 석면함유 여부가 명백한 경우 등 대통령령으로 정하는 사유에 해당하여 고용노동부령으로 정하는 절차에 따라 확인을 받은 경우에는 기관석면조사를 생략할 수 있다.

가) 기관석면조사대상

산업안전보건법 시행령 제30조의3에 "대통령령으로 정하는 일정 규모 이상의 건축물이나 설비"를 석면조사 대상으로 하고 있고 상세한 내용은 표 1-2-9와 같다.

나) 대상 선정 배경

석면조사대상에서 건축물의 규모를 50제곱미터로 하였는데 이는 건축법 시행령 제56조에 건축물의 내화구조에 관련된 조항에 다음과 같이 기재되어 있다.

> "법 제50조 제1항에 따라 다음 각 호의 어느 하나에 해당하는 건축물(제5호에 해당하는 건축물로서 2층 이하인 건축물은 지하층 부분만 해당한다)의 주요구조부는 내화구조로 하여야 한다. 다만, 연면적이 50제곱미터 이하인 단층의 부속건축물로서 외벽 및 처마 밑면을 방화구조로 한 것과 무대의 바닥은 그러하지 아니하다."

▌표 1-2-9 건축물이나 설비의 석면조사대상 및 세부내용

대 상	세 부 내 용
건축물	연면적 합계가 50제곱미터 이상이면서, 그 건축물의 철거·해체하려는 부분의 면적 합계가 50제곱미터 이상인 경우
주 택	연면적 합계가 200제곱미터 이상이면서, 그 주택의 철거·해체하려는 부분의 면적 합계가 200제곱미터 이상인 경우
자 재	다음 각 항목의 하나에 해당하는 자재(물질을 포함)를 사용한 면적의 합이 15제곱미터 이상 또는 그 부피의 합이 1세제곱미터 이상인 경우 가. 단열재 나. 보온재 다. 분무재 라. 내화피복재 마. 개스킷(gasket) 바. 패킹(packing)재 사. 실링(sealing)재 아. 그 밖에 가목부터 사목까지의 자재와 유사한 용도로 사용되는 자재로서 노동부장관이 정하여 고시한 자재
파이프	파이프 길이의 합이 80미터 이상이면서, 그 파이프의 철거·해체하려는 부분의 보온재로 사용된 길이의 합이 80미터 이상인 경우

즉, 내화구조를 갖추어야 할 건물의 규모를 연면적 50제곱미터를 초과하는 것으로 한정하고 있다.

내화구조의 정의와 요건은 "철근콘크리트 구조·벽돌구조·석조·콘크리트 블록 구조 등과 같이 화재에 대해서 가장 안전한 건축구조를 말하는데, 인접화재로 인해 연소될 우려가 적고, 내부에서 화재가 발생해도 벽·기둥·들보 등 주요 구조부(構造部)는 내력상(耐力上) 지장이 없어 간단한 수리로 그 건축물을 다시 사용할 수 있어야 한다."라고 말할 수 있다.

위와 같은 내용을 근거로 내화성이 강한 석면함유제품을 사용하는 건축물의 규모를 연면적 50제곱미터로 규정한 것이라고 볼 수 있다.

또한 자재와 파이프의 기준 설정은 "미국 EPA National Emissions Standards for Hazardous Air Pollutants (NESHAP)"에서 건물의 철거 또는 개보수시 석면함유물질이 80 m 이상(길이단위), 15 m^2 이상(면적단위) 또는 1 m^3 이상(부피단위)의 경우에는 모두 석면제거 10일 전에 신고하도록 규정한 것에 근거하고 있다.

다) 석면조사의 생략

산업안전보건법 제38조의 제2항 2호에 "석면함유 여부가 명백한 경우 등 대통령령으로 정하는 사유에 해당할 경우에는 석면조사를 생략할 수 있다" 라고 규정하고 있고, 동법시행령 제30조의3에서 그 사유를 다음과 같이 제시하고 있다.

- 건축물이나 설비의 철거·해체 부분에 사용된 자재가 설계도서, 자재 이력 등 관련 자료를 통해 석면을 함유하고 있지 않음이 명백하다고 인정되는 경우
- 건축물이나 설비의 철거·해체 부분에 석면이 1 퍼센트 (무게 퍼센트) 초과하여 함유된 자재를 사용하였음이 명백하다고 인정되는 경우

라) 석면조사기관 및 조사방법

석면조사기관의 지정 요건 및 절차는 대통령령으로 정하고, 조사방법과 그 밖에 필요한 사항은 고용노동부령으로 규정하고, 산업안전보건법 제38조의 2와 동법 시행령, 시행규칙에 지정요건 등을 규정하고 있다.

석면조사방법은 산업안전보건법 제38조의2의 제2항을 근거로 동법 시행규칙, 기타 기술적인 사항은 고용노동부 고시 제2015-19호, 석면조사 및 안전성 평가 등에 관한 고시, 에서 기술하고 있다.

2) 석면의 해체·제거

석면해체·제거라는 용어는 산업안전보건에 관한 규칙 제452조(정의)에서 "해체·제거"라 함은 석면함유 설비 또는 건축물의 파쇄, 개·보수 등으로 인하여 석면분진이 흩날릴 우려가 있고 작은 입자의 석면폐기물이 발생되는 작업을 말한다." 라고 정의하고 있다.

(1) 석면해체·제거대상

기관석면 조사대상에서 조사대상의 규모를 연면적 50제곱센미터 이상으로 하고 있고 이를 충족하는 것으로 한다면 당연히 석면해제제거 대상도 연면적 50제곱센티미터 이상으로 하여야 할 것이다. 이러한 논리에 의해 산업안전보건법 시행령에 석면해체제거 대상을 다음과 같이 규정하고 있다.

▌표 1-2-10 석면해체·제거 대상

1. 철거·해체하려는 벽체재료, 바닥재, 천장재 및 지붕재 등의 자재에 석면이 1퍼센트(무게 퍼센트)를 초과하여 함유되어 있고 그 자재의 면적의 합이 50제곱미터 이상인 경우
2. 석면이 1퍼센트(무게 퍼센트)를 초과하여 함유된 분무재 또는 내화피복재를 사용한 경우
3. 석면이 1퍼센트(무게 퍼센트)를 초과하여 함유된 제30조의 3 제1항 제3호 각 목의 어느 하나(분무재 및 내화피복재는 제외한다)에 해당하는 자재의 면적의 합이 15제곱미터 이상 또는 그 부피의 합이 1세제곱미터 이상인 경우
4. 파이프에 사용된 보온재에서 석면이 1퍼센트(무게 퍼센트)를 초과하여 함유되어 있고, 그 보온재 길이의 합이 80미터 이상인 경우

(2) 석면해체·제거업자의 등록

산업안전보건법 제38조의4에 석면해체·제거업자를 통한 석면의 해체·제거를 규정하고 있고, 동법 시행령에 석면해체·제거업자를 통한 석면해체·제거 대상을, 석면해체·제거 등록업체의 지정 내용을 규정하고 있다. 동법 시행규칙에서는 석면해체·제거업자의 인력·시설 및 장비기준, 석면해체·제거업자의 등록신청 등에 대하여 상세하게 기술하고 있다.

(3) 석면해체·제거 절차

석면함유물질을 해체·제거하고자 하는 고용노동부 등록 석면해체제거업자는 산업안전보건법 제38조의4 제1항과 제3항에 따라 동법 관련 시행규칙에 의거 신고절차를 거쳐야 한다. 즉, 석면해체·제거업자는 석면해체·제거작업 시작 7일 전까지 석면해체·제거작업 장소의 소재지를 관할하는 지방노동관서의 장에게 산업안전보건법 시행규칙 별지 제17호의6서식의 석면해체·제거작업 신고서를 작성·제출하여야 한다. 제출한 석면해체·제거작업 신고서 내용이 변경된 경우에는 별지 17호의7서식의 석면해체·제거작업 변경신고서를 석면해체·제거작업 장소의 소재지를 관할하는 지방노동관서의 장에게 산업안전보건법 시행규칙 별지 제17호의6서식의 석면해체·제거작업 신고서를 작성·제출하여야 한다.

(4) 석면농도의 측정 및 결과의 제출

여기서의 석면농도의 측정은 석면해체·제거 후에 석면이 안전하게 제거되었는지를 확인하는 단계(최종공기질 측정)로 산업안전보건법 제38조의2 제2항에 따른 석면조사기관에 소속된 산업위생관리산업기사 또는 대기환경산업기사 이상의 자격을 가진 사람과, 같은 법 제42조 제4항에 따른 지정측정기관에 소속된 산업위생관리산업기사 이상의 자격을 가진 사람만 측정할 수 있고, 측정방법은 산업안전보건법 제38조의5 제2항 근거하여 동법 시행규칙에서 규정하고 있으며 측정의 주체는 석면해체제거업자이다.

(5) 석면관련 종사자의 교육

산업안전보건법에서 규정하고 있는 석면관련 종사자의 교육은 표 1-2-11과 같이 4종류의 교육이 있다.

(6) 석면해체 · 제거 작업계의 조치 기준

석면해제 · 제거작업의 조치 기준을 산업안전보건기준에 관한 규칙에서 규정하고 있고 이를 근거로 기술적인 사항은 한국산업안전보건공단에서 작성한 석면해체제거작업지침에 기재되어 있다.

표 1-2-11 산업안전보건법에서 규정하는 있는 석면관련종사자의 교육

교육명	교육대상자	교육시간	관 련 법 령
석면조사자과정	석면조사기관에서 석면시료채취분석하는 자	34시간 이상, 2년에 1회 보수교육 24시간 이상	산업안전보건법 시행규칙 제80조의 3(석면조사기관의 지정요건 등), 별표 10의 3(석면조사기관의 인력시설 및 장비기준), 산업안전보건법 시행규칙 제39조(안전보건관리책임자 등에 대한 직무교육)
석면해체 · 제거 관리자과정	석면해체제거등록업체에서 석면해체제거작업을 관리하는 자	18시간(1회)	산업안전보건법 시행규칙 제80조의 6(석명해체제거업자의 인력시설 및 장비기준), 별표 10의 4(석면해체제거업자의 인력시설 및 장비기준)
석면해체제거관리감독자 과정	사업 내 관리감독자의 지위에 있는 사람	연간 16시간 이상	산업안전보건법 제31조(안전보건교육) 1항, 동법시행규칙 제33조(교육시간 및 교육내용), 별표 8 산업안전보건관련 교육과정별 교육시간
석면해체제거근로자 특별안전보건교육	석면해체제거근로자	연간16시간 이상 일용직의 경우 연간 2시간 이상	산업안전보건법 제31조(안전보건교육) 3항, 동법 시행규칙 제33조(교육시간 및 교육내용), 별표 8 산업안전보건관련 교육과정별 교육시간

2.5 국토교통부

건축법 제36조(건축물의 철거 등의 신고)에 건축물의 소유자나 관리자는 건축물을 철거하려면 철거를 하기 전에 특별자치도지사 또는 시장 · 군수 · 구청장에게 신고하여야 하며 건축물의 소유자나 관리자는 건축물이 재해로 멸실된 경우에는 멸실 후 30일 이내에 신고하여야 한다고 규정하고 있다. 이에 따른 신고의 대상이 되는 건축물과 신고 절차 등에 관하여는 국토교통부령으로 정한다. 만일 신고를 하지 않을 시에는 건축법 제113조에 의거하여 30만원의 과태료가 부과된다.

또한 시행규칙 제24조(건축물 철거멸실의 신고)의 제1항에는 "법 제36조 제1항에 따라 법 제11조에 따른 허가대상건축물 또는「산업안전보건법」제38조의 2 제1항에 따른 석면조사대상 건축물을 철거하려는 자는 철거예정일 7일 전까지 별지 제25호 서식의 건축물철거 · 멸실신고서(전자문서로 된 신고서를 포함한다. 이하 이 조에서 같다)에「산업안전보건법」제38조의 2에 따른 석면조사결과 사본을 첨부하여 특별자치도지사 또는 시장 · 군수 · 구청장에게 제출하여야 한다."라고 상세히 규정하고 있다. 그리고 제2항에는 "법 제11조에 따른 허가대상 건축물이 멸실된 경우에는 법 제36조 제2항에 따라 별지 제25호서식의 건축물 철거 · 멸실신고서를 특별자치도지사 또는 시장 · 군수 · 구청장에게 제출(전자문서로 제출하는 것을 포함한다)하여야 한다"라고 규정하고 있다.

2.6 교육부

석면으로부터 학생 및 교직원의 건강을 보호 · 유지하기 위하여 학교보건법 제4조(학교의 환경위생 및 식품위생) 제1항에 석면에 관하여 규제 관리할 근거를 마련하고 있다.

같은 법 제2항에 의거 관리 및 점검결과를 기록 보존 및 보고할 것을 규정하고 있고 기준에 맞지 아니하는 경우는 시설의 보완 등 필요한 조치를 취할 것을 동조 제4항에 규정하고 있다.

학교의 장이 유지 · 관리하여야 하는 학교 환경위생 및 식품위생 점검기준에서 교실 건축시 보온, 단열재 등으로 석면을 사용한 경우 부유하는 미세먼지 중의 석면섬유를 멤브레인필터로 포집하여 위상차현미경으로 측정하며, 기준치(0.01개/cc 이하)를 초과하면 전자현미경으로 재측정한다고 규정하고 있다.

2.7 석면관련 외국 법령

1) 미국

미국은 석면에 대한 전면적 금지를 하고 있지는 않다. 석면을 사용하되 안전규정을 철저히 준수하고, 이를 위반 시 엄격한 규정을 적용하면서 석면을 관리하고 있다.

환경보호청(Environmental Protection Agency, EPA)과 산업안전보건청(Occupational Safety and Health Administration, OSHA)에서 석면에 대한 연방규정을 주로 관리를 하고 있고, 각 주마다 별도의 규정을 두고 있다.

(1) AHERA (EPA Asbestos-Containing Materials in Schools, Asbestos Hazard Emergency Response Act (AHERA) -(40 CFR 763 Subparte E)

학교에서의 석면함유물질관리가 시급함을 인지하여 1986년 10월 석면긴급대응법으로 제정, 학교의 석면함유물질에 대한 법과 규정을 포함하고 학교에서의 ACM (Asbestos Containing Materials)의 확인, 평가, 관리를 위한 규정이 포함되어 있다.

(2) ASHARA (EPA Model Accreditation Plan. Asbestos School Hazard Abatement Reauthorization Act (ASHARA) -(40 CFR 763)

EPA의 MAP(Model Accreditation Plan)를 개정한 규정으로서 공공시설과 상업시설에서 석면관련작업을 하는 자에 대한 인가 및 요구조건을 규정하고 있다.

(3) EPA Worker Protection Rule 40 CFR 763 Subpart G. 1987. 5

OSHA규정에서 적용되지 않는 근로자를 보호하기 위해 EPA에서 OSHA의 기준과 동일 및 이상의 사항을 규정하고 있는데 건강검진, 공기질 측정, 보고, 보호의, 작업방법 및 기록보관 등이 포함되어 있다.

(4) EPA National Emissions Standards for Hazardous Air Pollutants Regulation (NESHAP) -(40 CFR 61 Subpart M and Appendix A on Roofing) 1990. 11

ACM을 설치 또는 이용된 시설을 해체, 보수 시 석면의 방출을 최소화하기 위하여 공기 중 유해 오염물질에 종류와 ACM의 종류와 석면관련 작업 시 공지, 제거, 이동과 폐기, 공기질 측정, 감시, 훈련, 처벌에 대한 규정을 포함하고 있다.

(5) OSHA Asbestos Construction Standard – 29 CFR 1926.1101

석면노출관련 건설작업과 철거관련 작업에 대한 규정으로 특히 석면의 제거, 고형화, 교체, 수리, 유지, 설치, 청소, 운송, 폐기와 관련된 근로자를 보호하기 위한 규정이다.

(6) OSHA Asbestos Shipyard Standard – 29 CFR 1915.1001

선박 수리 또는 해체 시 선박에 사용된 석면 자재로부터 근로자를 보호하기 위한 것이다.

(7) OSHA General Industry Standard – 29 CFR 1910.1001

광산, 공장과 제조업에 해당되는 것이며, 이 규정은 Construction Standard와 유사하다.

2) 영국

영국은 1830년대에 석면이 주로 사용되었고, 1999년에 석면의 전면금지를 실시하였고, 2006년에 과거의 석면관련 규정의 통합(면허규정 포함)하여 석면관리규정의 제정(Control of Asbestos Regulations, 2006)을 제정하였다.

(1) Control of Asbestos Regulation 2006

이 규정은 과거의 석면의 금지(the Prohibition of Asbestos), 석면작업자의 관리(the Control of Asbestos at Work), 석면면허(Asbestos Licensing)의 규정을 통합한 것으로 기존의 석면관련 규정을 하나로 정립하였다는 데에 큰 의미를 부여할 수 있다.

이 규정은 the Health and Safety at Work etc. Act 1974[1] (“the 1974 Act”)와 section 2(2) of the European Communities Act 1972 (“the 1972 Act”)에 근거를 두고 있다.

석면작업 시 법에서 정하는 있는 면허를 소유한 자가 석면작업을 할 수 있도록 regulations 8 (licensing of work with asbestos), the control of asbestos regulations 2006, Statutory Instrument 2006 No. 2739에서 규정하고 있다.

Regulation 8(2)에서 HSE는 면허를 줄 수 있다는 규정과 면허심사기간을 정하고 있는데 Regulations 8(3)에서 일회 면허소지기간을 최대한 3년으로 정하고 있고 8(4)에서 면허조건과 면허기간을 신청기관의 충족요건에 따라서 가감할 수 있다고 규정하고 있다. 또한 8(5)에서 면허취소의 규정을, 8(6)에서는 HSE가 개정을 위해 필요시, 취소시 면허를 반납할 것을 규정하고 있다.

석면 교육에 대한 사항은 Regulation 10에서 고용주는 석면작업자나 석면작업 감독자에게 교육을 시켜야 한다고 규정하여 교육의 근거를 확립한 바 있다.

3) 일본

석면관련 규정은 1960년 제정된 진폐법에서 시작되는데 석면 및 석면함유제품 작업자의 건강진단에 대한 내용이 포함된 바 있다. 2006년의 석면의 전면적인 금지를 그리고 동년에 석면에 의한 건강피해의 구제에 관한 법률 및 시행령 제정하였다.

(1) 노동안전위생법(안위법)

안위법은 노동자의 안전과 건강을 지키고 쾌적한 작업환경을 만드는 것을 목적으로 하고 석면에 관한 사항은 제조 등의 금지, 명칭 등 표시, 건강관리수첩 등이 있다.

(2) 석면장해예방규칙(석면규칙)

노동자의 폐암, 중피종 등 건강장해를 예방하기 위해 작업방법의 개선 관계시설의 개선 등 필요한 조치를 하고 석면노출의 정도를 최소한하기 위함을 목적으로 한다.

본 규칙에서는 해체 등의 업무에 관계된 조치, 석면 및 석면함유제품을 제조 또는 취급할 때의 관리기준을 규정하고 있다.

(3) 대기오염방지법

공장 및 사업장에서의 사업 활동으로 인하여 발생되는 매연의 배출 등을 규제하고 대기오염에 관하여 국민의 건강을 보호하고 생활환경을 보전하는 것을 목적으로 한다.

2005년 대방법시행령 개정하여 2006년 3월 1일부터 뿜칠석면의 대상규모를 폐지, 특정건축재료(석면함유보온재, 단열재, 내화피복재)의 작업 기준을 추가하였다.

(4) 석면에 의한 건강피해의 구제에 관한 법률

석면에 의한 건강피해를 받게 된 자 및 그 유족이 노동자재해보상보험의 보상

대상이 되지 않는 자와 사업장을 제외한 환경에서 석면에 노출되어 건강피해를 입은 자를 대상으로 신속히 구제를 하는 것을 목적으로 한다.

표 1-2-12 일본의 석면관련 법규의 제정 및 개정 내용

연도	내 용
1960	• 진폐법 제정, 석면 및 석면함유제품 작업자의 건강진단, 진폐건강진단
1971	• 노동기준법의 하부규정으로 특별화학물질장해예방규칙(이하 특화칙)을 제정하여 석면을 특정화학물질로 최초지정
1972	• 노동안전위생법제정(이하 안위법), 특화칙으로 안위법으로 이전
1975	• 안위법, 특화칙개정 • 석면의 함량이 중량 5%를 초과하는 제품을 라벨표시와 특화칙대상 • 특수건강진단실시, 작업의 기록(30년), 뿜칠석면의 사용금지
1988	• 작업환경평가기준, 작업장에서 석면의 관리농도를 2 f/cc로 지정
1989	• 대기오염방지법(이하 대방법) 개정, 특정분진으로 석면을 규정 • 석면제품제조공장 경계주변의 석면농도를 10 f/L로 규정
1991	• 폐기물처리법 개정, 특별관리산업폐기물로서 폐석면 등을 제정
1995	• 안위법시행령, 특화칙개정, 청석면과 갈석면의 사용과 수입금지 • 석면함유물질을 석면함유 중량 5%에서 1%로 확대 • 뿜칠제거공사의 시행방법, 격리 등에 규정 제정
1997	• 대방법개정, 석면함유건축물의 해체, 개조, 보수작업을 특정분진배출작업으로 규정
2003	• 안위법시행령개정, 2004년 10월 1일부로 석면함유건재, 마찰재, 접착재의 10품목에 대해 수입, 제조 등의 금지
2004	• 2005년 4월 1일부로 석면분진의 작업환경 관리농도를 2 f/cc에서 0.15 f/cc로 개정
2005	• 석면특정화학물질 장해예방규칙(이하 석면특화칙) 제정, 석면함유건물을 해체하는 작업에서 석면노출방지대책을 세울 것을 규정 • 해체적용대상을 석면 중량 1% 이상 초과하는 물질로 확대
	• 대방법시행령 개정, 2006년 3월 1일부터 뿜칠석면의 대상규모를 폐지, 특정건축재료(석면함유보온재, 단열재, 내화피복재)의 작업기준을 추가
2006	• 대방법시행령 개정, 2006년 10월 1일부로 설비로 확대
	• 폐기물처리법 개정, 2006년 8월부터 석면함유폐기물의 무해화인정제도 발족 • 2006년 10월부터 폐기물 등에 석면함유보온재, 단열재, 내화피복재를 추가하고, 석면함유폐기물의 대상을 중량 0.1%를 초과하는 것으로 지정
	• 안위법시행령, 석면칙개정, 중량 0.1%를 초과하는 석면함유물질의 수입, 제조, 사용 등을 금지 • 석면해체제거작업의 대상을 중량 1%에서 0.1%로 적용 확대
	• 석면에 의한 건강피해의 구제에 관한 법률 및 시행령 제정

참고문헌

석면공장 및 광산 등의 인근 주민 석면노출로 인한 건강영향조사를 위한 기초연구', 환경부, 2009

Department of the Army. Asbestos Abatement Guideline Detail Sheet. EP 1110-l-11. 1992

Health and Safety Executive, Asbestos Essentials Task Manual. 2001

Health and Safety Executive, Asbestos: The licensed contractors' guide Senior Labour Inspectors Committee (SLIC). A practical guide on best practice to prevent or minimise asbestos risks in work that involves (or may involve) asbestos: for the employer, the workers and the labour inspector. EC. 2006

Motahashi Kenji. 기존 건축물의 흡착 석면 분진 흩날림 방지 처리 기술지침·해설. 2006

OSHA. Safety and Health Regulations for Construction, 29 CFR 1926. 1101 - Asbestos.

OSHA. Occupational Safety and Health Standard, 29 CFR 1910. 1001 - Asbestos.

석면사용 건축물관리를 위한 실태조사, 2006, 환경부

석면에 의한 건강장해보고서(I) 2006, 한국산업안전보건공단

석면해체제거인프라 기준연구 2008, 한국산업안전보건공단

Chapter 2

유해위험 작업환경관리에 관한 사항

1. 석면해체제거작업에 적합한 작업환경관리 ▮ 박희련

1.1 보건관리 종류 및 영역

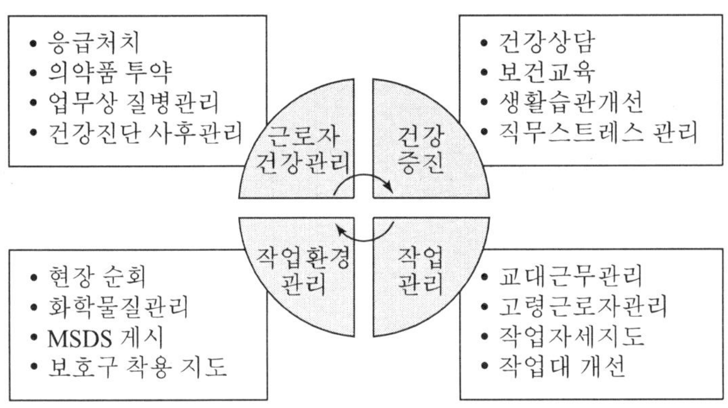

1.2 작업환경관리 업무

▌표 2-1-1 산업안전보건법에서 작업환경관리와 관련된 주요내용

조항	주 요 내 용
제12조 (안전・보건표지부착)	사업장의 유해하거나 위험한 시설 및 장소에 대한 경고, 비상시의 조치에 대한 안내, 그 밖에 안전의식의 고취를 위하여 안전보건 표지를 설치하거나 부착하여야 함.
제14조 (관리감독자)	사업주는 사업장의 관리감독자로 하여금 직무와 관련된 현장의 안전보건에 관한 업무로서 안전보건점검 등을 수행하도록 하여야 함.
제24조 (보건조치)	유기화합물(화학물질) 분진, 밀폐공간작업, 소음 및 진동, 이상기압, 온・습도, 근골격계부담작업 등에 의한 건강장해를 예방하기 위하여 필요한 조치 실시

표 2-1-2 산업안전보건기준에 관한 규칙 중 작업환경관리 관련내용

조항	주 요 내 용
제4조 (작업장의 청결)	근로자가 작업하는 장소를 항상 청결하게 유지·관리
제4조의2 (분진의 흩날림 방지)	분진이 심하게 흩날리는 작업장에 대하여 물을 뿌리는 등 흩날림 방지
제7조 (채광 및 조명)	채광 및 조명을 하는 경우 명암의 차이가 심하지 않고 눈이 부시지 않는 방법으로 설치
제78조 (환기장치의 가동)	분진 등을 배출하기 위해 국소배기장치 등을 설치한 경우 그 작업 중 가동
제79조 (휴게시설)	휴식시간에 이용하도록 휴게시설 설치
제82조 (구급용구)	부상자의 응급처치에 필요한 구급용구를 갖추고 그 장소와 사용방법을 근로자에게 전달
제420조~511조	관리대상유해물질, 허가대상 유해물질 및 석면, 금지 유해물질에 의한 건강장해 예방 조치 기준
제605조~617조	분진작업에 발생하는 분진에 의한 건강장해 예방조치
제618조~645조	밀폐공간, 유해가스 발생장소에서 작업 시 조치기준
제657~662조 (유해요인조사 및 개선)	근로자가 근골격계 부담작업을 하는 경우 3년마다 유해요인 조사하고 결과에 따라 작업환경개선, 근골격계질환 예방관리 프로그램 실시
제663~666조 (중량물작업 특별조치)	취급 물품의 중량, 취급빈도, 운반거리, 운반속도 등 작업 조건에 따라 작업시간과 휴식시간 적정 배분
제669조 (직무스트레스 예방조치)	근로자가 장시간 근로, 야간작업을 포함한 교대 작업, 차량운전 및 정밀기계의 조작 작업 등 신체적 피로와 정신적 스트레스가 높은 작업을 하는 경우에 직무스트레스로 인한 건강장해 예방을 위하여 '작업환경, 작업내용, 작업량, 작업일정, 휴식, 기타'의 조치를 취함

1) 작업현장관리

- 유해한 작업환경으로부터 근로자의 건강을 보호하기 위하여 관리감독자는 먼저 작업조건과 현장의 실정을 충분히 파악해야 함.
  - 현장 순회 점검은 작업환경의 문제점을 발견하고 이를 개선하기 위한 시정조치의 성과를 확인하는 활동으로서 현장 보건관리서비스의 출발점이라 할 수 있음.
  - 산업안전보건법 시행규칙 제17조에서는 보건관리자의 직무내용의 항목에 '사업장 순회·점검 및 조치의 건의'를 명시하고 있음.

- 체크리스트를 활용하여 작업공정별로 취급물질 처리, 물리적 유해요인, 작업자세, 보호구 착용상태 등을 파악함.
- 당해 작업장을 모르고 작업자들이 호소하는 건강상의 문제를 추측만으로 판단하는 것은 위험한 일이므로, 정기적인 순회를 통하여 작업환경과 근로자들의 상태를 이해하도록 해야 함.

- 직무의 내용이 현장점검을 통해 전체적인 문제점을 발견하여 이를 시정할 수 있는 조치를 취하기 위해서는 철저한 준비와 계획에 입각한 현장점검을 실시해야 함.
- 공종개요, 설비배치도, 작업환경관련자료(작업환경측정결과, 국소박이 장치, 정기점검결과 등), 건강관리 관계자료(일반 및 특수검진결과 자료, 유소견자 사후관리자료 등) 검토
- 주의 깊게 관찰하여야 할 작업과 작업환경, 건강상의 배려를 요하는 근로자 파악하고 작업환경의 작업예정과 관계자의 업무계획을 검토・조절하여 점검 일시와 대상 작업장을 선정
- 현장점검 시 주의사항
  - 현장 순회 도중 예상되는 위험에 대해 미리 파악
  - 가능하면 혼자 현장순회를 하지 말고, 관리감독자 등과 동행
  - 작업복, 안전모, 안전화 등 필요한 보호구를 착용하여 수행 중 안전사고에 대비
  - 초기점검 시에는 지도, 권고 등을 삼가고, 작업환경 및 조건의 실태 파악을 중심으로 함.
  - 문제점 발견 시 긴박할 경우를 제외하고는 순회가 끝난 후 관련자들 과 협의를 거쳐 조치하는 것이 바람직함.
- 현장점검 시 체크 포인트
  - 정리, 정돈, 청결, 청소상태 여부
  - 시설에 대한 개・보수 유・무 상태
  - MSDS 작성비치 및 게시 상태
  - 위험표지판 및 보호구 착용, 경고표시 상태
  - 보호구 착용과 관리상태
  - 올바른 작업자세
  - 중량물 취급자세
  - 작업통로 확보 및 조명 상태
  - 환기문제

- 통로, 비상구, 소화전, 소화기 등 표지 보기 쉬운 곳에 게시 여부
- 소음 및 분진의 발생상태
- 근로자의 전반적인 건강상태

● 현장점검일지의 작성은 년, 월, 일, 시간, 동행자, 순회 장소, 소견 등을 될 수 있는 한 구체적으로 기대하여 대책을 수립하고, 향후 그 조치들이 어떻게 시정되었는지도 기재

표 2-1-3 현장점검 내용

구분		내 용
안전보건표지 부착상태		- 산업안전 보건법 규칙 별표1의 2에 따른 43개 표지판의 부착상태
작업 환경	조명	- 작업 면 명암 및 눈부심 발생 여부 - 초정밀 작업 : 750 / 정밀작업 : 300 / 보통작업 : 150 / 기타 작업 : 75
	소음	- 80 dB 이상 발생 시 저감작업 가능 여부
	환기	- 작업장 내 전체환기 및 국소배기시설 가동상태 확인
	열	- 하절기 및 고열작업 구간 확인 - 작업구간 수치별 관리방안 적용 여부
	분진	- 육안으로 식별 가능한 분진 확인
휴게 공간 위생상태		- 음식 물 보관 및 쓰레기 방치 여부 - 청결 위생상태 - 냉난방 작용 여부
건강이상징후 작업자		- 두통 어지러움 호소 여부 및 기타 이상증세 호소여부 - 유해한 작업행동(보호구 미착용, 부적절한 작업환경이나 자세로 인한 질환 유발 가능성 여부)
MSDS 비치/경고표지 부착여부		- 화학물질 소량 이동용 용기 경고표지 부착여부 - MSDS 현장 비치 여부 - 화학물질 사용 용기 경고표지 부착여부
위험물 보관소		- 유해물질 소분용기 경고 표지 부착여부 - MSDS 자료 비치 게시 여부 - 화학물질 사용 용기 경고 표지 부착여부 - 유해물질 보관상태 ,시설파손으로 인한 위험 유무 - 안전보건표지 부착상태 전도방지 장치 설치 - 확산소화기, 외부 소화기 설치 여부(소화기 MSDS 비치 유무) - 타 물질 혼합보관 유무 - 시건 장치 이상 여부 - 정부 관리자 현황비치 여부 - 기타 이상 여부

- 현장점검 결과 보고서 작성
- 현장점검 시의 메모내용, 사후 토의 내용을 기초로 월별 순회소견을 정리하여 필요한 것은 회의에서 토의

2) 작업환경관리

(1) 정의

- 가장 중요한 작업환경관리는 유해인자에 근로자들이 노출되지 않도록 하는 것
- 지속적인 작업환경관리가 이루어 지지 않는다면 적은 양의 오염물질이 배출된다고 하여도 누적 현상으로 결국 근로자들에게 심각한 피해를 줄 수 있음
  - 관리방안 : 건강유해 인자들을 예측, 인지하고 평가한 후 관리
  - 목표 : 작업환경을 쾌적하게 유지하여 근로자들의 건강장해 예방 및 증진

(2) 산업안전보건법 상 일반적인 작업환경관리 업무

표 2-1-4 작업환경관련 사항

제31조 (안전보건교육)	- 정기교육 : 생산직(분기별 6시간), 관리감독자(연 16시간) - 채용시, 작업내용 변경시 교육 : 일용근로자(1시간 이상) - 특별교육 : 일용근로자(2시간 이상), 일반 근로자(16시간 이상) - 건설업 기초안전보건교육 : 일용 근로자(4시간)
제38조의2 (석면조사)	- 건축물이나 설비를 철거하거나 해체하려는 경우에 해당 건축물이나 설비의 소유주 또는 임차인 등은 고용노동부령으로 정하는 바에 따라 조사(일반석면조사)한 후 그 결과를 기록・보존 - 일정 규모 이상의 건축물이나 설비의 소유주 등은 고용노동부장관이 지정하는 기관으로 하여금 건축물이나 설비에 함유된 석면의 종류 및 함유량을 조사(기관석면조사)하도록 한 후 그 결과를 기록・보존
제41조 (물질안전보건자료 작성, 비치 등)	- 화학물질, 화학물질을 함유한 제제를 제조・수입・사용・운전・저장 할 경우 물질안전보건자료를 게시 또는 비치, 화학물질 등을 함유한 용기・포장 등에 경고표지 부착
제42조 (작업환경 측정 등)	- 중금속, 분진, 화학물질 및 소음[80 dB(A) 이상 소음] 등에 노출되는 근로자가 있는 작업장에 대해 작업환경 측정 실시
제41조의 2 (위험성평가)	- 건설물, 기계・기구, 설비, 원재료, 가스, 증기, 분진 등에 의하거나 작업행동, 그 밖에 업무에 기인하는 유해・위험요인을 찾아 위험성을 결정, 조치하고 그 결과를 기록・보존
제43조 (건강진단)	- 일반건강진단 : 사무직 1회/2년, 비사무직 1회/1년 - 특수건강진단 : 유해인자에 따른 항목

제45조 (질병자의 근로금지, 제한)	- 감염병, 정신병 또는 근로로 인하여 병세가 크게 악화될 우려가 있는 질병에 걸린 자에게는 의사의 진단에 따라 근로를 금지하거나 제한 - 근로가 금지되거나 제한된 근로자가 건강을 회복하였을 때에는 지체 없이 취업

(3) 예방활동에 따른 근로자 건강상태

(가) 예방활동이 결여된 사업장

- 유해인자가 관리되지 않아 근로자들에게 건강장해 유발 가능성 존재
- 건강에 이상이 있는 근로자들이 의학적 진단 및 치료를 통하여 건강이 회복되고 다시 작업장으로 복귀하여도 작업장 내 유해인자가 제거되지 않는다면 이들 근로자들의 건강은 다시 악화됨
- "건강장해 → 진단 → 치료 → 회복 → 직장복귀 → 건강장해" 일련의 과정이 반복되어 치료 및 회복의 의미가 없음

(나) 예방활동이 포함된 사업장

- 작업환경의 유해인자 및 문제점을 예측, 인지하고 평가한 후에 예방활동 및 작업환경관리를 실시한다면 근로자들의 진단 및 치료과정이 없어도 건강 유지 및 증진이 가능

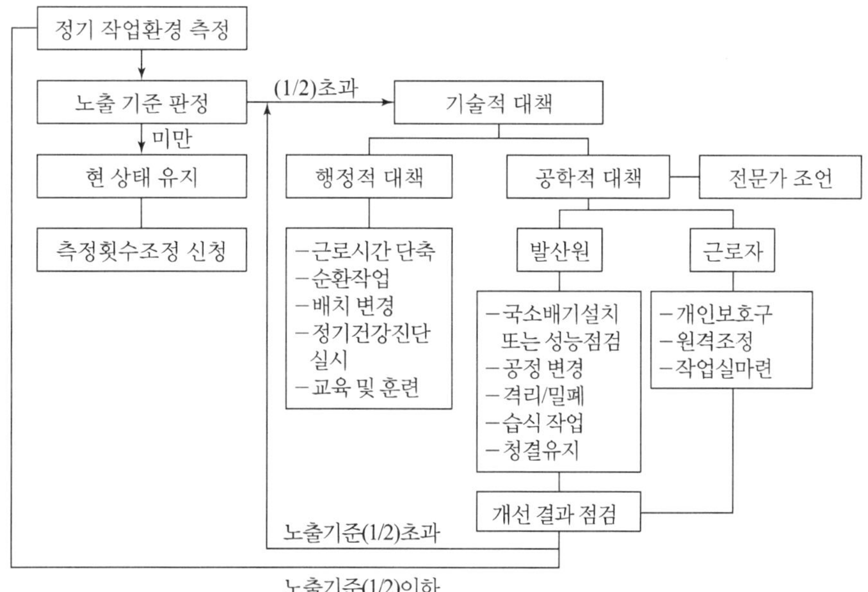

그림 2-1-1 작업환경관리 절차

- 작업환경관리는 정기적으로 작업환경을 측정하여 노출기준을 준수 여부를 판정하고, 노출기준의 1/2을 초과하지 않도록 관리하는 것으로 작업환경관리 절차는 그림 2-1-1과 같다.

(4) 작업환경관리 방법

공학적 개선(engineering control)을 포함하는 작업환경관리는 작업환경 중에 존재하는 유해인자를 제거하거나 제어하는 방법을 통틀어 말한다. 근로자의 직업병 예방을 위해서 최우선적으로 고려되어야 할 관리방법이다. 작업환경관리는 우선순위를 고려하여 결정한다.

(가) 대치(substitution)

존재하는 유해인자를 근원적으로 제거하기 위하여 대상 공정이나 시설의 변경, 유해물질을 유해성이 없거나 적은 것으로 바꾸는 경우를 말한다. 가장 근원적인 접근방법이지만 공정이나 작업의 특성상 대치가 거의 불가능하거나 막대한 비용이 요구되는 경우가 많다. 작업이나 공정의 특성상 대치가 어려운 경우에는 차선으로 밀폐나 격리 또는 차단을 고려한다.

(나) 밀폐(enclosure)

유해인자가 작업장 내에 확산되는 것을 억제하여 한 곳에 가두어 둘 수 있다면 근로자가 위험에 노출될 우려가 전혀 없으므로 대치 다음으로 좋은 고려방법이 된다. 공정의 특성상 완전한 밀폐가 가능하다면 대치 이상의 효과를 볼 수 있겠으나 현실적으로 이러한 경우는 거의 없다. 밀폐된 반응기나 자동화된 밀폐공정이라도 시료를 채취하는 과정이나 감시 과정에서 순간적으로 근로자가 고농도에 노출될 우려가 있음을 잊지 말아야 한다. 완벽한 밀폐는 사실상 거의 불가능하므로 누출에 의한 노출도 관리의 대상에 포함시켜야 한다.

(다) 격리 / 차단(isolation)

대치나 밀폐가 불가능하다면 다음으로는 유해물질이 근로자에게 이르는 경로를 차단하는 방법을 고려한다. 여기에는 공정을 중심으로 근로자로부터 격리/차단시키는 방법과 근로자를 중심으로 격리/차단시키는 방법이 있다. 이러한 물리적 격리 이외에 유해물질이 발산되는 시간을 근로자의 작업시간과 어긋나게 하는 시간적 격리방법과 유해물질과 근로자의 거리를 넓히는 방법도 있다.

(라) 환기(ventilation)

아마도 산업위생 분야에서 근로자의 유해물질 노출을 줄이기 위해 가장 많이 고려하거나 사용하는 방법이 환기일 것이다. 현실적으로 대치나 밀폐 또는 격리를 도입하기 어려운 경우가 대부분임을 알고 있으므로 화학적 인자에 대해서는 환기를 선호하게 되며, 이 방법이 최선의 선택이 되는 경우가 많다. 산업 환기(industrial venrilation)에서 유해물질의 독성이 낮고 오염원이 분산되어 있어 국소환기가 어려운 경우 등에는 전체 환기(general ventilation)를 고려할 수 있으나 근로자가 일단 해당 물질에 노출된다는 점에서 바람직한 방법은 아니다. 국소환기(local ventilation)는 오염원에서 유해물질을 제어하게 되므로 적은 풍량으로 제어가 가능하고 근로자의 직접적 노출도 방지할 수 있다.

(마) 작업관리

작업관리는 근로자의 작업방법이나 내용을 변경시켜 노출을 저감시키는 방법이다. 근로자가 유해물질에 노출되는 상황은 근로자가 작업을 실시하는 자세나 방법에 따라 달라질 수 있으므로 가장 적절한 자세나 방법을 표준화하여 이의 사용을 적절히 지도하고 감독하는 방법을 사용한다. 작업관리에는 보호구의 사용이 포함된다. 앞의 환경관리가 어려운 공정은 부득이하게 개인보호구를 사용할 수밖에 없으며, 개선을 실시하고 있는 공정에 근무하는 근로자에 대해서도 임시적으로 보호구의 사용이 필요하다. 미국에서는 행정 관리적 대책(administrative control)이라 하여 공학적 개선이 어려운 공정에 대하여는 2차적으로 근로시간을 단축시켜 노출을 감소시키는 방법을 법적으로 요구하고 있다. 근로시간의 감축은 절대적인 노출시간을 감소시키거나 유해인자에 노출되지 않는 작업과 교대작업을 실시하는 방법 등을 통해 달성하도록 한다. 절대적 노출시간의 감소에는 곧바로 추가 근로자의 사용이 요구되므로 비용증가로 이어질 수도 있다.

(5) 작업장소별 작업환경관리방법

작업방법 및 작업장관리는 작업환경관리와 함께 근로자건강보호의 수단으로 매우 중요한 분야의 하나이다. 이와 같은 작업방법 및 작업장관리기준으로 산업보건기준에 관한 규칙에서 규정하고 있는 주요한 내용을 열거해 보고자 한다.

(가) 분진작업장 관리

- 실내작업은 매일 작업시작 전에 청소를 실시하고, 매월 1회 이상 진공청소기를 이용 청소하거나 물청소 실시(분진이 흩날리지 않은 방법으로 청소하기 곤란한 경우에는 청소작업자에게 호흡용보호구 지급)
- 분진의 유해성 및 노출경로, 분진의 발산방지 및 환기방법, 작업장 및 개인위생관리, 호흡용보호구 사용방법, 분진에 관련된 질병 예방방법 등을 분진작업자에게 주지
- 분진작업장은 목욕시설 등 필요한 세척시설 설치
- 분진발생장소에 국소배기장치 또는 전체 환기장치를 설치하여 폭로 억제

(나) 밀폐공간작업장 관리

- 밀폐공간에서 작업 시에는 다음 내용이 포함된「밀폐공간보건작업프로그램」수립 · 시행
  - 작업시작 전 적정한 공기상태여부 확인을 위한 측정 · 평가
  - 응급조치 등 안전보건교육 및 훈련
  - 호흡용보호구 등의 착용 및 관리
  - 그 밖에 밀폐공간 작업근로자의 건강장해예방에 관한 사항
- 입장 및 퇴장 시 인원점검 실시
- 작업자 외의 자는 출입을 금지시키고 그 뜻을 보기 쉬운 장소에 게시
- 작업장과 외부감시인 간 상시 연락을 취할 설비 설치
- 산소결핍, 폭발 우려 시 즉시 작업을 중단하고 근로자를 대피시킨 후 적정한 공기상태임을 확인할 때까지 관계자 외의 자는 출입을 금지시키고 그 뜻을 보기 쉬운 장소에 게시
- 밀폐공간 작업 시는 송기마스크, 사다리, 섬유로프 등 비상시 피난 또는 구출에 필요한 기구 비치
- 밀폐공간 작업시 상시 작업상황을 감시하기 위하여 밀폐공간 외부에 감시인 배치(감시인은 작업장에게 이상이 있을 경우 구조요청 등 필요한 조치를 한 후 이를 즉시 안전담당자, 기타 관리감독자 등에게 알려야 함)
- 밀폐공간작업자에게 응급처치 등 긴급 상황 대처방법을 6월에 1회 이상 주기적으로 훈련시키고 그 결과 기록 · 보존
- 작업시작 전 근로자에게 사고 시 응급조치요령 등 다음 내용을 주지
  - 산소 및 유해가스농도 측정에 관한 사항

- 사고 시 응급조치요령
- 환기설비 등 안전한 작업방법에 관한 사항
- 보호구 착용 및 사용방법에 관한 사항
- 구조용 장비사용 등 비상시 구축에 관한 사항

● 근로자가 산소결핍증이 있거나 유해가스에 중독된 때에는 의사의 진찰 또는 처치

● 밀폐공간 작업 시 사전에 산소농도 등을 측정하여 적정한 공기가 유입되고 있는지의 여부를 평가하고 평가결과 적정한 공기가 유지되지 않을 경우에는 작업장 환기, 송기마스크 착용 등 필요한 조치

(다) 소음 및 진동 작업장 관리

● 강렬한 소음작업 또는 충격소음작업 장소에 대하여는 기계·기구 등의 대체, 시설의 밀폐·흡음 또는 격리 등 소음감소를 위한 조치 시행

● 작업장소의 소음수준, 소음의 영향 및 증상, 보호구 선정 및 착용방법 등에 관한 사항을 근로자에게 주지

● 소음성 난청으로 건강장해발생 또는 발생우려 있을 시는 다음 내용을 조치
- 소음성난청 발생원인 조사
- 청력손실감소 및 재발방지대책 마련 및 대책이행여부 확인
- 작업전환 등 의사소견에 따른 조치

● 소음작업, 강렬한 소음작업 또는 충격소음작업자에게는 청력보호구 지급 및 착용

● 작업환경측정결과 소음수준이 90데시벨을 초과하거나 소음으로 인하여 근로자에게 건강장해가 발생한 사업장에 대하여는 청력보존프로그램 시행

● 진동 작업자 방진장갑 등 진동보호구 지급 및 착용

● 진동이 인체에 미치는 영향 및 증상, 보호구 선정 및 착용방법, 진동기계·기구 관리방법, 진동장해 예방방법 등에 관한 사항을 주지

● 진동기계·기구의 사용설명서 등을 작업장 내에 비치

● 진동기계·기구를 상시 점검하여 보수하는 등 정상상태로 유지·관리

(라) 고열·한냉·다습작업장 관리

● 고열작업은 다음에 따라 건강장해 예방조치
- 신규로 근로자 배치 시 고열 순응할 때까지 고열작업시간을 매일 단계적으로 증가시키는 등 필요한 조치

- 온·습도를 쉽게 알 수 있도록 온도계 등의 기기를 상시 작업장에 부착

- 한냉작업은 다음에 따라 건강장해 예방조치
  - 혈액순환을 원활히 하기 위한 운동지도
  - 적정한 지방과 비타민 섭취를 위한 영양지도
  - 체온유자를 위한 더운물 비치
  - 젖은 작업복 등을 즉시 갈아입도록 조치
- 다습작업은 다음에 따라 건강장해 예방조치
  - 습기제거를 위한 환기 또는 제습
  - 작업의 성질상 습기제거가 어려운 경우는 개인위생관리 등의 조치
  - 실내인 경우 미생물이 번식하지 아니하도록 수시로 소독 또는 청소
  - 작업의 성질상 가습을 하는 경우는 깨끗한 물 사용
- 고열·한냉·다습작업장의 온습도조절 및 환기 설비 기준 및 성능
  - 고열·한랭 또는 다습작업이 실내인 경우에는 냉·난방 또는 통풍 등을 위하여 적절한 온·습도 조절장치를 설치
  - 냉방장치를 설치하는 때에는 외부의 대기온도 보다 현저히 낮게 하여서는 안 됨
  - 고열작업이 실내인 경우에는 고열을 감소시키기 위하여 환기장치를 설치하거나 열원과의 격리, 복사열의 차단 등 필요한 조치
- 고열·한냉·다습작업장의 휴식·휴게·세척시설 등의 조치기준
  - 고열·한냉·다습작업자에게 적정한 휴식시간 부여
  - 고열·한냉·다습작업자가 휴식시간에 이용할 수 있는 휴게시설 설치
  - 휴게시설은 고열·한냉·다습작업장과 격리된 장소에 설치
  - 작업복이 심하게 젖는 작업은 탈의·목욕·세탁 및 작업복 건조시설 설치
  - 땀을 많이 흘리게 되는 장소는 소금과 깨끗한 음료수 비치
  - 갱내의 기온은 섭씨 37도 이하로 유지
  - 다량의 고열물체 취급 또는 현저히 뜨거운 장소, 다량의 저온물체 취급 또는 현저히 차가운 장소에는 관계근로자 외의 자는 출입을 금지시키고 그 뜻을 보기 쉬운 장소에 게시

(마) 유해물질(관리대상, 허가대상, 금지) 취급 작업장 관리

- 당해물질의 명칭, 인체에 미치는 영향, 취급상 주의사항, 착용하여야 할

보호구, 응급조치 및 긴급방재요령 등을 근로자가 보기 쉬운 곳에 게시

- 유해물질(관리대상, 허가대상, 금지) 운반 또는 저장 시는 다음 내용을 조치
  - 새거나 발산우려가 없는 뚜껑, 마개가 있는 견고한 용기·포장 사용
  - 저장장소에는 관계자 외의 자의 출입금지 및 그 뜻을 게시
  - 일정한 장소를 지정, 저장하고 증기를 실외로 배출시키는 설비 설치
- 유해물질을 운반, 저장시 사용한 용기 또는 포장은 밀폐하거나 실외 일정한 장소를 정하여 보관
- 유해물질 취급 실내작업장, 휴게시설, 식당 등은 오염제거를 위하여 청소 실시
- 유해물질 취급하는 실내작업장은 관계근로자 외의 자의 출입을 금지시 키고 그 뜻을 보기 쉬운 장소에 게시
- 유해물질 취급 작업장에서는 흡연 및 취식을 금지시키고 그 뜻을 게시
- 작업장에 세면, 세탁, 건조시설을 설치하고 필요한 용품을 비치(탈의시설은 오염된 작업복과 평상복을 구분하여 보관할 수 있는 구조로 할 것)

3) 건설현장 석면취급에 대한 작업환경관리

(1) 석면 자재 사용이 전면 금지된 2009년 이전까지 석면이 포함된 건축 자재가 광범위하게 사용되었기 때문에 건설현장에서 노출되는 작업은 건축물이나 시설 등의 유지, 보수, 해체, 철거 등의 작업 시 석면에 노출될 수 있으며, 건설현장에서 석면에 노출되는 작업은 표 2-1-5와 같다.

표 2-1-5 건설현장에서 석면에 노출되는 주요 작업

- 석면이 함유된 건축재 잔재물 청소작업 - 석면이 함유된 건축재 주변 케이블 교체작업 - 석면이 함유된 천정타일 제거작업 - 석면의 함유된 건물의 전기설비 수리작업 - 석면의 함유된 건물의 형광등 교체작업 - 석면이 함유된 슬레이트 지붕 교체작업 - 석면이 함유된 바닥타일 철거작업 - 석면이 함유된 파이프/보일러 배관 보온재 제거작업

표 2-1-6 석면에 노출되어 나타나는 질환

구분	건강장해내용
석면폐	- 장기간의 석면 흡입으로 인해 발병되며, 일단 발병되면 석면 노출이 중단되더라도 치유가 불가능 - 주요 증상으로는 반흔조직이 딱딱해지고 폐에 기형이 초래되어 호흡이 점점 어려워짐. - 폐에 대한 혈액공급이 어려워져 폐기능이 저하되고 심장기능에 무리가 가해지며, 석면섬유에 의해 폐포가 비대해져 산소를 받아들이고 이산화탄소를 배출하는 기능이 저하됨.
악성중피종	- 과거에는 희귀한 종양으로 알려져 있었으나 최근에는 발병빈도가 점차 높아지고 있음. - 일반적으로 폐의 바깥 표면(흉막)에 발생되는 암으로, 복막 또는 드물지만 기타 부위에서 발병되기도 함. - 중피종은 석면과 강한 인과관계가 있는 것으로 알려져 있으며, 석면폐가 발병하지 않더라도 단독으로 발병되기도 하며, 상대적으로 낮은 수준의 석면 노출과 관련성이 있음. - 중피종은 석면의 환경적 노출로 인한 피해자의 대다수를 차지하며 알려진 적절한 치료법이 없는 질병임.
폐암/ 기관지암종	- 석면 노출에 의한 가장 주요한 악성 종양으로 직업적 또는 환경적 노출 모두에 의해 발병할 수 있음. - 석면 노출과 흡연은 높은 상승작용을 일으키는 것으로 알려져 있음. - 석면 노출 작업자의 폐암 발병 위해도는 직업적 석면 노출이 없고, 담배를 피우지 않는 자를 기준으로 할 때, 담배를 피우지 않는 석면 작업자가 약 5배, 담배를 피우고 석면 노출이 없는 자가 약 10배, 담배를 피우는 석면 작업자가 약 55배 높은 수준에 달하는 것으로 알려져 있음.

(2) 건설근로자의 공기 중 석면 노출농도는 석면이 함유된 자재의 종류와 손상정도 등의 비산성과 작업방법 등에 따라 크게 달라질 수 있다.

(3) 석면에 노출되어 나타날 수 있는 대표적인 건강장해 질환은 석면폐, 악성중피종, 폐암 및 기관지암 등이 나타날 수 있 수 있다(표 2-1-6 참조).

(4) 또한 건설현장 석면노출 작업장에는 작업환경측정을 주기적으로 실시하고, 그 결과를 작업자에게 공지하며, 석면 등의 노출기준을 초과하는 경우에는 작업환경개선 등 작업환경관리를 하여야 하며, 작업자에게는 주기적으로 석면 등에 대한 특수건강진단을 실시하여 석면 질환발생의 모니터링을 하여 질환을 조기에 발견하고, 필요한 사후관리를 하여야 한다. 다음 표 2-1-7은 석면취급에 대한 작업환경측정 및 특수건강진단 등 관리내용이다.

표 2-1-7 건설현장 석면취급작업에 대한 관리내용

구분	내 용
노출기준	• 석면 : 0.1개/cm^2(1일 8시간 시간가중평균)
작업환경측정	• 석면에 노출되는 근로자가 있는 작업장은 시행규칙 제93조에 의한 작업환경측정 대상 작업장으로 석면에 대한 노출수준 평가 실시 - 최초 30일 이내, 이후 6개월 주기마다 실시
특수건강진단	• 석면에 노출되는 업무는 시행규칙 제98조에 의한 특수건강진단 대상 업무에 해당되며 시행규칙 별표 13의 석면 항목에 대한 건강진단 실시 - 배치 후 12개월 이내, 이후 12개월 주기마다 실시 • 1차 검사항목 - 직업력 및 노출력 조사 - 주요 표적기관과 관련된 병력조사 - 임상검사 및 진찰 · 호흡기계 : 청진, 흉부방사선(후전면), 객담세포검사, 폐활량검사 • 2차 검사항목 - 임상검사 및 진찰 · 호흡기계 : 흉부방사선(측면), 결핵도말검사, 흉부 전산화 단층촬영

(5) 건설현장 석면취급에 대한 작업자 건강보호 및 작업환경개선대책

(가) 공학적 대책

- 작업장을 충분히 습윤화하여 가능한 습식으로 작업할 것
- 석면분진이 퍼지지 않도록 석면을 사용하거나 날리는 장소는 작업장소를 격리·밀폐할 것
- 국소배기장치(음압기)를 설치·가동할 것
- 진공청소기 등을 이용하여 석면분진을 제거할 것(압축공기를 이용한 분진 청소 등을 금할 것)
- 석면 부스러기, 석면오염 장비 등을 불침투성 자루나 용기로 밀폐하여 관리할 것
- 방진마스크, 송기마스크, 고글형 보호안경, 신체를 감싸는 보호복과 보호신발 등의 개인보호구를 착용 할 것

(나) 관리적 대책

- 석면의 유해성에 대해 교육을 실시할 것
- 오염된 작업복은 석면 전용의 탈의실에서만 벗도록 하여야 하며, 석면에 오염된 작업복을 세탁·정비·폐기 등의 목적으로 탈의실 밖으로 이송할

경우 관계 근로자가 아닌 사람이 취급하지 않도록 할 것

- 건축물이나 설비의 천장재, 벽체 재료 및 보온재 등의 손상, 노후화 등으로 석면분진에 노출될 우려가 있을 경우에는 해당 자재를 제거하거나 다른 자재로 대체, 안정화, 씌우는 등의 필요한 조치를 할 것
- 석면 해체·제거작업을 하는 장소에는 경고표지를 출입구나 근로자가 보기 쉬운 장소에 게시할 것
- 석면이 비산될 수 있는 장소에서는 취식 또는 흡연을 하지 말 것
- 취식과 흡연 전에는 몸에 묻은 분진을 제거하고 세안을 철저히 할 것

(다) 석면 해체·제거작업 시의 조치

- 작업장소를 불침투성 차단재로 밀폐하고 해당 장소를 음압으로 유지할 것(작업장소가 실내인 경우)
- 작업 시 석면분진이 흩날리지 않도록 고성능 필터가 장착된 석면분진 포집장치를 가동하는 등 필요한 조치를 할 것(작업장이 실외인 경우)
- 물이나 습윤제를 사용하여 습식으로 작업할 것
- 탈의실, 샤워실 및 작업복 갱의실 등의 위생설비를 작업장과 연결하여 설치할 것(작업장이 실내인 경우)
- 해체된 지붕재는 직접 땅으로 떨어뜨리거나 던지지 말 것

1.3 항목별 작업환경관리

1) 작업환경측정관리

근로자에게 직업병이나 건강상의 장해를 일으킬 수 있는 유해요인이 작업장 내에 어느 정도 존재하고 있는지 정기적으로 작업환경을 측정하고, 그 결과에 따라 근로자의 건강을 보호하기 위하여 해당 시설 및 설비의 설치·개선 또는 건강진단의 실시 등의 조치를 취하여야 한다(산업안전보건법 제42조 제1항 위반 시 1,000만원 이하의 과태료).

(1) 작업환경측정 대상

- 근로자 1명 이상 고용하고 있는 사업장으로 화학물질, 중금속, 소음, 분진, 고열, 금속가공유 등 측정대상 유해인자 190종에 노출되는 근로자가 있는 작업장

- 다만, 임시작업(매월 24시간 미만 작업), 단시간작업(1일 1시간 미만 작업)은 제외

작업환경측정 대상 유해인자
1. 메틸알코올, 아세톤, 니트로벤젠 등 유기화합물 113종 2. 구리, 니켈, 수은 등 금속류 23종 3. 무수초산, 질산 등 산 및 알칼리류 17종 4. 불소, 브롬, 산화에틸렌 등 가스상물질 15종 5. 허가대상물질 14종 6. 소음 등 물리적 인자 2종 7. 곡물분진, 광물성분진 등 6종 ※산업안전보건법시행규칙 제93조 별표11의4 참조

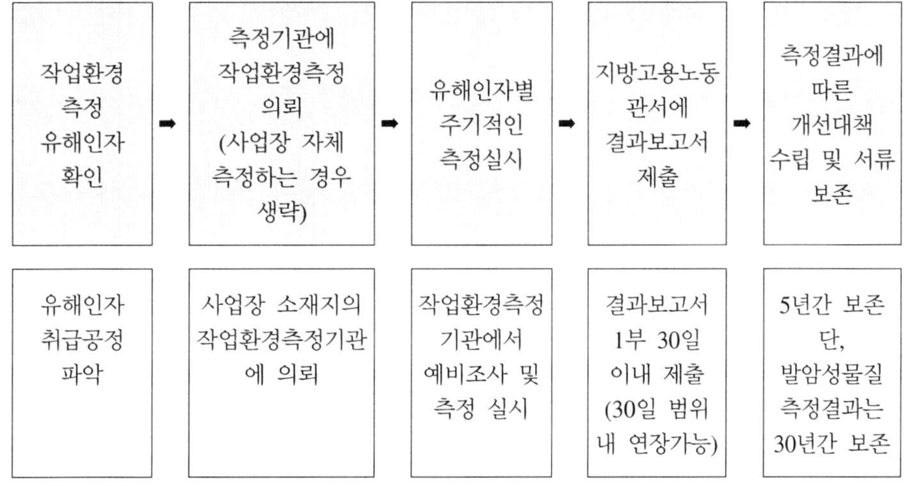

표 2-1-8 작업환경측정의 실시주기

측정주기	대 상
30일 이내	작업장 또는 작업공정이 신규로 가동되거나 변경되는 등의 측정대상 작업장
6월 1회	정기적 측정주기
3월 1회	1. 발암성 물질의 측정치가 노출기준을 초과하는 경우 2. 발암성 물질을 제외한 화학적 인자의 측정치가 노출기준을 2배 이상 초과하는 경우
연 1회 (다만, 발암성 물질을 취급하는 작업공정 제외)	1. 작업공정 내 소음의 작업환경측정 결과가 최근 2회 연속 85데시벨(dB) 미만인 경우 2. 작업공정 내 소음 외의 다른 모든 인자의 작업환경측정 결과가 최근 2회 연속 노출기준 미만인 경우

- 작업환경측정결과 노출공정이 있는 경우
  - 사업주는 작업환경측정결과 노출기준을 초과한 작업공정이 있는 경우에는 작업 환경개선 등 필요한 조치를 하고, 측정을 완료한 날로부터 60일 이내에 작업공정의 개선을 증명할 수 있는 서류 또는 개선계획을 관할 지방고용노동관서에 제출

2) 건강진단관리

(1) 사업주는 근로자의 건강을 보호·유지하기 위하여 건강진단기관에서 정기적으로 진단을 받도록 하여야 한다(산업안전보건법 제43조, 위반 시 1,000만원 이하의 과태료 부과).

(2) 근로자 건강진단

① 종류 및 실시대상

종 류	대 상
일반건강진단	전체근로자
특수건강진단, 배치전 건강진단	특수건강진단 대상업무 종사 근로자
수시건강진단	건강장해 호소자 또는 의학적 소견 근로자

* 임시건강진단 : 동일 근무자와 유사한 질병증상이 발생한 경우, 직업병 유소견자가 다수 발생하거나 우려가 있는 경우, 지방고용노동관서의 장이 필요하다고 판단하는 경우

② 건강진단 실시기관

고용노동부장관이 지정하는 기관 또는 「국민건강보험법」에 따른 검진기관

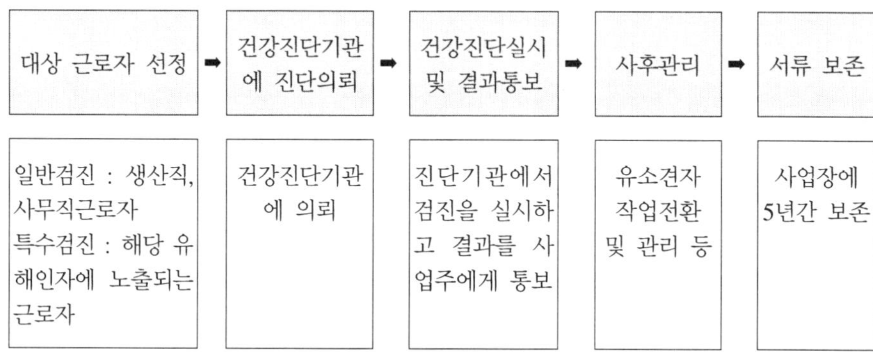

(3) 건강진단종류별 진단 방법

① 일반건강진단

- 일반건강진단은 상시 사용하는 근로자의 건강관리를 위하여 사업주가 주기적으로 실시하는 건강진단
- 건강진단 주기는 사무직 근로자는 2년에 1회, 생산직 근로자는 1년에 1회 건강진단을 받아야 함

  ※ 사무직 근로자 : 공장 또는 공사현장과 같은 구역에 있지 아니한 사무실에서 서무・인사・경리・판매・설계 등의 사무업무에 종사하는 근로자(판매업무 등에 직접 종사하는 근로자는 제외)

② 특수건강진단

- 특수건강진단은 유해물질, 분진, 소음 등 유해인자가 노출되는 공정에 종사하는 근로자를 대상으로 실시하는 건강진단을 말함
- 특수건강진단을 받아야 하는 근로자는 178종의 유해인자에 노출되는 업무 종사 근로자, 직업병 유소견으로 의사의 소견이 있는 근로자를 말함

특수건강진단 대상 유해인자
1. 벤젠, 톨루엔, 노말헥산 등 화학물질 108종 2. 구리, 니켈, 수은 등 금속류 19종 3. 무수초산, 질산 등 산 및 알칼리류 8종 4. 불소, 브롬, 산화에틸렌 등 가스상물질 14종 5. 허가대상물질 13종 6. 곡물분진, 광물성분진 등 6종 7. 소음 등 물리적 인자 8종 ※산업안전보건법시행규칙 제98조 별표12의2 참조
야간작업(2종)이란?
1. 6개월간 오후 10시부터 다음날 오전 6시까지 계속되는 작업을 월 평균 4회 이상 수행하는 경우 2. 6개월간 오후 10시부터 다음날 오전 6시 사이의 시간 중 작업을 월 평균 60시간 이상 수행하는 경우 <시행일> 1. 상시 근로자 300명 이상을 사용하는 사업장 : 2014년 1월 1일 2. 상시 근로자 50명 이상 300명 미만을 사용하는 사업장 : 2015년 1월 1일 3. 상시 근로자 50명 미만을 사용하는 사업장 : 2016년 1월 1일

표 2-1-9 특수건강진단의 시기 및 주기

구분	대 상 유 해 인 자	배치 후 첫 번째 특수건강진단 시기
1	N,N-디메틸아세트아미드, N,N-디메틸포름아미드	1월 이내
2	벤젠	2월 이내
3	1,1,2,2-테트라클로로에탄 · 사염화탄소 · 염화비닐 · 아크릴로니트릴	3월 이내
4	석면 · 면분진	12월 이내
5	광물성분진, 목분진, 소음 및 충격소음	12월 이내
6	제1호 내지 제5호의 대상유해인자를 제외한 산업안전보건법시행규칙 별표12의2 모든 대상 유해인자	6월 이내

- 특수건강진단의 주기는 유해인자별로 상이하므로 사업장 소재지의 특수건강진단기관에 문의하거나 다음의 유해인자 주기별로 특수건강진단을 실시하여야 함

③ 배치 전 건강진단

- 배치 전 건강진단은 특수건강진단 대상업무에 종사할 근로자에 대하여 배치 예정업무에 대한 적합성 평가를 위해서 실시하는 건강진단

④ 수시건강진단

- 수시건강진단은 특수건강진단 대상업무로 인하여 천식, 피부염 등 건강장해를 보이거나 의학적 소견이 있는 근로자에 대해서 실시하는 건강진단

⑤ 임시건강진단

- 임시건강진단은 특수건강진단대상 유해인자 등의 중독여부 및 원인을 확인하기 위해 지방고용노동관서장의 명령에 의해 실시되는 건강진단

(4) 근로자 건강진단 결과 사후관리

① 검진결과 통보

- 사업주는 건강진단기관으로부터 당해 사업장 근로자의 건강진단 개인표를 송부 받은 때에는 지체 없이 개별 근로자에게 교부하여야 함.

② 검진결과 보고 및 보존

- 건강진단기관은 건강진단을 실시한 날부터 30일 이내에 건강진단 결과표를 사업주에게 송부하여야 함.
- 사업주는 송부 받은 건강진단 결과표 및 근로자가 제출한 건강진단결과를

증명하는 서류를 5년간 보존하여야 함(이들 자료가 전산 입력된 경우에는 그 전산 입력된 자료를 말함).

- 발암성 확인물질을 취급하는 근로자에 대한 건강진단 결과의 서류 또는 전산입력 자료는 30년간 보존하여야 함.

③ 건강관리 구분 판정

건강관리 구분		건강관리 구분내용
A		건강관리상 사후관리가 필요 없는 근로자(건강한 근로자)
C	C_1	직업성 질병으로 진전될 우려가 있어 추적검사 등 관찰이 필요한 근로자(직업병 요관찰자)
	C_2	일반질병으로 진전될 우려가 있어 추적관찰이 필요한 근로자(일반질병 요관찰자)
D_1		직업성 질병의 소견을 보여 사후관리가 필요한 근로자(직업병 유소견자)
D_2		일반 질병의 소견을 보여 사후관리가 필요한 근로자(일반질병 유소견자)
R		건강진단 1차 검사결과 건강수준의 평가가 곤란하거나 질병이 의심되는 근로자(제2차 건강진단 대상자)
U		2차 검진 대상자가 30일 내에 검사 미실시로 판정을 할 수 없는 근로자

④ 업무수행 적합여부 판정

구분	업무수행 적합여부 내용
가	건강관리상 현재의 조건하에서 작업이 가능한 경우
나	일정한 조건(환경개선, 보호구착용, 건강진단주기의 단축 등)하에서 현재의 작업이 가능한 경우
다	건강장해가 우려되어 한시적으로 현재의 작업을 할 수 없는 경우(건강상 또는 근로조건상의 문제가 해결된 후 작업복귀 가능)
라	건강장해의 악화 또는 영구적인 장해의 발생이 우려되어 현재의 작업을 해서는 안 되는 경우

⑤ 근로자 건강진단 사후관리

- 건강진단 결과에 따른 사후관리의 종류
  - 건강상담
  - 보호구 지급 및 착용 지도
  - 추적검사
  - 근무 중 치료

- 근로시간 단축
- 작업전환
- 근로 제한 및 금지
- 산재요양신청서 작성 등 직업병확진의뢰 안내
- 기타 교대근무 일정 조정, 야간작업 중 사이잠 제공, 정밀 업무적합성 평가 의뢰 등

● "야간작업" 특수건강진단 건강관리구분 판정

건강관리구분	건강관리구분내용
A	건강관리상 사후관리가 필요 없는 근로자(건강한 근로자)
CN	질병으로 진전될 우려가 있어 야간작업 시 추적관찰이 필요한 근로자(질병 요관찰자)
DN	질병의 소견을 보여 야간작업 시 사후관리가 필요한 근로자(질병 유소견자)
R	1차 검사결과 건강수준의 평가가 곤란하거나 질병이 의심되는 근로자(제2차 건강진단 대상자)

(5) 업무수행 적합여부 판정

구분	업무수행 적합여부 내용
가	건강관리상 현재의 조건하에서 작업이 가능한 경우
나	일정한 조건(환경개선, 보호구착용, 건강진단주기의 단축 등) 하에서 현재의 작업이 가능한 경우
다	건강장해가 우려되어 한시적으로 현재의 작업을 할 수 없는 경우(건강상 또는 근로조건상의 문제가 해결된 후 작업복귀 가능)
라	건강장해의 악화 또는 영구적인 장해의 발생이 우려되어 현재의 작업을 해서는 안 되는 경우

3) 화학물질관리 등 MSDS 관리

물질안전보건자료(MSDS)제도는 근로자에게 자신이 취급하는 화학물질의 유해·위험성 등을 알려줌으로써 근로자 스스로 자신을 보호하도록 하여 화학물질 취급 시 발생될 수 있는 산업재해나 직업병을 사전에 예방토록 하는 제도로, 사업주는 취급공정에 비치하고 경고표시 및 교육을 실시하여야 한다(산업안전보건법 제41조, 위반시 500만원 이하의 과태료 부과).

(1) 물질안전보건자료(MSDS)란?

화학물질의 유해・위험성, 명칭・성분 및 함유량, 응급조치요령, 안전・보건상의 취급주의 사항 등을 설명해 주는 자료를 말하며, 소비자가 의약품을 구입하면 그 성분 및 함량, 효능, 부작용 등을 알려주는 설명서가 있듯이 화학제품의 안전사용을 위한 정보자료가 바로 물질안전보건자료라 할 수 있다.

(2) MSDS작성시 포함 내용

① 화학물질의 명칭
② 구성성분의 명칭 및 함유량
③ 안전・보건상의 취급주의 사항
④ 건강 유해성 및 물리적 위험성
⑤ 물리적 특성
⑥ 독성에 관한 정보
⑦ 폭발・화재시의 대처방법
⑧ 응급조치 요령 등

(3) MSDS관련 조치사항

조치사항	의무주체	주 요 내 용
MSDS의 작성 및 제공	제조・수입자	화학물질 및 화학물질을 함유한 제제를 양도하거나 제공하는 자는 이를 양도받거나 제공받는 자에게 화학물질의 명칭, 구성성분(영업비밀 해당물질 제외), 안전・보건사의 취급주의 사항, 인체 및 환경에 미치는 영향 등 16가지의 항목을 기재한 물질안전 보건자료(MSDS)를 작성하여 제공하여야 함.
MSDS의 비치	사업주	화학물질을 취급하려는 사업주는 제공받은 물질안전보건자료를 화학물질을 취급하는 작업장 내(화학물질 취급공정)에 취급근로자가 쉽게 볼 수 있는 장소에 게시하거나 갖춰두어야 함.
경고표시	제조・수입자	화학물질을 양도하거나 제공하는 자는 이를 담은 용기 및 포장에 경고표시를 하여야 함. 다만, 용기 및 포장에 담는 방법 외의 방법으로 화학물질을 양도하거나 제공하는 경우에는 기재항목을 적은 자료를 제공하여야 함.
	사업주	사업주는 작업장에서 사용하는 화학물질을 담은 용기에 경고표시를 하여야 함. 다만, 용기에 이미 경고표시가 되어 있는 경우에는 예외
근로자 교육	사업주	사업주는 화학물질을 취급하는 근로자의 안전・보건을 위하여 근로자를 교육하는 등 적절한 조치를 하여야 함. ※ 교육내용 : 대상화학물질의 명칭, 물리적 위험성 및 건강유해성, 취급상의 주의사항, 적절한 보호구, 응급조치 요령 및 사고 시 대처방법, MSDS 및 경고표지 이해방법

※ 취급화학물질에 대하여 MSDS 관리 규정에 따라 물질의 특성 및 위험내용, 비상 시 응급조치 등이 적정하게 게시되어 있으며, MSDS의 내용에 대해 근로자 교육을 실시하고 그 기록을 보존하여야 한다.

교육시기	• 대상화학물질을 제조 · 사용 · 운반 또는 저장하는 작업에 근로자(신규채용자 포함)를 배치하게 된 경우 • 새로운 대상화학물질이 도입된 경우 • 유해성 · 위험성 정보가 변경된 경우
교육내용 (시행규칙 별표8의2, 교육대상별 교육내용의5 참조)	• 대상화학물질의 명칭(또는 제품명) • 물리적 위험성 및 건강 유해성 • 취급 주의사항 • 적절한 보호구 • 응급조치 요령 및 사고 시 대처방법 • 물질안전보건자료 및 경고표지를 이해하는 방법

※산업안전보건법 제 41조에 의한 경고표시 예시

벤젠 (CAS No.71－43－2)

신호어 : 위험

● 유해 · 위험 문구

- 고인화성 액체 또는 증기
- 삼키면 유해함
- 삼켜서 기도로 유입되면 치명적일 수 있음
- 피부에 자극을 일으킴
- 눈에 심한 자극을 일으킴
- 졸음 또는 현기증을 일으킬 수 있음
- 유전적인 결함을 일으킬 것으로 의심됨
- 암을 일으킬 수 있음
- 태아 또는 생식능력에 손상을 일으킬 것으로 의심됨
- 호흡기 및 장기에 손상을 일으킴
- 장기간 또는 반복적으로 노출되면(중추신경계, 조혈계)장기에 손상을 일으킴
- 정기적인 영향에 의해 수생생물에게 독성이 있음

● 예방조치 문구

- 예방:열, 스파크, 화염, 고열로부터 멀리하시오.
  이 제품을 사용할 때에는 먹거나, 마시거나 흡연하지 마시오.
  보호장갑, 보호의, 보안경, 안면보호구를 착용하시오.
- 대응:흡입하면 신선한 공기가 있는 곳으로 옮기고 호흡하기 쉬운 자세로 안정을 취하시오.
  삼켰다면, 입을 씻어내시오. 토하게 하려하지 마시오.
  피부(또는 머리카락)에 묻으면 오염된 모든 의복을 벗거나 제거하시고 피부를 물로 씻으시오. 샤워하시오.
  눈에 묻으면 몇 분간 물로 조심해서 씻으시오. 가능하면 콘텍트렌즈를 제거하시오. 계속 씻으시오.
- 저장:용기는 환기가 잘되는 곳에 단단히 밀폐하여 보관하고 저온으로 유지하시오.
- 폐기:(관련법규에 명시된 내용에 따라)내용물·용기를 폐기하시오.

● 공급자 정보

- 제조사 또는 공급자의 이름, 주소 및 전화번호

그림 2-1-2 물질안전보건자료(MSDS) 경고표시(예 : 벤젠)

(4) 물질안전보건자료(MSDS) 검색방법

- 안전보건공단 홈페이지(www.kosha.or.kr) 접속 → 정보마당 → 직업건강정보 → MSDS/GHS → 화학물질정보 검색
  ※ GHS MSDS 검색 : 국내에서 유통되고 있는 화학물질 중 약 15,000여종의 단일 물질에 대한 검색 가능
- 산업안전보건법 제41조에 의거 유통되는 화학물질 및 화학물질을 함유한 제제의 물질안전보건자료(MSDS)는 해당 물질을 양도하거나 제공[제조・수입・판매자(도・소매업자)]하는 자로부터 제공 받아야함.
- 안전보건공단에서 제공되는 MSDS는 MSDS 작성과 검토 시 참고용으로만 활용 가능

4) 근골격계신체부담작업관리

(1) 관련 근거

- 고용노동부 고시 제2018-13호 '근골격계부담작업의 범위 및 유해요인조사 방법'
- KOSHA GUIDE H-9-2016 '근골격계 부담작업 유해요인 조사지침'

- 건설업 근로자 신체부위별 근골격계질환 고위험 직종

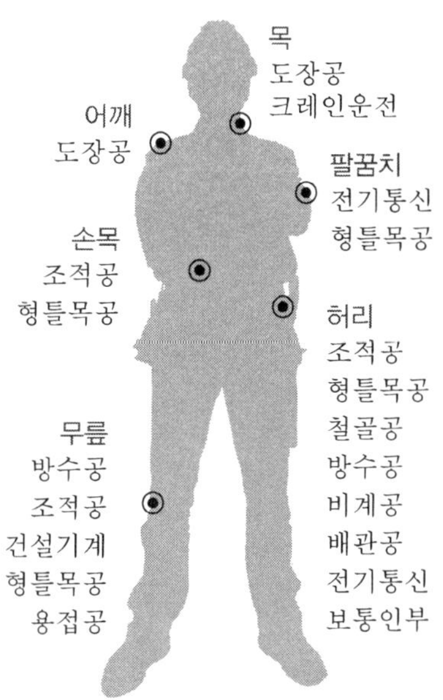

그림 2-1-3 건설업 근로자의 근골격계질환 고위험 직종

- 근골격계질환 발생을 주의해야 할 동작
  - 가슴 이상의 높이에서 행해지는 동작
  - 작업 시 자세의 변화가 적은 경우
  - 불충분한 휴식
  - 팔을 뻗어 무거운 물건을 드는 동작
  - 비틀어 짜는 동작
  - 손목을 좌우로 회전하는 동작
  - 힘줄이 솟아오를 정도로 주먹을 꽉 쥐고 무언가를 잡는 동작
  - 손에 충격이 가해지는 동작
  - 손에 힘을 갑자기 주어야 하는 동작

(2) 근골격계질환 부담작업의 범위

구분	문 항	•	×	개선
	하루에 4시간 이상 손, 손가락을 사용하여 집중적으로 자료입력 등을 위해 키보드 또는 마우스를 조작하는 작업			
	하루에 총 2시간 이상 목, 어깨, 팔꿈치, 손목 또는 손, 팔꿈치를 사용하여 같은 동작을 반복하는 작업			
	하루에 총 2시간 이상 어깨, 팔을 사용하여 머리 위에 손이 있거나, 팔꿈치가 어깨위에 있거나 팔꿈치를 몸통으로부터 들거나, 팔꿈치를 몸통 뒤쪽에 위치하도록 하는 상태에서 이루어지는 작업			
	지지되지 않은 상태이거나 임의로 자세를 바꿀 수 없는 조건에서, 하루에 총2시간 이상 목이나 허리를 구부리거나 트는 상태에서 이루어지는 작업			
	하루에 총 2시간 이상 다리, 무릎을 사용하여 쪼그리고 앉거나 무릎을 굽힌 자세로 이루어지는 작업			
	하루에 총 2시간 이상 지지되지 않은 상태에서 1 kg 이상의 물건을 한손의 손가락으로 집어 옮기거나, 2 kg 이상에 상응하는 힘을 가하여 한손의 손가락으로 물건을 쥐는 작업			
	하루에 총 2시간 이상 지지되지 않은 상태에서 4.5 kg 이상의 물건을 한 손으로 들거나 동일한 힘으로 쥐는 작업			
	하루에 10회 이상 25 kg 이상의 물체를 드는 작업			

	하루에 25회 이상 손, 무릎을 사용하여 10 kg 이상의 물체를 무릎 아래에서 들거나, 어깨 위에서 들거나, 팔을 뻗은 상태에서 드는 작업			
	하루에 총 2시간 이상, 분당 2회 이상 허리를 사용하여 4.5 kg 이상의 물체를 드는 작업			
	하루에 총 2시간 이상, 시간당 10회 이상 손, 무릎 또는 팔꿈치를 사용하여 반복적으로 충격을 가하는 작업			

(3) 근골격계 부담작업 유해요인조사

① 1단계 : 근골격계 부담작업 조사

- 대상 : 단기간작업 또는 간헐적인 작업에 해당되지 않는 작업 중에서 주당 1회 이상 지속적으로 이루어지거나 연간 총 60일 이루어지는 작업
- 조사 제외 작업
  - 단기간작업 : 2개월 이내에 종료되는 1회성 작업

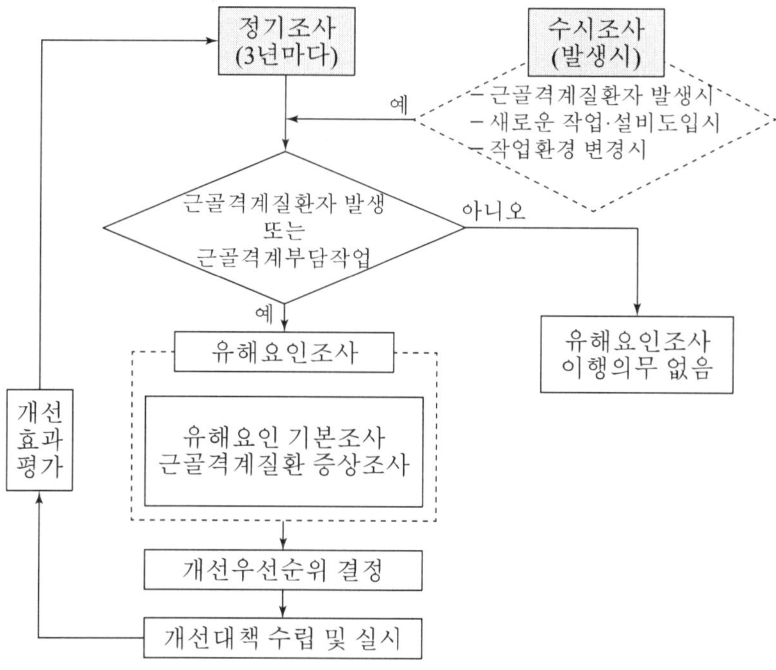

그림 2-1-4 근골격계 부담작업 유해요인 조사 흐름도

- 간헐적인 작업 : 정기적, 부정기적으로 이루어지는 작업으로서 연간 총 작업기간이 총 60일을 초과하지 않는 작업

③ 3단계 : 유해요인의 개선과 사후조치

- 우선순위에 따라 적절한 개선계획을 수립하고, 해당근로자에게 알림.
- 개선계획의 타당성을 검토하거나 개선계획수립을 위하여 외부의 전문기관이나 전문가로부터 지도・조언을 구함.
- 근골격계질환 증상 호소자 부서 전환 배치

④ 문서의 기록과 보존

- 유해요인 기본조사표, 근골격계질환 증상조사표 : 5년 동안 기록 보존
- 개선계획 및 결과보고서 : 해당 시설・설비가 작업장 내에 존재하는 동안 보존
- 작업공정별 근골격계질환 체크리스트 보관

(4) 중량물 취급관리

- 건설 근로자들에게 중량물 취급자세에서 요통 등 근골격계질환의 발생원인 중 50% 이상이 작업자가 근력을 사용하여 물품을 들거나 운반하는 물품취급 작업 때문에 발생할 수 있다는 것을 교육해야 함.
- 중량물 취급 시 주의를 게을리 하면 사고성 요통 등 산재가 발생하거나 근골격계질환에 이환될 수 있음을 알려야 하며 중량물을 취급할 때는 물품의 특성, 취급요인, 작업자 특성, 작업장 상황 등을 고려하여 안전하게 작업하도록 교육함.
- 올바른 물품취급 자세
  - 물품을 들거나 내릴 때는 허리를 굽히거나 비틀지 않음.

그림 2-1-5 물품취급 작업을 할 때 허리자세

- 어깨 위 높이에는 가능한 한 물품을 두지 않는다.

그림 2-1-6 물품취급 작업을 할 때 어깨자세

- 중량물을 운반할 때는 이동대차를 사용함.

그림 2-1-7 중량물 취급 작업을 할 때 대차 사용

- 상자, 트레이의 용기는 알맞은 손잡이가 있는 제품 선택

그림 2-1-8 물품취급 작업을 할 때 손잡이

- 무거울 물품은 가볍게 나눠서 들거나 둘이서 같이 들도록 함.

그림 2-1-9 물품취급 작업을 할 때 도움

- 물품 형태별 올바른 들기 자세

그림 2-1-10 박스형태의 물품취급방법

그림 2-1-11 파이프형태의 물품취급방법

그림 2-1-12 판형태의 물품취급방법

5) 보호구 관리

(1) 보호구 개요

- 관련 법규

  산업안전보건에 관한 규칙 제31조(보호구의 제한적 사용), 제32조(보호구의 지급 등), 제33조(보호구의 관리), 제34조(전용 보호구 등)

- KOSHA GUIDE 호흡용 개인보호구의 사용 및 관리 관련 지침
  - 호흡보호구의 올바른 착용방법 및 관리에 관한 지침
  - 화학물질 취급 근로자의 호흡보호구 선정 기술지침

- 청력보호구의 착용방법 및 관리지침
- 피부보호구의 사용지침(보호용 장갑)
- 송기마스크의 사용에 관한 기술지침

● 주요내용
- 사업주는 설비개선 등의 조치를 하기 어려운 경우에만 제한적으로 보호구를 사용하도록 해야 함.

● 작업장소별 보호구의 종류

구분	작업내용	착용보호구
분진	- 베릴륨 등과 같이 독성이 강한 물질함유 분진발생장소	특급방진마스크
	- 특급 방진마스크 착용장소를 제외한 분진발생장소 - 금속흄 등과 같이 열적으로 생기는 분진발생장소 - 기계적으로 생기는 분진 등 발생장소(규소 등과 같이 2급 방진마스크를 착용하여도 무방한 경우는 제외) - 석면 취급 장소	1급 방진마스크
	- 특급 및 1급 마스크 착용장소를 제외한 분진 등 발생장소	2급 방진마스크
소음	- 소음작업장(85 dB 이상 소음발생)	방음보호구
온열	- 다량의 고열물체 취급 또는 현저히 더운 장소	방열복, 방열장갑
	- 다량의 저온물체 취급 또는 현저히 추운 장소	방한복, 방한장갑, 방한화, 방한모
밀폐공간	- 밀폐공간작업	송기마스크
	- 산소결핍증이나 유해가스로 인하여 추락의 위험이 있을 경우	송기마스크, 안전대, 구명밧줄
방사선물질	- 분말 또는 액체상태 물질	호흡용 보호구
	- 흩날림 등으로부터 오염 우려	보호의, 보호장갑, 신발덮개, 보호모
관리대상물질	- 유기화합물을 담은 탱크내부/ 유기화합물 특별장소에서 단시간 작업(국소배기장치 미설치)	송기마스크
	- 임시작업/ 단시간작업/ 급배기환기장치설치/ 타사업장과 격리된 장소/ 국소배기장치를 설치하지 않은 특례 설비설치/환기장치 내 기류가 확산될 우려가 있는 형태를 가진 작업/증기발산원 밀폐설비 개방업무	송기마스크 또는 방독마스크
	- 피부자극성 또는 부식성물질 취급	보호의, 보호장갑, 보호장화, 피부보호용 도포제

- 머리 및 기타 보호구의 종류

구분	종 류
머리보호구 (안전모)	- 낙하방지용(A), 낙하추락방지용(AB), 낙하감전방지용(AE), 다목적용(ABE)
	- 흩날림 등으로부터 오염 우려
눈 및 안면보호구	- 유리 및 플라스틱 그리고 도수렌즈 보안경
안전대	- 벨트식(B식) 1종, 2종, 3종, 안전그네식(H식) 4종, 5종
안전화	- 가죽제안전화, 고무제안전화, 정전기안전화, 발등안전화, 절연화, 절연장화

- 보호구 구비조건
  - 착용이 간편할 것
  - 작업에 방해가 되지 않도록 할 것
  - 유해, 위험요소에 대한 방호성능이 충분할 것
  - 재료의 품질이 양호할 것
  - 구조와 끝마무리가 양호할 것
  - 외양과 외관이 양호할 것
- 보호구 관리
  - 개인전용의 것을 지급하고 오염방지를 위한 보호구함 설치
  - 지급한 보호구를 상시 점검하여 이상한 것은 수시로 보수 및 교체
  - 올바른 보호구 착용방법 교육
  - 호흡보호구 밀착 에러 요인 교육(머리끈, 코클립, 사이즈, 안경 등)
  - 보호구 착용 실태를 정기적으로 모니터링
- 보호구 밀착도 검사(정성 및 정량적 밀착도 검사)
  - 호흡보호구 착용 후 밀착도 검사 실시
  - 밀착도 검사의 목적은 오염된 환경으로부터 보호, 올바른 착용법 숙지, 일을 수행함에 있어 편안하게 해 줌.
  - 밀착도 검사는 얼굴흉터, 치아변화, 성형수술, 체중 변화 시 실시
- 보호구 관리 방법
  - 해당 물질에 적합한 보호구 착용
  - 올바른 보호구 착용방법 반드시 숙지
  - 호흡용 보호구는 주기적인 밀착검사 진행

(2) 개인보호구 지급 및 착용

- 기본 원칙
  - 보호구는 근로자 개인전용의 것을 지급하고 오염방지를 위한 보관함 설치
  - 지급한 보호구를 상시 점검하여 이상이 있는 것은 보수 또는 교체하여 성능 유지

6) 작업환경관리관련 기록 및 보존

(1) 기록관리 원칙

- 건강관리실 내 모든 기록은 준공 시까지 보관하고, 보존기한이 남은 경우 본사에 이관함.
- 문서작성은 기준에 맞춰 정확하고 간결하게 작성하고 결재권자의 서명을 받아 등록 후 규정에 따라 보관함.

(2) 기록 및 보관하여야 할 문서

- 기록해야 할 문서의 종류

구분	문서의 종류
정기적인 기록	① 보건관리일지 ② 건강상담일지 ③ 현장순회일지 ④ 보호구관리대장 ⑤ 비품대장(명칭, 구입일자, 모델명, 제조회사, 설치장소, 부품 교체 시기 및 A/S정보 등 기입)
통계 기록	① 근로자 기초자료 ② 건강관리실 이용현황 ③ 건강진단결과 유소견자 현황 ④ 사고 및 재해 발생현황 ⑤ 질병 및 재해관련 통계(직업성 비직업성으로 분류)

- 보관서류

① 사업장 안전보건관리규정

② 사업장 안전보건관련 위원회 회의록

③ 보건관리업무 매뉴얼

④ 작업공정별 유해요인 발생실태 및 안전보건 시설 상태

⑤ 물질안전보건자료(MSDS)
⑥ 근골격계 유해요인 조사표 및 위험성평가 자료
⑦ 보건관리관련 기안문서
⑧ 사고보고서
⑨ 건강진단 결과표
⑩ 근로자 유소견자 현황 및 관리자료
⑪ 작업환경측정결과 보고서
⑫ 의약품 및 보호구 구입 및 공급현황
⑬ 건강관리실 보유비품 및 장비 사용 설명

표 2-1-10 건강관리실 기록 보존기한

서류 종류	보존기한
건강진단 결과	5년
작업환경측정 결과	
보건관련 기안	
물질안전보건자료	현장 종료 시
건강관리실 비품 및 장비 목록	
보건업무일지, 현장 점검일지, 건강관리실 방문 근로자, 간호기록지	

2. 호흡보호구 착용방법 및 실습 ▮ 한돈희

2.1 호흡기계 구조

인체의 호흡기계는 입 혹은 비강(nasal cavity)으로부터 시작하여 인두(pharynx), 후두(larynx), 기관(trachea), 기관지(bronchus), 소기관지(bronchiole), 호흡성 소기관지(respiratory bronchiole), 도관(duct), 폐포낭(alveolar sac)을 거쳐서 O_2와 CO_2의 교환이 이루어지는 아주 얇은 막인 폐포(alveolus)에 이른다(그림 2-2-1 참조). 기도는 기관지로 이분되고 기관지들은 계속 나누어져서 약 27회까지 나누어지며 대략 20회 나뉘는 지점부터 폐포가 나타나기 시작한다. 폐포는 총수는 30억 개에 달하며, 각 폐포의 지름은 100~300 μm 정도이다. 폐포의 총 면적은 70 m^2(모세혈관까지 합하면 140 m^2)이고 두께는 0.36~2.5 μm이다. 폐포에는 미세한 모세혈관이 퍼져있고 용적은 140 mL이다. 이곳에 순간적으로 100 mL의 혈액이 퍼지면 매우 얇은 혈액필름이 형성되어 가스가 접하면 확산에 의해 O_2와 CO_2의 교환이 이루어진다.

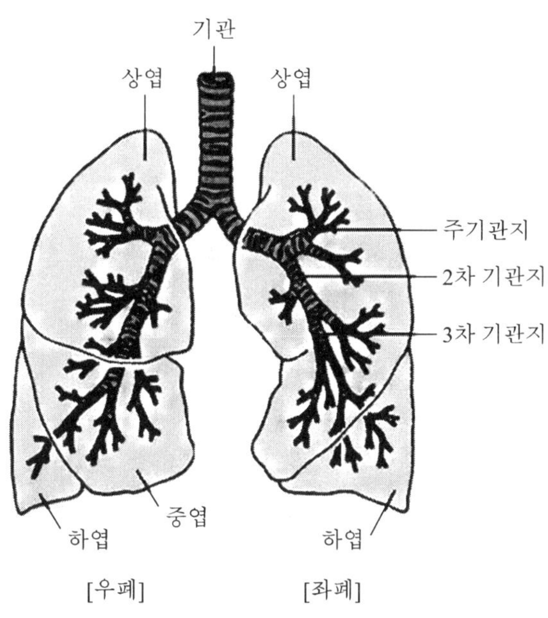

그림 2-2-1 인체 호흡기계의 구조

혈액 중의 O_2 농도의 감소는 신경말단을 자극하게 되고 신경말단은 신경계를 통하여 호흡조절중추를 자극하여 호흡 횟수와 호흡량이 증가하게 된다. 그러나 O_2 농도의 감소는 CO_2 농도의 증가보다 호흡량을 증가시키는데 강력하지 못하다. 체내에서 상당량의 O_2 농도 감소는 정상 휴식상태보다 $1\frac{2}{3}$배의 호흡량 증가를 유발하지만 상당량 CO_2 농도의 증가는 정상 휴식상태보다 10~14배의 호흡량 증가를 유발한다.

한 번의 호흡 사이클은 한 번의 흡기(inspiration)와 한 번의 호기(expiration)로 이루어진다. 1분당 흡기 수 혹은 호기 수를 호흡률(breathing rate)이라고 한다. 1분당 호흡한 공기량을 분량(minute volume)이라고 하고 분량은 1분당 체내로 들어온 공기량 혹은 체내에서 나간 공기량을 의미한다.

표 2-2-1 건강한 성인남자의 신체활동별 호흡량

신체 활동	작업률(kg-m/min)	호흡률(호흡수/분)	분량(L/min)
작업하지 않고 앉아 있음	0	14.6	10.3
앉은 채 작업	0	19.6	14.2
경 작업	208~415	21.1~22.7	20.8~29.9
중간 작업	622~830	23.0~30.4	37.3~54.7
심한 작업	1107~1380	43.8~40.7	75.3~104.0
최대 작업	1660	47.6	113.8

출처 : Silverman et al: Air flow measurements on human subjects with and without respiratory resistance at several work rates, Arch. Ind. Hyg. Occ. Med., 3, 461, 1951

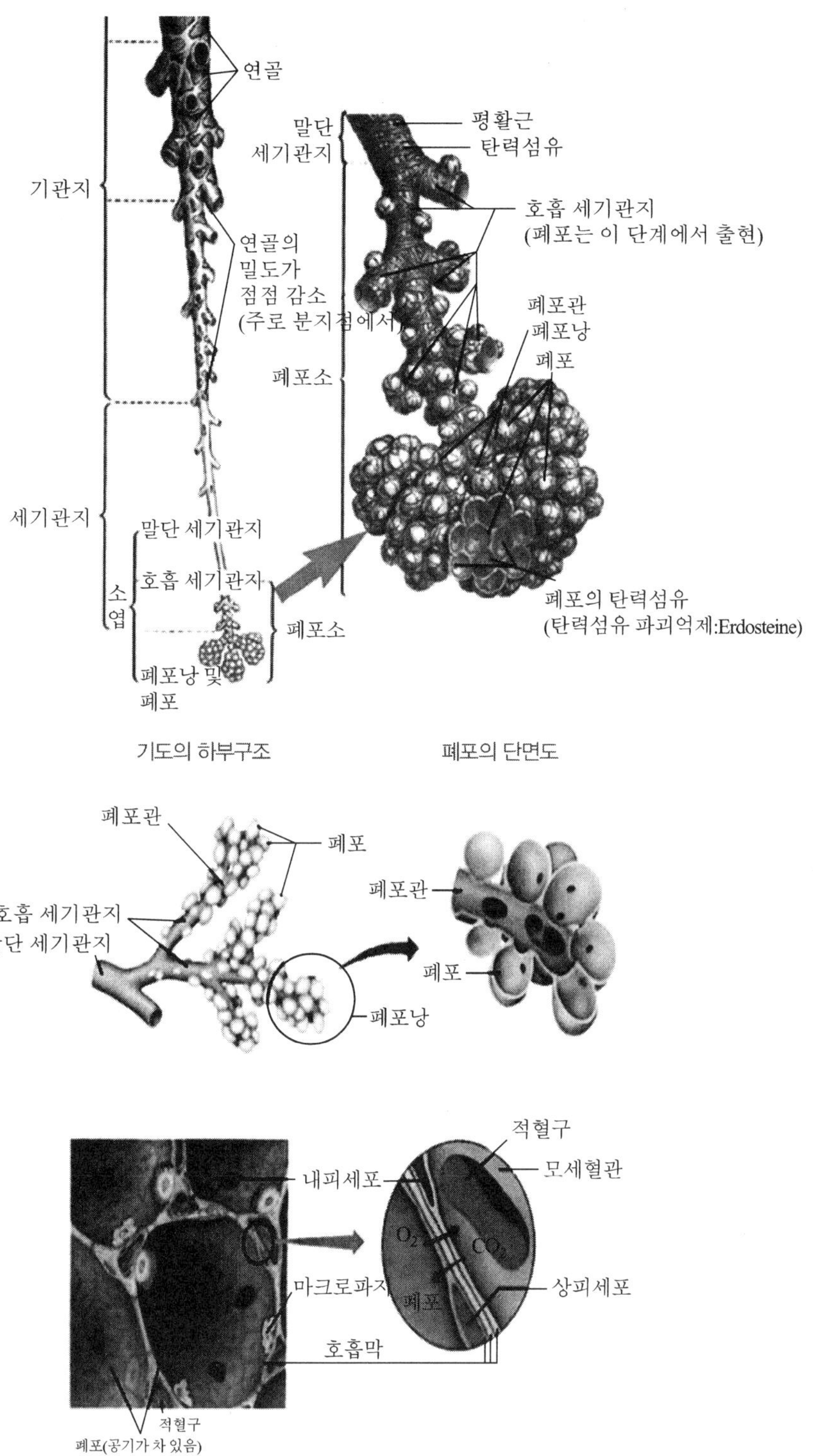

그림 2-2-2 폐포의 구조와 가스교환

2.2 호흡기계의 입자상 물질 제거기전

1) 점액섬모운동에 의한 제거

그림 2-2-3은 호흡기계 기도, 기관지 및 세기관지의 단면이다. 상피세포 위에는 섬모가 나 있고 바로 위에는 섬모가 잘 움직일 수 있도록 졸(sol) 상태의 점액이 그리고 그 위에는 이물질(異物質)이 잘 붙도록 겔(gel) 상태의 점액이 감싸고 있다. 이물질이 들어오면 점액이 이물질을 붙잡고 섬모는 이물질을 상기도 쪽(구강 쪽)으로 이동시키기 위하여 계속 움직인다. 상기도에 도착한 이물질은 삼켜서 소화기계로 보내지거나 외부로 제거된다. 담배연기, SO_x, NO_x, 카드뮴, 니켈, 수은, 암모니아, 기타 화학물질들은 점액 섬모운동을 방해하는 것으로 알려져 있다.

만약 점액 섬모운동이 방해를 받으면 석면 섬유는 폐에 도달할 것이고 각종 질환을 유발할 것이다. 따라서 석면에 노출될 것 같으면 반드시 호흡보호구를 착용해야 한다.

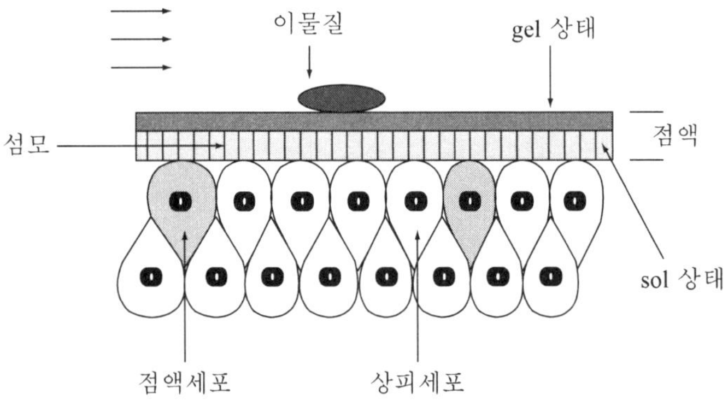

그림 2-2-3 기도, 기관지 내부구조

2) 대식세포에 의한 제거

기관지, 세기관지에 도달한 이물질은 대식세포(phagocytes)에 의해 잡혀 먹힌다. 이 상태에서 점액섬모운동에 의해 상기도로 옮겨지던가 아니면 대식세포가 배출하는 효소에 의해 용해된다. 그러나 석면, 유리섬유인 경우에는 용해되지 않고 그대로 남아서 각종 질환을 유발한다.

2.3 호흡보호구의 종류

1) 형태별 분류

(1) 밀착형(tight-fitting)

밀착형은 보호구가 착용자의 피부에 밀착되어 덮고 있는 형태를 말하며 보통 작업장에서 사용하고 있는 대부분이 여기에 속한다. 몸체의 재질은 탄력성이 있는 고무, 실리콘, neoprene, 기타 신소재들이다. 호흡으로 인하여 보호구 안쪽은 음압이 만들어지기 때문에 밀착이 제대로 되지 않으면 유해물질의 누설이 쉽게 일어날 수 있다.[1)]

가. 1/4형(quarter) : 입, 코 그리고 턱의 일부, 즉 얼굴의 1/4 정도를 감싸며 보호계수가 약하기 때문에 단순 분진, 미스트 발생 작업장에서 사용된다. 카트리지나 필터가 하나인 것이 특징이며 시계의 제한이 별로 없고 가볍기 때문에 우리나라에서 가장 많이 사용하지만 선진 외국에서는 보호계수(PF)가 약하여 가능한 한 사용을 제한하고 있다.

나. 반면형(half mask) : 입, 코 그리고 턱 밑부분, 즉 얼굴의 반 정도를 감싸며 카트리지나 필터가 2개인 것이 1/4형과 쉽게 구분된다. 1/4형보다 독성이 강한 작업장에서 사용된다.

다. 전면형(full facepiece) : 머리카락 선에서부터 얼굴 전체와 턱 아래까지 모두 감싼다. 반면형보다 더 독성이 강한 작업장에서 사용하며 눈에 대한 유해물질이 발생하는 작업장에서 필수적이다.

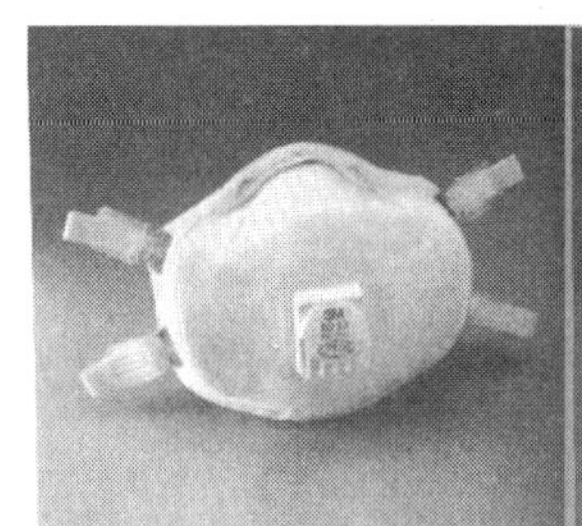

a. 안면부 여과식(반면형)

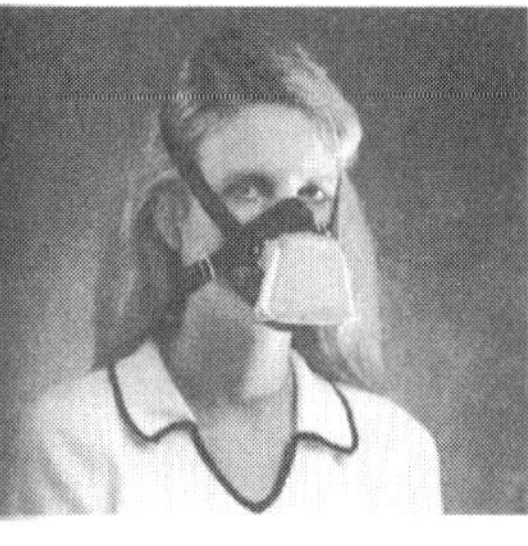

b. 직결식 1/4(quarter)형

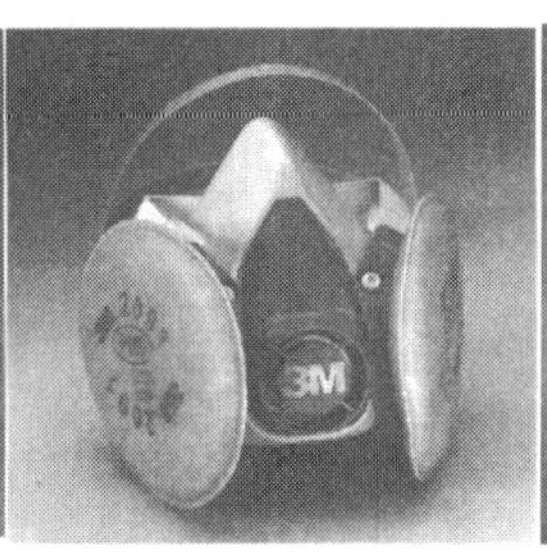

c. 직결식 반면형

d. 격리식 전면형

그림 2-2-4 호흡보호구의 형태별 분류(출처 : AIHA, 한국3M)

(2) 느슨형(loose fitting)

피부에 밀착되지 않는 보호구를 말하며 후드, 헬멧, 슈트(suits), 블라우스형이 여기에 속한다. 일반적으로 느슨형은 적어도 머리 부분은 완전히 감싸야 한다. 보호구 안쪽의 호흡영역으로는 깨끗한 압축공기가 공급되어 양압이 형성되기 때문에 보호계수가 높다. 유해물질의 노출이 심한 블래스팅(blasting) 작업 등에 사용된다.

(3) 직결식과 격리식

카트리지나 필터를 갈아 끼우는 홀더가 보호구의 몸체에 바로 붙어 있어 카트리지나 필터가 보호구의 몸체에 직접 연결되면 직결식이라고 하고 홀더와 몸체 사이를 연결관에 의해 연결되어 카트리지나 필터가 몸체와 분리되어 있는 형태를 격리식 혹은 분리식이라고 한다. 격리식은 독성이 매우 강한 작업장에서 캐니스터(canister : 카트리지의 용량을 크게 한 것)를 부착할 때 사용한다.

2) 기능별 분류

호흡보호구를 기능별로 분류하면 다음 표 2-2-2와 같다.

작업장에 따라 공기정화식과 공기공급식을 엄격히 구분하여 사용해야 한다. 일반적인 작업장에서 독성물질을 제거하기 위해서는 공기정화식 호흡보호구를 착용하지만 산소결핍장소와 IDLH 상황에서는 반드시 공기공급식 호흡보호구를 착용해야 한다.

일반적으로 석면조사자나 해체·제거작업자는 산소결핍 작업장에 노출되지는

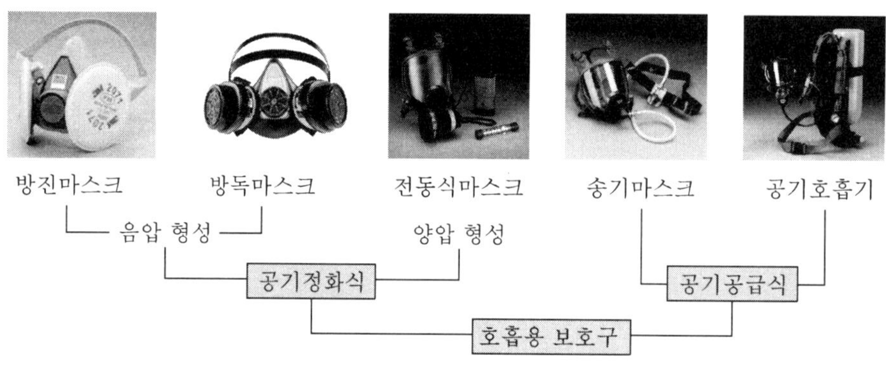

그림 2-2-5 호흡보호구의 기능별 분류

▌표 2-2-2 호흡보호구의 기능별 분류

공기정화식 호흡보호구(air-purifying respirators : APR)	
비전동식 (nonpowered)	• 입자상 물질 제거용 : 방진마스크 • 가스/증기 제거 : 방독마스크 • 입자상 물질, 가스/증기 제거 겸용 : 방진·방독 겸용 마스크
전동식 (PAPR : powered air purifying respirator)	• 입자상 물질 제거용 : 방진마스크 • 가스/증기 제거 : 방독마스크 • 입자상 물질, 가스/증기 제거 겸용 : 방진·방독 겸용 마스크
공기공급식 호흡보호구(atmosphere-supplying respirators)	
송기마스크 (SAR : supplied air respirator)	• 에어라인(air-line) - 연속흐름식(continuous flow) - 폐력식(demand) - 압력식(pressure demand) • 호스마스크(hose) - 블로워식(blower) - 비블로워식(non-blower)
자급식 호흡기구 (SCBA : self-contained breathing apparatus)	• 폐쇄형(closed-circuit SCBA) - 압축산소실린더식(compressed oxygen system) - 산소발생장치식(oxygen generating system) • 개방형(open-circuit SCBA) : 이것을 "공기호흡기"라고 함 - 연속흐름식(continuous flow) - 폐력식(demand) - 압력식(pressure demand)
송기마스크 및 자급식 겸용 호흡기구	
공기정화 및 공기공급식 겸용 호흡보호구	

않는다. 그러나 특별한 상황에서는 산소결핍도 고려해야 한다. 예를 들어, 스팀 터널, 기계류 홈(chase) 혹은 보일러를 조사 및 작업할 경우에는 산소결핍이 일어날 수도 있다. 이 같은 지역을 밀폐공간(confined space)이라고 한다. 산소결핍을 고려하지 않고 작업을 수행하는 경우에는 사망에 이를 수 있다.

3) 공기정화식 호흡보호구

(1) 입자상 물질 제거용 – 방진마스크

입자상 물질 즉, 분진, 미스트, 흄 등의 에어로졸을 제거하는 데는 방진필터를 사용한다. 따라서 당연히 석면작업에는 방진마스크를 착용해야 한다. 포집되지 않은 채 가장 투과가 잘되는 입자의 크기는 1.0μm 이하에서 0.04μm 이상인 것으로 밝혀졌다. 그 후 더 많은 연구들에 의하여 투과가 가장 잘되는 입자의 직경은 0.3μm로 알려졌다.

(2) 가스/증기 제거 – 방독마스크

가스/증기의 제거는 입자상 물질 제거와는 달리 흡착제가 들어있는 카트리지나 캐니스터를 사용해야 한다. 일반적으로 흡착제로는 비극성의 유기증기에는 활성탄, 극성물질에는 실리카겔을 사용한다.

4) 전동식 공기정화 호흡보호구(PAPRs : powered air-purifying respirators)

공기정화 호흡보호구의 특별한 아류가 전동식 공기정화형 호흡보호구(PAPR)이다. 방독마스크와 방진마스크에 모터를 이용하여 일정량의 깨끗한 공기를 공급하는 형태이다. PAPR은 휴대용 건전지 팩과 깨끗한 공기를 착용자의 호흡영역에 강제로 공급할 수 있는 블로워가 부착되어 있어 안면부 내에 양압이 형성된다. PAPR은 밀착형이나 느슨형에 모두 적용할 수 있다. PAPR은 작업장의 공기를 바로 사용하기 때문에 산소결핍 장소에서는 사용할 수 없다. PAPR은 안면부 내에 양압이 형성되어 공기의 흐름이 안면부 내에서 밖으로 흐르기 때문에 누설(leak)이 적을 수 있는 장점이 있으나 건전지 팩과 블로워 착용에 의한 무게로 착용자에게 신체적인 부담을 주는 단점이 있다.

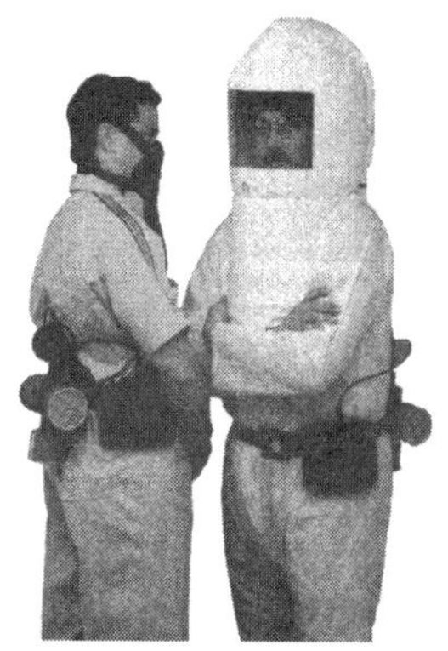

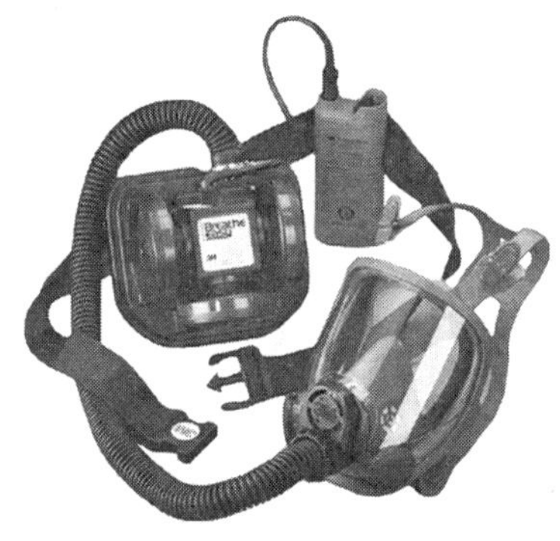

그림 2-2-6 전동식 공기정화형 호흡보호구(PAPR) (출처 : AIHA, 한국3M)

5) 공기공급식 호흡보호구

(1) 송기마스크 – 에어라인(air–line)

에어라인이라고도 하는 송기마스크는 일정장소에 설치되어 있는 콤프레셔나 압축공기실린더에서 호흡할 수 있는 공기를 보호구 안면부에 연결된 관을 통하여 공급하는 호흡보호구를 말한다. 호흡하는데 신체적 부담은 덜하나 에어라인은 착용자의 이동성을 제한한다.

가. 폐력식(demand)

레귤레이터(압력조절기)를 착용자가 호흡할 때 발생하는 압력에 따라 공기가 공급되도록 제작한 것으로 영문대로 디맨드식이라고도 한다. 보호구 안이 음압이 생기므로 누설 가능성이 있다.

나. 압력식(pressure demand)

레귤레이터를 흡기할 때나 호기할 때 일정량의 압력이 보호구 안에 항상 걸리도록 만든 것으로 항상 양압이 걸려서 누설현상이 적게 발생한다.

다. 연속흐름식(continous flow)

컴프레셔(압축기)에서 일정량의 충분한 공기가 항상 공급되도록 만든 것으로 보호구의 안면부는 밀착형이나 느슨형과 관계없이 사용된다.

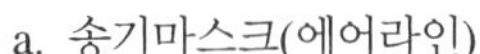

a. 송기마스크(에어라인)

b. 공기호흡기

그림 2–2–7 공기공급식 호흡보호구의 종류(출처 : AIHA)

(2) 자급식 호흡기구(SCBA : self-contained breathing apparatus)

자급식 호흡기구는 산소나 공기를 공급하는 실린더를 직접 착용자가 지니고 다니는 장치로 산소결핍과 IDLH 상황을 포함한 어떤 작업 상황에서도 사용이 가능하다. 보호구의 안면부는 반면형 마스크, 후드도 사용될 수 있으나 대부분이 전면형 마스크를 사용한다. 자급식 호흡기구는 그 무게와 크기 때문에 밀폐공간에서 사용하기에는 제한적이고 신체적인 부담을 준다.

가. 폐쇄식(closed-circuit)
호기에서 나온 공기가 외부로 배출되지 않고 장치 내에서 순환하는 장치이다. 방식은 압축산소식과 산소발생장치식으로 나눈다. 사용시간은 30분에서 4시간 정도이다. 발생한 이산화탄소는 NaOH같은 화학물질로 씻어지고 호흡용 산소는 압축산소통이나 산소발생장치에 의해 공급된다. 산소발생장치에는 주로 KO_2를 사용하는데 이것은 호기 중 수증기와 CO_2와 반응하여 산소를 발생시킨다. 이 장치는 일단 반응이 일어나면 멈출 수 없는 것이 단점이다.

나. 개방식(open-circuit : 일명 "공기호흡기"라고도 함)
호기에서 나온 공기는 장치 밖으로 배출된다. 호흡용 공기는 압축공기를 사용하며 사용시간은 보통 30~60분이다. 압축산소 사용은 절대 금물이다. 그 이유는 미량의 오일이나 어떤 입자가 침투하여 폭발을 일으킬 수 있기 때문이다. 주로 소방수가 이 장치를 사용하는데 국내에서는 이것을 "공기호흡기"라고 부른다.

2.4 호흡보호구의 선정

1) 보호계수(PF : Protection Factor)의 중요성

일반 작업장에서 호흡보호구를 선정할 때는 그림 2-2-8과 같이 호흡보호구 선정 흐름도를 따라야 한다.

호흡보호구의 종류에 따라서 석면으로부터 보호 정도는 달라진다. 이를 이해하기 위해서는 보호계수의 개념을 알아야 한다.

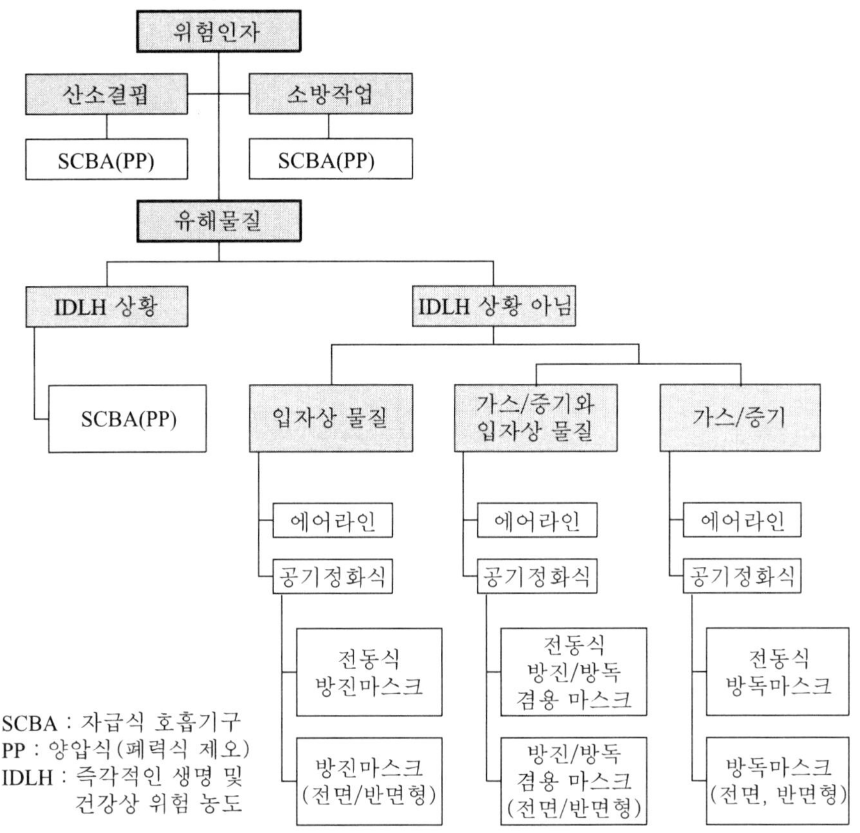

그림 2-2-8 호흡보호구 선정 흐름도

보호계수는 마스크 밖의 농도(Co)를 안의 농도(Ci)로 나누어 얻어진 숫자이다. 수식으로 다음과 같이 표현할 수 있다.

$$\text{보호계수(PF)} = \frac{\text{마스크 밖의 농도(Co)}}{\text{마스크 안의 농도(Ci)}}$$

보호계수는 착용자의 얼굴에 마스크가 얼마나 밀착이 잘되는가에 의해 크게 좌우된다. 따라서 하나의 호흡보호구에 의해 제공되는 보호계수는 각 개인에 의해 따라 달라진다. 보호 정도는 작업자의 활동과 심지어 수염을 깎는 습관에 의해서도 끊임없이 변하게 된다. 착용자가 웃거나 기침을 했을 때는 밀착(fit)이 잘 되지 않기 때문에 보호계수는 떨어진다. 어느 날 작업자가 면도하는 것을 잊어버렸다면 마스크가 밀착이 되지 않아 보호계수는 떨어질 수 있다.

매번 작업할 때마다 각 작업자의 마스크 안의 농도를 측정한다는 것은 불가능한 일이다. 따라서 광범위한 연구를 거쳐 보호계수는 호흡보호구의 종류에 따라서 달리 정하게 되었다. 이것이 할당보호계수(Assigned Protection Factor : APF)이다. 할당보호계수란 일반적인 PF 개념의 특별한 적용으로써 적절히 밀착이 이루어진 호흡보호구를 훈련된 일련의 착용자들이 작업장에서 착용하였을 때 기대되는 최소 보호정도를 말한다. 예를 들어, APF가 100인 보호구를 착용하고 작업장에 들어가면 착용자는 외부 유해물질로부터 적어도 100배만큼의 보호를 받을 수 있다는 의미이다.

표 2-2-3 우리나라 호흡보호구에 대한 할당보호계수(KOSHA GUIDE H-82-2015) (한국산업안전보건공단, 2015)

호흡용보호구의 형태	안면부형태	보호계수(양압)	보호계수(음압)
비전동식	반면형 전면형	N/A	10 100
전동식	반면형 전면형 후드	50 200 200	N/A
송기식	반면형 전면형 후드	50 1000 1000	N/A
자급식(공기호흡기)	전면형	1000	

표 2-2-4 미국 호흡보호구의 할당보호계수(APF)(OSHA, 2004)

호흡보호구의 형태	1/4형	반면형	전면형	헬멧/후드	느슨형
공기정화형(APR)	5	10	50		
전동식(PAPR)		50	1,000	* 25/1,000	25
송기마스크(SAR) •폐력식 •연속흐름식 •압력식 혹은 기타 양압식		 10 50 50	 50 1,000 1,000	 - * 25/1,000 -	 - 25 -
자급식 호흡기구(SCBA) •폐력식 •공기호흡기		 10 	 50 10,000	 50 10,000	

* 1000이 되려면 제조업체가 이를 증명할 수 있는 확실한 연구결과 있어야 하며 그렇지 못하면 25로 인정

표 2-2-5 유럽 EN의 석면에 대한 보호계수

공 기 정 화 형							
보호계수 (PF)	안면부여과식(반면형)	밸브부착 안면부여과식(반면형)	흡입배브없는 안면부여과식(반면형)	반면형+필터	전면형+필터	전동식(후드)+필터	전동식마스크+필터
20	FFP3	FFP3	FMP3	마스크+P3	-	모든 타입 안면부+P3	모든 타입 안면부+P3
40					마스크+P3	후드, 블라우스+P3	전면형 마스크+P3
공기공급장치(Breathing Apparatus : BA)							
보호계수 (PF)	호스 BA	에어라인 BA	에어라인 BA, 후드 헬멧, 바이저	연속흐름 에어라인 BA 후드+마스크		디맨드 타입 에어라인 BA	자급식 호흡기구(SCBA)
20		LDM1, LDM2	LDH2	반면형			
40	전면형 마스크 후드		LDH3	후드 블래스팅 헬멧		음압 디맨드 전면형	음압 디맨드 전면형
100		LDM3		전면형 마스크			
200				슈트			
2,000						공기호흡기	공기호흡기

2) 할당보호구계수(APF)의 활용

할당보호구계수는 작업장의 유해물질의 오염정도에 따라 적합한 호흡보호구를 선정할 때 활용된다. 작업장 공기 중 농도(C_{air})를 허용농도로 나눈 값을 유해비(HR : Hazardous Ratio)라고 하는데 어떤 호흡보호구를 선정할 때에는 이보다 APF가 큰 것을 선택해야 한다.

$$\mathrm{APF} \geq \frac{\text{공기중농도}}{\text{노출기준}}$$

예제 2-1

석면이 섞여 있는 천장 단열재를 제거하는 과정에서 기대되는 작업장 공기 중 석면농도가 2개/cc이다. 적어도 어떤 종류 이상의 호흡보호구를 착용해야 하는가?

풀이 우리나라 석면의 노출기준은 종류와 관계없이 0.1개/cc이다. 유해비(HR)를 구하면

HR = 2 / 0.1 = 20

우리나라 호흡보호구의 할당보호계수를 보면 20 이상이 되는 호흡보호구는 비전동식은 전면형, 전동식, 송기마스크, 공기호흡기가 해당된다. 만약 이럴 경우 비전동식의 1/4형 마스크나 반면형을 선정하였다면 근로자에게 충분한 건강을 담보할 수 없게 된다.

3) 석면작업 시 기대노출농도(영국 HSE 자료)

이상에서 보았듯이 작업장 공기 중 석면의 농도를 알아야 적합한 호흡보호구를 선정할 것인데 작업을 하지도 않은 상태에서 작업장 농도를 어떻게 알 것인가? 작업 전 호흡보호구를 선정해야 하기 때문에 당연히 작업장 석면의 농도를 예측할 수밖에 없다.

석면작업 시 기대노출농도는 다음을 고려하여 예측할 수 있다.

- 얼마나 쉽게 부서지는가? (how easily)
- 얼마나 거칠게 다루어야 하는 작업인가? (how roughly)
- 작업양은 얼마인가? (how much)
- 얼마나 시간이 필요한가? (how long)
- 석면의 비산 방지를 위해 얼마나 효과적인 관리조치를 취하고 있는가? (control measure)
- 이와 관련한 과거의 경험과 지식(past experience and knowledge)
- 단시간 기대하지 않았던 고농도에 대한 허용여부

그러나 기대노출농도가 의심스러우면 모니터링을 통하여 농도를 확인해야만 하며 또 많은 작업을 통한 경험에 의해 예측 가능하다.

통제된 습식 벗김 작업에서 코팅이나 피복부분이 철저하게 젖지 않거나 피복 부분을 젖게 하기 전에 떨어져 나갈 수 있다. 이럴 경우 작업을 계속하기 전에 충분한 조치를 취해야 한다. 만약 무시하면 경우에 따라서는 시판되는 호흡보호구가 보호할 수 있는 것보다도 더 높은 1,000 f/cc 이상의 농도에 노출될 수도 있다.

표 2-2-6 백석면(chrysotile)만 함유된 석면시멘트(AC)제품 관련 작업

작업의 형태	기대되는 농도(f/cc)
국소배기장치(LEV)가 있는 기계(전동) 톱 작업	2 이하
AC에 국소배기장치(LEV)가 있는 기계(전동) 드릴 작업	1 이하
AC에 국소배기장치(LEV)가 있는 수동 톱 작업	1 이하
AC에 국소배기장치(LEV)가 없이 기계(전동) 절단 작업	25 이하

표 2-2-7 황석면(amosite)을 함유한 석면단열보드(AIB) 관련 작업

작업의 형태	기대되는 농도(f/cc)
전체 석면단열보드(AIB)의 조심스런 해제작업	3 이하
AIB를 부시고 찢는 작업 (이 작업이 꼭 필요하다면 매우 조심스럽게 밀폐 후에만 실시할 것)	5~20
진공펌프를 가지고 AIB에 드릴작업(국소배기 장치나 진공펌프)	1 이하
진공펌프없이 AIB에 드릴 작업	10 이하
AIB에 왕복 전동 톱 작업	20 이하
AIB에 수동 톱 작업	5~10

표 2-2-8 코팅과 피복재 관련 석면 작업

작업의 형태	기대되는 농도(f/cc)
수동도구를 이용하여 통제가 잘된 습식 벗김 작업	1 이하 (건조 패치를 치거나 피복부분이 떨어져 나가지 않는 경우)
전동도구를 이용하여 통제가 잘된 습식 벗김 작업	10 이하 (건조 패치를 치거나 피복부분이 떨어져 나가지 않는 경우)
대부분의 코팅 및 피복재가 이미 제거된 후 오직 마감 청소작업으로서 잘 수행된 연마사 블래스팅 작업. 이 작업은 초기 석면제거 작업에서 사용해서는 안 됨.	10 이하
파이프 혹은 도관 피복 벗김 작업 - 부분적으로 젖거나 혹은 건조부분 존재	100 이하
스프레이 코팅부분 벗김 - 부분적으로 젖거나 혹은 건조부분 존재	약 1,000

4) 석면조사자에 대한 호흡보호구

미국 ACGIH의 TLV-TWA는 all form이 0.1 f/cc로 되어 있다. 우리나라의 노출기준도 미국과 마찬가지로 2002년부터 모두 석면이 0.1 f/cc로 되어 있다.

환경부의 실내환경기준과 고용노동부의 석면해체·제거 후 실내농도는 0.01 f/cc 이하이다. 다음 표에 있는 것처럼 설정된 보호계수를 사용할 때 사전조사자는 호흡보호구 안의 농도가 0.01 f/cc가 될 수 있는 마스크를 선정함이 좋을 것이다. 만약 예를 들어,사전조사자가 조사 시 밖의 농도가 0.30 f/cc가 된다고 예상하였을 때 마스크의 농도를 0.01 f/cc로 유지하고 싶다면(0.30 / 0.01 = 30) 고효율필터(특급에 해당)를 장착한 반면형 혹은 헬멧형 전동식마스크를 사용해서는 안 되며 적어도 고효율필터를 장착한 전면형 혹은 밀착형의 전동식 마스크를 착용해야 한다.

결론적으로 「특급의 반면형 안면부여과식」 혹은 「특급 필터를 장착한 반면형 마스크」 이상을 권장한다. 반면형 마스크를 착용하고 고글을 써야한다면 불편함을 줄이기 위해서 「특급 필터의 전면형 마스크」가 좋을 것이다. 그러나 공기호흡기나 송기마스크는 불필요하다. 「특급 필터가 부착된 전동식 마스크」는 경우에 따라서 필요할 것이다. 예를 들어, 사전조사자가 석면 부분을 떼어내는 작업을 장시간 수행해야 하는 경우나 뿜칠한 곳에서 시료를 채취할 때에는 이 호흡기구가 필요할 것이다.

표 2-2-9 석면조사자를 위해 EPA가 권하는 호흡보호구

호흡보호구	보호계수(PF)	마스크 안을 0.01개/cc로 유지하기 위한 보호구 밖의 최대농도
고효율필터＋반면형	10	0.10개/cc
고효율필터＋전면형	50	0.50개/cc
고효율필터＋전동식마스크(헬멧)	25	0.25개/cc
고효율필터＋전동식마스크(밀착형)	50	0.50개/cc

5) 석면 해체·제거작업자에 대한 호흡보호구

(1) 미국

석면작업 시 호흡보호구의 선정은 산업안전보건법(OSHAct) 29CFR 1910.1001(g)와 29CFR 1910.134(b)(d)(e) 및 (f)를 따르도록 하고 있다.

표 2-2-10은 미국에서 석면노출 작업에 필요한 호흡보호구 목록이다.

표 2-2-10 미국의 석면노출 작업에 필요한 호흡보호구(29CFR 1910.1001(g)(3))(OSHA)

공기 중 석면 농도 혹은 사용 조건	필요한 호흡보호구
1 f/cc (10 × PEL)를 초과하지 않음	고효율필터(HEPA)가 장착 된 일회용이 아닌 공기정화형 반면형 마스크
5 f/cc (50 × PEL)를 초과하지 않음	고효율필터(HEPA)가 장착 된 공기정화형 전면형 마스크
10 f/cc (100 × PEL)를 초과하지 않음	고효율필터(HEPA)가 장착 된 전동식 공기정화형 마스크(전동식마스크) 혹은 연속흐름모드의 공기공급형 호흡보호구(SAR)
100 f/cc (1,000 × PEL)를 초과하지 않음	압력디맨드모드(pressure demand)의 전면형 공기공급형 호흡보호구(SAR)
100 f/cc 초과 혹은 농도가 알려지지 않음	보조장치로 양압 SCBA가 부착된 압력디맨드모드의 전면형 공기공급형 호흡보호구(SAR)

Note : a. 높은 환경 농도로 배정된 호흡보호구는 더 낮은 농도에서 사용 가능
b. 고효율필터(HEPA)란 입경 0.3 μm의 포집효율이 99.97% 이상인 필터

(2) 유럽

영국의 HSE의 예를 보면 보호계수가 20인 FFP3의 안면부여과식도 사용할 수 있으나 기대노출농도가 가장 낮은 해체작업, 즉 1 f/cc에서 조차도 작업자에 대한 보호를 최대로 하기 위해 적어도 P3 필터가 달린 전면형 마스크를 권하고 있다. 더 나아가 작업자의 폐에 대한 신체적 부담을 줄여주기 위해 보호계수가 40인 전동식 공기정화형 호흡보호구(전동식마스크)를 권장하고 있다.

(3) 한국

우리나라 산업안전보건법시행규칙의 석면해체 · 제거업자의 인력 · 시설 및 장비기준을 보면 다음과 같다. 이것은 장비기준에 관한 것이지만 방진마스크의 경우 특급필터만 사용하도록 하고 있다.

표 2-2-11 석면해체 · 제거업자의 인력 · 시설 및 장비기준

산업안전보건법시행규칙 [별표 10의4] <신설 2009.8.7> 석면해체 · 제거업자의 인력 · 시설 및 장비기준(제80조의5 관련)
마. 송기마스크 또는 전동식 호흡보호구 중 전동식 방진마스크(전면형 특등급만 해당한다)나 전동식 후드 및 전동식 보안면(분진 · 미스트 · 흄에 대한 용도로 안면부 누설율이 0.05% 이하인 특등급에만 해당한다)

표 2-2-12 석면관련 호흡보호구에 대한 산업보건기준에 관한 규칙

산업보건기준에 관한 규칙[시행 2009.8.7] [노동부령 제330호, 2009.8.7, 타법개정]
제238조의2 (개인보호구의 지급·착용) 사업주는 석면해체·제거작업에 근로자를 종사하도록 하는 때에는 다음 각 호의 개인보호구를 지급하여 착용하도록 하여야 한다. 다만, 제2호의 보호구는 근로자의 눈 부분이 노출된 경우에 한하여 지급한다. 1. 방진마스크 또는 송기마스크 2. 고글(Goggles)형 보호안경 3. 신체를 감싸는 보호의(保護衣) 및 보호신발

산업안전보건기준에 관한 규칙에는 특급방진마스크라는 표현은 없으나 산업안전보건법 시행규칙의 장비기준이나 외국의 사례로 보아 방진필터의 등급은 반드시 특급만 사용해야 한다.

그러면 어느 형태의 호흡보호구를 착용하는 것이 가장 바람직한가? 산업안전보건법 시행규칙에는 장비기준을 설정해 놓은 것이지 어떤 상황에서 어떤 호흡보호구를 착용하라는 설명은 없다. 미국에서는 최소 고효율필터의 반면형 마스크, 영국에서는 최소 특급 여과식 반면형도 권하고 있다. 따라서 호흡보호구의 형태는 최소한 반면형 이상을 착용하되 호흡보호구를 선정하는 과정에서는 반드시 유해비(HR)와 할당보호계수(APF)를 고려하여 선정해야 할 것이다.

(4) 석면 해체·제거 작업자를 위한 호흡보호구의 선정

가. 방진필터 등급

- 한국기준 : 특급
- 미국기준 : N100, R100, P100
- 유럽기준 : P3 혹은 FFP3

나. 호흡보호구 형태

호흡보호구의 형태는 우선 일회용의 안면부여과식의 사용을 금하며 다음 표 2-2-13과 같이 권한다.

▮표 2-2-13 석면 해체작업자에게 권하는 호흡보호구

공기 중 석면 농도 혹은 사용 조건	필요한 호흡보호구
1 f/cc (10 × 노출기준*)를 초과하지 않음	특급 필터가 장착 된 일회용이 아닌 반면형 마스크
5 f/cc (50 × 노출기준*)를 초과하지 않음	특급 필터가 장착 된 전면형 마스크
10 f/cc (100 × 노출기준*)를 초과하지 않음	특급 필터가 장착 된 전면형 전동식 방진마스크
10 f/cc (100 × 노출기준*)를 초과 혹은 농도가 알려지지 않음	송기마스크 혹은 공기호흡기 또는 이와 준하는 호흡기구

* 우리나라 노출기준 : 종류에 관계없이 0.1개/cc

2.5 밀착도 검사(fit testing)

1) 밀착도검사의 의미

얼굴의 접촉면과 호흡보호구의 안면부가 적합하게 밀착되지 않으면 보호구와 피부접촉면 사이로 오염물질의 누설현상(faceseal leakage)이 생기는데 심할 경우 마스크를 착용하고도 작업자는 심각한 정도로 오염물질에 노출된다. 밀착도 검사(fit test)란 얼굴 피부 접촉면과 보호구 안면부가 적합하게 밀착되는지를 측정하는 것으로 그 목적은 작업자가 작업장에 들어가기 전 누설정도를 최소화시키고 어떤 형태의 마스크가 작업자에게 가장 적합한지 마스크를 선택하는데 도움을 주어 작업자의 건강을 보호하기 위함이다. 현재 미국, 캐나다, 호주 그리고 뉴질랜드에서는 밀착도 검사가 제도화되어 사용되고 있다.

밀착도 검사는 오염물질의 침투경로를 피부 접촉면과 보호구 사이로만 간주하는 반면 유럽에서 사용하는 안면부 누설율(TIL : total inward leakage) 테스트는 보호구 안쪽으로의 누설현상을 피부접촉면 이 외에도 필터, 밸브 등 모든 경로를 통하여 침투한 것으로 간주한다. 국내에서는 현재 밀착도 검사에 관한 법적인 규정은 없으나 2000년 7월 1일부터 새로 개정된 호흡보호구 검정(인증)실험에 유럽과 같은 안면부 누설율 실험을 실시한다.

2) 석면 해체 · 제거 작업 시 밀착도 검사는 필요한가?

밀착도 검사는 미국에서 시작되었으며 현재 호흡보호구를 착용하는 모든 작업자는 1년에 1회 이상, 석면 · 납 · 카드뮴 등과 같이 유독한 물질에 대해서는 6개월 1회 이상 반드시 실시하도록 되어 있다(mandatory)(29CFR 1910.134).

유럽에는 일반 호흡보호구 착용자에 대한 밀착도 검사는 없으며 호흡보호구 제조업자가 판매 허가를 받기 위한 검정실험에 안면부 누설율(TIL) 실험을 실시해야 한다. 그러나 최근 납, 석면작업과 같이 유독물질을 취급하는 작업자들에게는 유독물질의 노출을 가능한 한 취소로 하는 조치를 취하도록 하고 있다. 영국 HSE에 따르면 the Control of Asbestos at Work Regulation 2002 (CAW)에서 밀착형 호흡보호구에 대한 밀착도 검사를 실시할 것을 강력하게 권장하고 있다.

우리나라에서도 밀착도검사가 법으로 제도화되어 있지는 않으나 석면해체 · 제거를 하는 작업에 대해서는 밀착도 검사를 실시하도록 "한국산업안전보건공단"에서 작업지침을 마련하였다.

"한국산업안전보건공단"에서 석면해체 · 제거 작업지침서 중 개인보호장구에 대한 내용이다. (2)(가)를 보면 기밀검사를 하도록 되어 있는데 이것이 밀착도 검사(fit testing)를 달리 번역해 놓은 것이다. 따라서 우리나라에서도 석면해제 · 제거 작업 시에는 모든 호흡보호구 착용자는 밀착도 검사를 실시할 것을 권한다.

표 2-2-14 석면해체 · 제거 작업지침서 중 개인보호장구에 대한 내용

KOSHA GUIDE(H -70- 2012)석면해체 · 제거 작업지침
5.3 개인보호구의 지급 · 착용 (1) 사업주는 석면해체 · 제거작업에 근로자를 종사하도록 하는 때에는 작업조건에 적절한 특급 방진마스크, 전동식 특급마스크 또는 송기마스크 등 호흡용 보호구, 고글형 보호안경, 신체를 감싸는 보호의 및 보호장갑 등의 개인보호구를 작업 근로자 개인별로 지급하고 착용하도록 하여야 한다. (2) 사업주는 호흡용 보호구를 지급할 때에는 작업근로자에게 다음의 교육을 실시하여야 한다. (가) 기밀검사(Fit-test)방법 (나) 보호구의 이상유무 검사방법 (다) 사용방법 (라) 유지관리방법 (마) 오염물 세척 및 제거방법 (바) 보호구의 사용제한

3) 밀착도 검사방법과 밀착계수(FF : fit factor)의 의미

Fit Test는 정성적인 방법(QLFT : Qualitative Fit Test)과 정량적인 방법(QNFT : Quantitative Fit Test)으로 나누어 측정할 수 있다. QLFT는 착용자가 화학물질에 대한 수의 혹은 불수의적인 반응, 즉 맛, 냄새, 자극 등을 통하여 측정하는 것이고 QNFT는 보호구의 안과 밖의 농도차이나 압력 차이를 이용하여 객관적인 수치로 나타내는 방법을 말한다. QNFT의 기술적인 방법으로는 크게 두 가지로 나누어서 생각할 수 있는데 하나는 측정물질인 에어로졸을 이용하여 보호구의 안과 밖의 농도를 비교하는 것이고, 다른 하나는 호흡 시 발생하는 압력차이나 공기흐름을 비교하는 것으로 이들 모두 현재 미국 OSHA가 인정하고 있는 방법들이다. 이 중 에어로졸을 이용하는 방법이 고전적인 방법으로서 다시 두 가지로 나눌 수 있는데 한 가지 방법은 일정한 챔버 내에 측정물질로서 옥수수기름 등 에어로졸을 분사하여 균질의 농도로 만든 다음 보호구를 착용한 뒤 보호구의 안과 밖에서 그 농도를 측정하는 방법과 또 다른 방법은 에어로졸 발생기, 챔버가 따로 필요 없이 측정물질로 공기 중에 자연적으로 비산되어 있는 에어로졸을 사용하는 것이다. 후자가 현재 가장 보편화되어 있는 방법인데 이 방법의 원리는 눈에 보이지 않는 아주 작은 에어로졸 입자에게 알코올 증기를 가하면 입자를 핵으로 하여 응결이 이루어지면서 에어로졸의 입경이 커지면 광도계에 의해 이렇게 커진 에어로졸을 측정하는 것이다. 이 방법을 연속흐름 응결핵 계산법(CNC : continuous-flow condensation nuclei counting)법이라고 하며 측정기기로는 미국 TSI사의 PortaCount™를 사용한다.

QNFT방법을 사용하면 fit의 정도를 객관적인 값으로 표현할 수 있는데 에어로졸 방법을 이용하면 호흡보호구의 안과 밖에서 그 농도를 측정하여 비(ratio)로 나타내며 이것을 밀착계수(FF : Fit Factor)라고 한다.

$$\text{밀착계수(FF)} = \frac{\text{호흡보호구 밖의 aerosol농도(Co)}}{\text{호흡보호구 안의 aerosol농도(Ci)}}$$

따라서 FF 값은 높을수록 안면과 보호구간의 밀착정도가 우수하다고 할 수 있다. 미국 OSHA (29CFR1910.134)에서는 반면형은 100, 전면형은 500을 넘어야 pass한 것으로 규정하고 있다. 한편, 영국 HSE에서 권고하고 있는 FF 값은 FFP3 안면부 여과식 마스크 100, 반면형 마스크 100, 전면형 마스크 2,000을 넘어야 pass한 것으로 권고하고 있다.

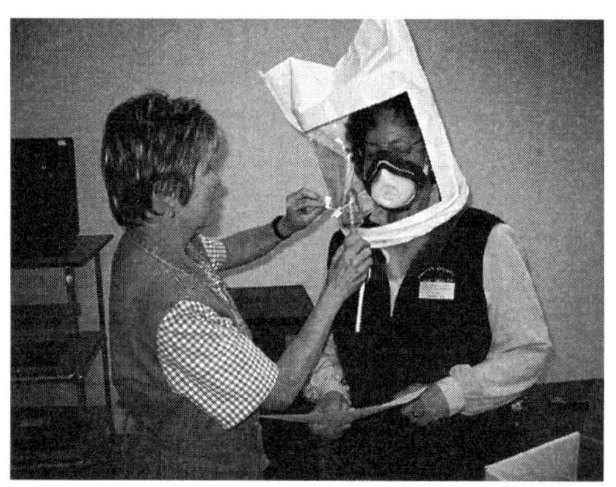

a. QLFT(사카린법) 장면(출처 : 3M)

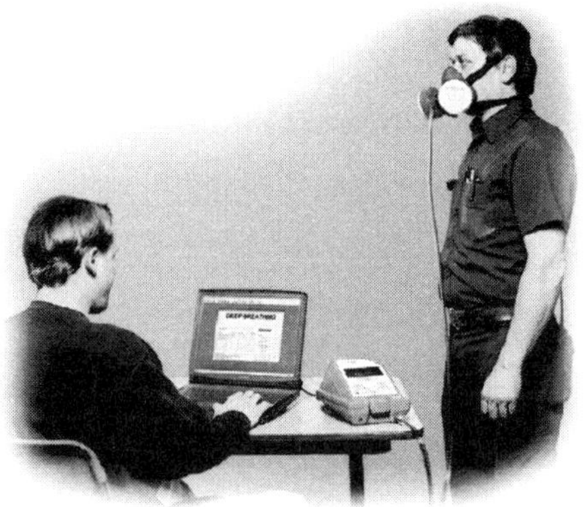

b. QNFT(PortaCount) 장면(출처 : TSI)

그림 2-2-9 밀착도 검사

4) 밀착도 검사는 언제 실행해야 하는가?

밀착도 검사는 호흡보호구를 착용할 때마다 해야 하는가? 그렇지 않다. 밀착도 검사는 ① 호흡보호구를 처음 선정할 때, ② 석면취급의 경우 연 2회, ③ 얼굴의 형태가 변하였거나 새로운 제품으로 호흡보호구 안면부를 바꿀 때에 하도록 되어 있다.

그러면 호흡보호구를 착용할 때마다 밀착성을 확인하는 방법은 무엇인가? 이것을 밀착도 체크(fit check)라고 한다. 두 가지 방법이 있는데 하나는 배기구를 손으

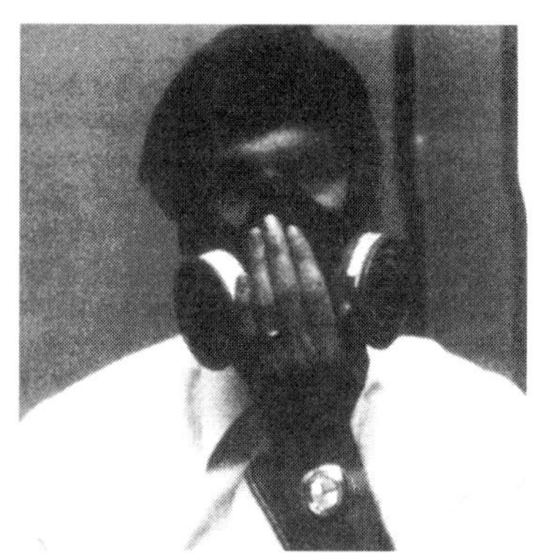

a. 양압의 밀착도 체크

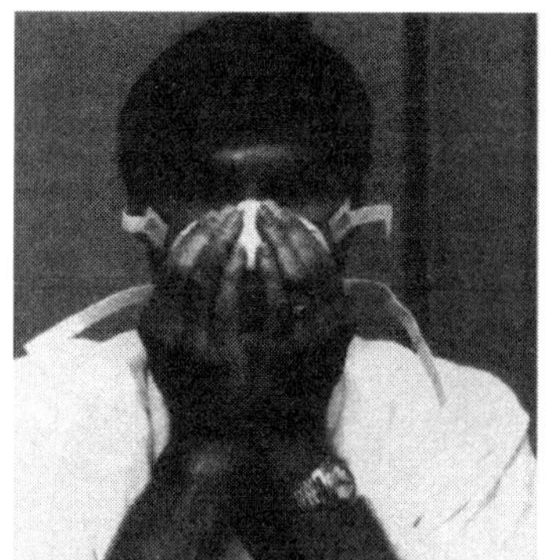

b. 음압의 밀착도 체크

(출처 : Rajhan and Pathak, Practical Guide to Respirator Usage in Industry)

그림 2-2-10 밀착도 체크 방법

로 막고 낼 숨으로 마스크를 양압으로 만들거나 흡기구를 손으로 막고 들숨으로 마스크 안을 음압으로 만드는 것이다. 이럴 경우 마스크 안과 밖의 압력차이로 마스크 안면부와 얼굴이 잘 맞지 않으면 감각적으로 알 수 있다.

2.6 기타 개인보호장구

석면의 기대노출농도가 노출기준을 초과할 것으로 예상되는 장소나 눈에 대한 자극 가능성이 있는 작업 장소에서는 사용주는 작업자에게 지체 없이 개인보호장구(PPE)를 지급하고 사용하도록 해야 한다.

석면해체 작업자는 반드시 다음에서 언급하는 개인보호장구를 착용하고 작업을 실시해야 한다. 사전조사자의 경우 샘플을 취하는 작업같이 석면이 공기 중에 방출되어 흡입 가능성이 있는 작업을 수행할 경우에는 호흡보호구 착용과 더불어 다음의 개인보호장구 착용을 권한다.

1) 전신보호복 = 커버롤(coverall)

- 일회용 커버롤이 적합하다.
- 옥외 작업 시에는 방수복이 필요할 수 있다.
- 큰 사이즈 복을 입는다. 그러면 이음새 부분이 찢겨지는 것을 막을 수 있다.
- 옷소매가 늘어지면 테이프로 밀봉한다.
- 긴 소매의 셔츠를 입지 않는다. 이는 적절하게 커버하기가 어렵다.
- 호흡보호구를 덮어서 그 위에 후드를 입는다.
- 석면이 버려질 때 사용된 보호복도 처리한다.

※ 주의 : 사용한 보호복은 절대 집으로 가져가지 말 것

2) 장갑

- 보호 장갑이 필요하다면 단일용도의 일회용 장갑을 선정한다.
- 불침투성 장갑을 사용한다.
- 석면이 버려질 때 사용된 장갑도 처리한다.

3) 덧신

- 넉넉한 일회용의 덧신을 착용하고 끈으로 단단히 맨다. 필요하면 테이핑을 한다.

4) 주의 사항

- 석면함유 물질로 오염된 작업 복장은 탈의실에서 벗고 석면이 일반 공기를 오염시키지 않도록 밀폐되고 라벨이 부착된 용기에 보관해야 한다.
- 보호복장은 최적을 상태를 유지할 수 있도록 청소, 세탁, 수리 및 교체되어야 한다.
- 사용주는 석면이 함유된 복장을 세탁하거나 청소하는 사람에게 석면의 잠재적인 위험성을 알려주어야 한다. 추가적으로 사용주는 세탁이나 청소를 하는 사람이 공기 중 석면방출정도가 노출기준치를 초과하지 않도록 어떠한 조치를 취하고 있는지에 대해 확인해야 한다.
- 탈의실이나 청소, 유지 및 처분하는 작업장에서 수거된 오염된 복장은 밀봉된 불투과성 백에 담아서 불투과성 용기에 보관하고 라벨을 부착하여야 한다.

※ 착용법은 다음 그림을 참조하기 바란다.

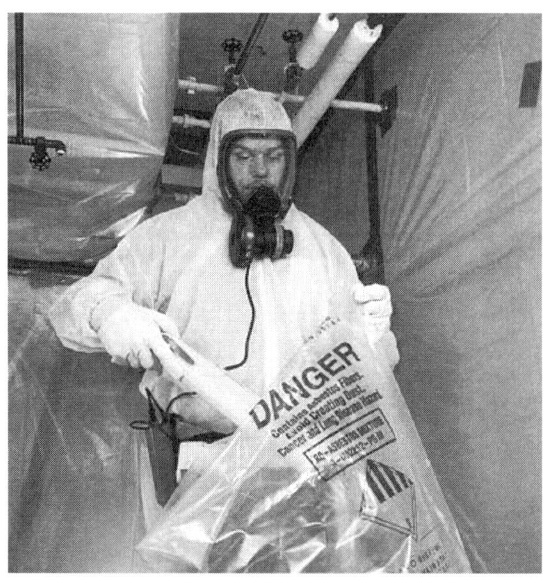

그림 2-2-11 석면 작업에 필요한 전신보호복(coverall) 착용 모습(출처 : 한국 3M)

2.7 실습방법

1) 개인보호장구 착용법

(1) 보호복 입기 : 의자에 앉아서(서로 도와 줌)
(2) 신발(장화) 덮개 착용
(3) 반면형 마스크 착용(방진 필터를 안면부에 장착하는 것부터 실시한다)
(4) 밀착체크(fit check) 실시
(5) 보안경 착용
(6) 테이핑 하기

2) 밀착도 검사(Fit testing) (정성방법만 실시)

(1) 언제 해야 하나

- 처음 호흡보호구를 선정할 때
- 기존의 호흡보호구를 바꿀 때와 얼굴크기의 변화가 있을 때
- 매년 2회 이상

(2) 6 fit testing regime (exercises)

① 정상호흡(Normal Breathing 1; NB1) : 선 자세에서 60초간 정상적인 호흡을 한다.

② 깊은 호흡(Deep Breathing; DB) : 선 자세에서 60초간 깊은 호흡을 한다.

③ 머리돌리기(Head Side to Side/ Up and Down) : 선 자세에서 좌우측으로 약 70~80도 정도 머리를 돌리고 한쪽 방향에서 약 5~6초간 있으면서 2회씩 정상적인 호흡을 실시한다. 그 다음 다시 상하 방향으로 지면과 약 70~80도 돌려 역시 한쪽 방향에 약 5~6초간 있으면서 2회씩 정상 호흡을 실시하며 이를 반복적으로 60초간 실시한다.

④ 말하기 혹은 읽기(Reading or Talking; RT) : 선 자세에서 안면 근육이 많이 움직일 수 있도록 크고 천천히 60초간 글을 읽는다.

⑤ 가볍게 달리기(Jogging; J) : 제자리에서 60초간 150~180회 정도의 조깅을 실시한다.

⑥ 정상호흡(Normal Breathing 2; NB2) : 선 자세에서 60초간 정상적인 호흡을 실시한다.

3) 3M의 사카린 방법

(1) 민감도(sensitivity) 검사
- 빨강색 글자의 nebulizer에 빨강색 용기의 묽은 용액 넣음
- 단맛을 느낀 피검자에게 본 검사 전까지 30분간 대기

(2) 본 검사(fit testing)
- 검은 색 글자의 nebulizer에 검은 용기의 원액을 넣음
- 마스크를 착용한 피검자에게 후드를 씌움
- Operator는 피검자가 6 test regime을 시행하는 동안 후드 안으로 에어로졸을 뿜어줌
- 피검자가 단맛을 느끼면 마스크가 맞지 않는다고(fail) 판정
- 6 test regime을 마칠 때까지 단맛을 못 느끼면 맞는다고(pass) 판정

4) MSA의 irritant fume 방법

(1) 염화주석이 든 튜브의 양끝을 잘라내고 squeezer에 꽂음

(2) 검사 시행
- Operator는 피검자가 6 test regime을 시행하는 동안 squeezer를 눌러 피검자 주의에 흄을 만들어 줌
- 피검자가 재채기를 하면 마스크가 맞지 않는다고(fail) 판정
- 6 test regime을 마칠 때까지 피검자가 재채기를 하지 않으면 맞는다고(pass) 판정

Chapter 3

산업보건 및 직업병 예방에 관한 사항

1. 석면의 건강위험성 ▮ 김동일, 김원술

1.1 호흡기의 구조 및 생리

석면은 주로 흡입에 의해 건강관련 문제를 일으키므로 호흡기의 구조 및 생리를 이해할 필요가 있다. 호흡기계는 혈액 내로 산소를 공급하여 세포의 산소요구량을 충족시키는 기능을 한다. 최초로 공기가 유입되는 코에서는 가습 및 먼지여과 기능을 하고, 목에서 한 차례 더 가습이 이루어진다. 이 공기는 연골로 된 관 형태의 기관(trachea)으로 유입되고, 심장의 상부위치에서 두 개의 기관지(bronchi)로 갈라진다. 각각의 기관지는 폐 안에서 나무를 거꾸로 한 모양처럼 세기관지와 작은 공기 튜브로 세분화되고, 가장 작은 관의 끝에는 폐포(alveoli)라는 공기주머니가 분포한다. 호흡에 의한 가스교환은 이 폐포에서 이루어진다.

폐는 풍선처럼 부풀려져 있는 신축성 있는 조직으로서 흉부의 양측에 위치한다. 각 폐는 흉막(pleura)이라는 두 겹의 막으로 둘러싸여 있으며, 내측은 폐에, 외측은 늑골들에 부착되어 있다. 두 막 사이에 형성된 공간과 유액은 호흡 시 폐의 부피 변화에도 마찰이 없이 확장과 수축을 가능하게 한다.

인체에는 숨을 쉴 때 공기를 여과할 수 있는 몇 가지 기전이 있다. 코 속의 미세한 털(섬모)은 공기 내 각종 입자들을 걸러내며, 이는 기관과 기관지에도 분포하여 여과기능을 수행한다. 이들의 표면에서는 점액이 분비되고, 윗방향으로 쓸어내는 운동에 의해 입자는 결국 외부로 배출되거나 삼켜진다. 바이러스나 박테리아와 같은 미생물은 점액세포 내 리소자임(lysozymes)이라는 효소에 의하여 공격을 받고, 폐포까지 도달할 경우 식세포(phagocytes)에 의해 탐식된다.

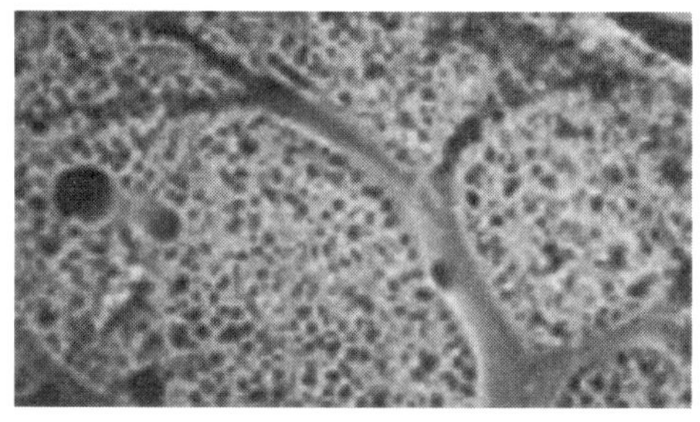

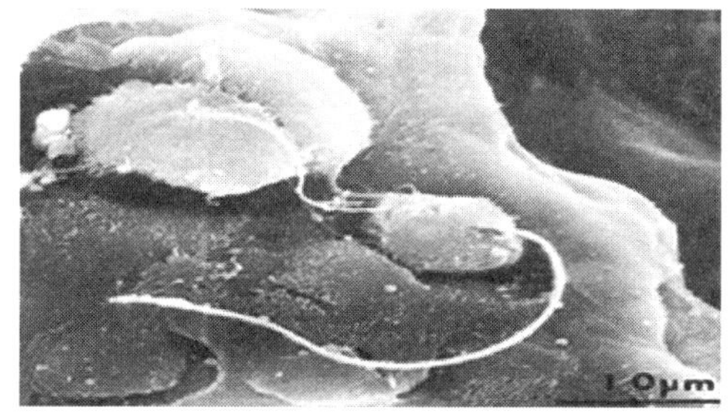

그림 3-1-1 석면의 침착장소와 대식세포의 석면 탐식작용

석면은 대식세포(macrophage)에서 식작용이 일어나는데, 성공적으로 공격을 할 수 없는 광물성 섬유이다. 2차적 방어기전으로 대식세포는 소기도에 침착된 석면섬유에 코팅처럼 침착된다. 여기에 석면-대식세포는 폐포조직을 상하게 하여 상처를 남기고, 폐포벽은 탄성을 잃어 결국 호흡기능을 떨어뜨린다.

1.2 석면의 독성학

전통적으로 종횡비(aspect ratio) 3 : 1 이상인 입자가 섬유(fiber)로 분류되었는데, 초기의 영국 및 미국에서는 이를 섬유농도 측정의 기준으로 사용하였다. 현재의 석면농도 평가는 종횡비 3 : 1 이상 및 섬유 길이 5 μm 이상인 입자를 기준으로 하고 있다.

석면을 흡입하면 큰 석면섬유는 비강과 상기도에 침착되고, 직경 0.5~5 μm 범위의 섬유는 폐의 깊숙한 부분까지 침투하여 폐포관(alveolar duct)의 분지부위에 쌓이게 된다. 기도에 도달한 석면섬유는 일부 섬모운동에 의해 제거되거나 간질 내로 이동한다. 석면섬유의 존재는 말단기관지 근처의 폐포관과 기관지 주변부에 폐포대식세포의 축적을 일으키고 간질대식세포와 섬유모세포(fibroblast)에 의해 두터워진다. 폐포상피세포는 석면자체 또는 석면탐식 후 대식세포에서 유리되는 물질에 의해 손상을 받게 되고 시간이 지나면서 간질대식세포, 다형핵백혈구, 섬유모세포 및 비세포성 간질(matrix)의 부피가 커지게 된다. 이러한 섬유화 과정이 진행하면 경화에 따라 폐의 가스교환 용적이 줄어들게 된다. 석면은 폐 내에 저류되어 지속적으로 염증반응을 자극하기 때문에 노출이 중단되더라도 이러한 진행은 계속되며, 지속적인 흡입시 폐의 석면부담이 가중되므로 석면관련 질병의 위험도는 더욱 증가한다.

대식세포에 의해 탐식된 석면섬유는 철을 함유한 뮤코다당류 간질에 의해 둘러싸여 석면소체를 형성할 수 있다. 이는 매우 일부(약 1%)에서만 생기며 각섬석계 석면이 백석면에 비해 더 잘 일으키는 것으로 알려져 있다. 폐조직이나 기관-폐포세척(broncho-alveolar lavage, BAL)액, 객담 등에서 발견된 석면소체는 노출지표로 활용되기도 한다.

일부 석면섬유는 폐의 간질 내로 침투하여 흉막으로 이동하는데 그 대부분은 림프관에 의해 이동하며, 일부는 림프순환을 따라 체내 다른 조직에 분포하게 된다.

흡입된 석면섬유는 대식세포 활성화와 입자 및 세포 표면의 직접적인 화학반응으로 반응성 산소종(reactive oxygen species)을 발생시키고 만성 염증상태를 초래한다. 손상된 상피층은 대식세포의 침착을 유도하는 싸이토카인을 유리하고 이어 PDGF (platelet-derived growth factor)와 같은 염증 및 섬유화를 일으키는 싸이토카인을 분비하게 한다.

석면섬유가 폐에 지속적으로 남게 되면 철의 산화환원순환(reduction-oxidation cycling)이 계속 일어나고 국소적 항산화 방어기전이 점차 고갈되게 된다. 이러한 산화적 스트레스는 싸이토카인 및 염증매개물질의 유리와 DNA 손상을 초래하고, 염증세포에 의한 산화적 스트레스 반응의 증폭으로 인해 석면폐증, 폐암, 악성중피종과 같은 상태로 진행하는 것이다. 섬유의 제거가 일어나지 않으면 이 순환과정은 매년 지속되며, 섬유부하가 아주 높을 경우 짧은 섬유는 림프계를 통해 폐 외 부위로 재배치되어 이와 유사한 과정을 겪게 될 수 있다. 비록 길고(길이 > 8 μm) 얇은 섬유(직경 < 0.25 μm)가 더욱 발암성이 높다는 의견이 제시되고 있긴 하나, 짧은 섬유 또한 섬유-세포, 세포-세포, 제거-저류, 저류-재배치의 다양한 상호작용을 통해 병적 영향을 초래할 수 있다. 짧은 섬유는 더 쉽게 흡입되고 타 부위로의 재배치가 용이하며 탐식될 경우 긴 섬유에 비해 세포 분열 등의 세포 내 과정에 더 직접적인 방해를 초래할 수 있다.

1.3 석면노출과 관련된 질병

석면이 인체에 침입하는 경로는 다음 그림과 같으며, 석면노출과 관련된 대표적인 질병은 다음 표와 같다.

표 3-1-1 석면노출과 관련된 대표적인 질병

양성 징후 석면폐증 석면관련 소기도 질환		악성 징후 폐암, 선암, 편평세포암 대세포 미분화암, 소세포폐암	
흉막질환 흉막삼출액 흉막비후 흉막반	진폐증 석면폐증	암 폐암 악성중피종	합병증 폐성심

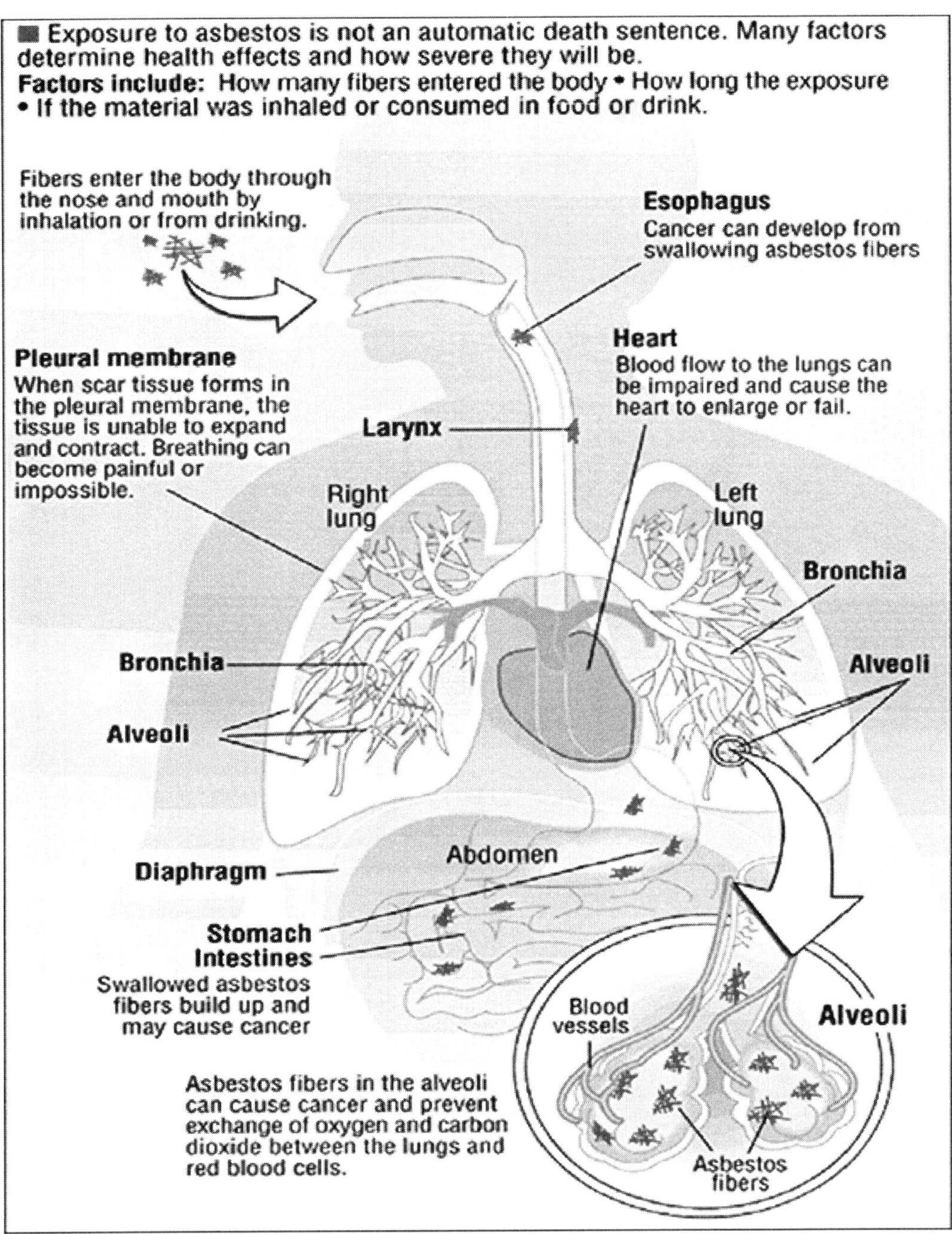

그림 3-1-2 석면의 인체 침입경로 : 호흡기계와 소화기계

1) 흉막질환

석면에 노출된 개체에서 가장 흔한 임상소견을 보이는 부위는 흉막이다. 이는 석면폐증을 일으킬 수 있는 수준보다 낮은 노출량에서도 흉막의 변화가 일어나기 때문으로 보이며, 일반적인 경로는 직접적 침투(penetration), 림프관을 통한 확산 등이다. 흉막질환에서 석면소체가 없거나 석면섬유가 드물게 보이는 것은 과민반응설을 지지하는 소견이다. 석면은 장・벽측 흉막 모두에 영향을 주며 흉벽, 횡격막, 심낭 및 종격동을 침범하기도 한다.

(1) 흉막반(Pleural plaques)

흉막반은 경계가 명확한 흉막비후 영역으로서 벽측흉막을 주로 침범하며, 흉벽의 하부 1/2 영역의 후측방부에 가장 흔히 발생한다. 대개 늑골에 평행하게 나타나고 경계가 불규칙적이며, 납작하거나 결절형을 보이므로 흉부X선 소견상 오인될 수도 있다. 흉막반은 횡격막 중심부의 건 영역은 물론 종격동 흉막과 심낭도 침범하며, 폐첨부 및 늑골횡격막각 영역에서는 잘 생기지 않는다. 석회화는 흉막반의 10% 미만에서만 발생하는 것으로 대개 초기노출로부터 20년 이상 지나야 방사선학적으로 나타나는 좋은 지표가 되며, 그 자체가 암 위험도 및 장애의 증가를 가져오지는 않는다.

흉막반은 폐실질의 석면폐증보다 낮은 농도의 석면노출에서 발생할 수 있다. 잠복기는 통상 20년 이상이며, 첫 노출 후 15년 이내에는 방사선학적으로 구별이 어

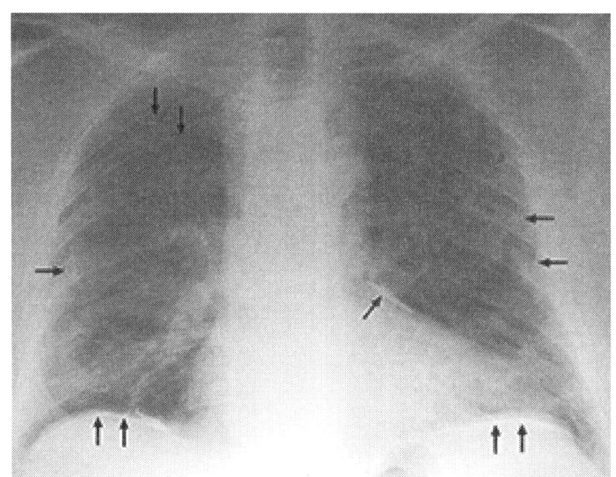

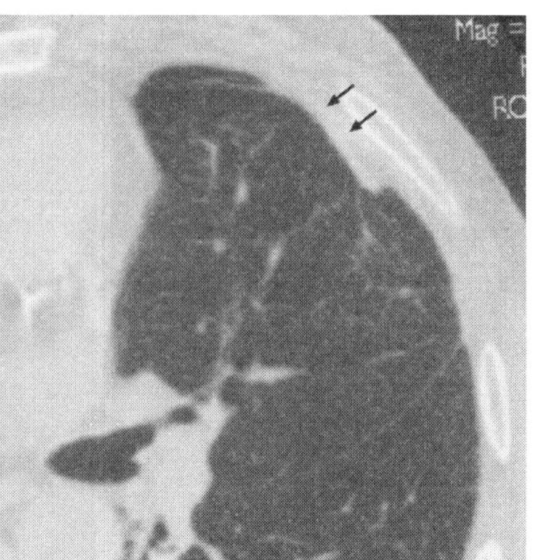

그림 3-1-3 단순흉부X선 및 HRCT상의 흉막반

렵다. 석면에 의한 흉막반은 석면 취급근로자 뿐 아니라 옷 등에 의하여 2차적으로 오염된 가정에서도 발병위험이 증가하는 것으로 보고되고 있다. 대부분 석면소체와 중피종은 동반하지 않는다.

내측흉막은 인접한 폐실질의 병변과 연관이 있어 흉막반에서 뻗어온 간질성의 짧은 선(hairy plaques)이나 더 심한 폐실질성 병변을 보인다. 흉막반과 감별해야할 질환으로는 지방조직, 늑골골절, 늑골과 동반된 음영, 전이와 같은 다른 흉막종괴 등이 있다.

(2) 미만성 흉막비후(diffuse pleural thickening)

미만성 흉막비후는 다른 원인에 의해서도 생길 수 있으므로, 석면관련성면에서 특이도가 낮다. 이는 내측흉막의 비후와 섬유화에 의하며, 시간이 지남에 따라 벽측흉막과 융합, 폐실질의 벌집모양 낭종(honeycomb cyst) 형성, 대엽의 막(major fissure)을 따라 반 형성이 가능하다. 조직학적으로 흉막반과 흉막비후는 유사하지만 흉막층의 융합은 더 심한 염증을 시사한다. 진행과정은 임파선의 염증과 섬유화로 생각되며 폐섬유의 직접 이동 가능성도 있다.

McLoud 등(1985)은 미만성 흉막비후를 흉부사진상 "늑골횡격막각의 침범유무와 상관없이 적어도 흉벽의 1/4 이상을 차지하는 부드럽고 연속성이 있는 흉막음영(smooth uninterrupted pleural opacity) 이상"으로 정의하였다. Lynch 등(1989)

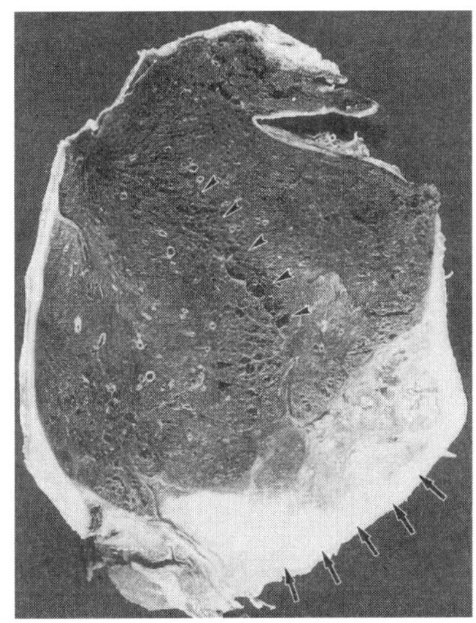

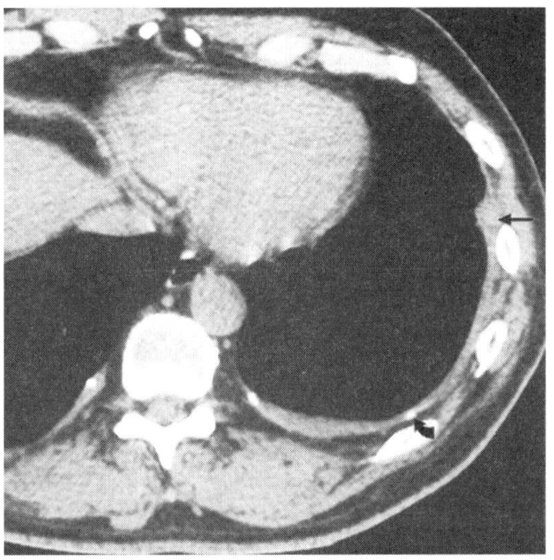

그림 3-1-4 Honeycombing 동반 및 Major fissure를 침범한 흉막비후

표 3-1-2 석면관련 흉막비후와 감별해야 할 질환

특정 질병	전신적 질병
Chronic mineral oil aspiration	Chronic beryllium disease
Chest trauma	Collagen vascular diseases
Infectious processes (old TB, pneumonia)	Drug reactions
Lymphoma	Infection
Metastatic cancer	Loculated effusions
Mica and talc reaction	Mica and talc reaction
Myeloma	Sarcoidosis
Scleroderma	Silicosis
	Uremia

은 CT상 판정기준으로 "연속된 흉막비후가 폭이 5 cm 이상, 길이가 8 cm 이상, 두께가 3 mm 이상"이라고 규정하였다.

흉막반과 미만성 흉막비후는 감별이 어려울 때가 많다. 미만성 흉막비후는 모든 각에서 병적이고 불규칙한 경계를 가지고 내측흉막의 엽간열(interlobular fissure)을 침범하나, 흉막반은 경계가 잘 보존되어 있고 융합하지 않는다면 4개의 늑간까지 넘어가지는 않으며, 일반적으로 외측흉막에 국한된 경우가 많다.

미만성 흉막비후와 감별해야 할 질환으로는 세균성 삼출(organizing effusion), 결핵 등의 만성감염, 결합조직병, 활석침착증, 흉막전이, 중피종 등이 있다.

2) 석면폐증

석면폐증은 폐의 석면분진 침착에 의한 섬유화이며, 흉막의 섬유화와는 무관하다. 석면노출과 폐섬유화 정도는 양적 상관관계가 있는데, 노출-증상 사이의 잠복기는 약 15~30년(평균 20년 이상, 때로 40년 이상), 지속적인 강한 노출 시에는 3년 이내에도 생길 수 있다(Dee, 2000). 드물지만 1달 이내의 노출에서도 일어난다는 보고도 있다. 폐의 섬유화는 폐조직의 신축성을 감소시키고, 가스교환능력을 저하시켜 결국 혈액으로의 산소공급이 불충분하게 된다. 이러한 질병은 폐활량을 감소시키는 제한성 폐질환 및 기도저항을 증가시킨다.

석면폐증은 비가역적이며, 석면노출이 중단된 후에도 악화되는 경우도 있다. 초기증상은 기침이나 경미한 객담이며, 진행되면 운동 시 호흡곤란 증상이 관찰되기도 한다. 폐기능의 변화는 제한성 형태로 폐활량의 감소를 보이며 일부에서는 폐쇄성 형태가 관찰되기도 한다. 이학적 소견상 수포음(rale)과 곤봉지가 특징적이다. 질병이 악화되면 흉부엑스선상 폐섬유화를 관찰할 수 있으며 폐생검을 통해 확진한다. 석면폐증의 치료방법은 없으나 폐섬유화가 진행되는 것을 막기 위하여 석면노출을 즉시 피해야 한다.

석면폐증은 폐하엽에 주로 발생하며 흉막을 따라 폐중엽이나 설엽(lingular lobe)으로 퍼져간다. 악화된 경우에는 폐상엽에도 생길 수 있다. 흉부 엑스선 사진상 불투명 유리 양상과 소결절, "털복숭이(shaggy)" 심장영상, 병적인 횡격막 소견을 보이며, 벌집모양과 용적감소는 악화된 경우에는 보인다. 벌집모양은 ILO 분류에 포함되어 있지 않지만, 추가 분류된 기호로 표기가 가능하다. 고해상도 단층촬영(HRCT)는 흉부사진보다 진단에 유용하다. Aberle 등(1988)은 HRCT를 통해 증상은 있지만 흉부사진상 석면폐가 보이지 않는 환자 중 80%에서 석면폐증을 확인하였고, 임상증상과 흉부사진상 석면폐증의 증거가 없는 1/3의 환자에서 석면폐증을 확인하였다. 또한 그는 석면폐증 환자의 80%에서 흉부사진상 흉막질환이 보고되고, HRCT상에서는 거의 100%가 보고되었다고 하였다.

다음 그림에 나타난 것과 같이 초기 석면폐증의 소견은 흉막하 곡선 음영(subpleural curvilinear opacity)을 보이기도 하는데 이는 세기관지 주변 섬유화(peribronchiolar fibrosis)를 나타낸다. 그림의 폐실질 내 밴드모양 병변은 흉막에서 돌출되어 나온 것이며, 이는 기관혈관을 둘러싼 막(bronchovascular sheaths)이나 엽간 중격(interlobular septa)을 따라 섬유화가 생긴 것이다.

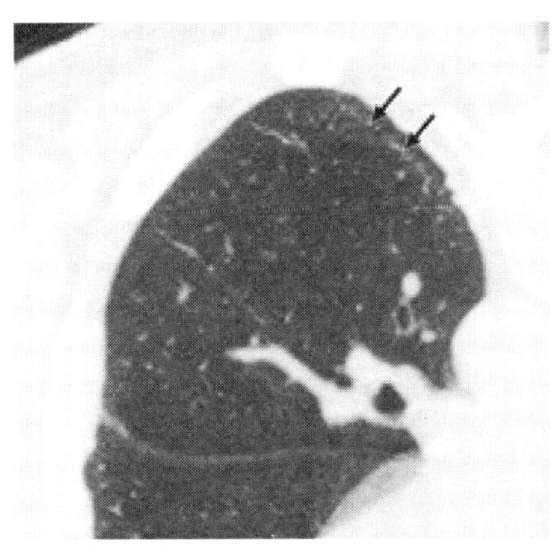
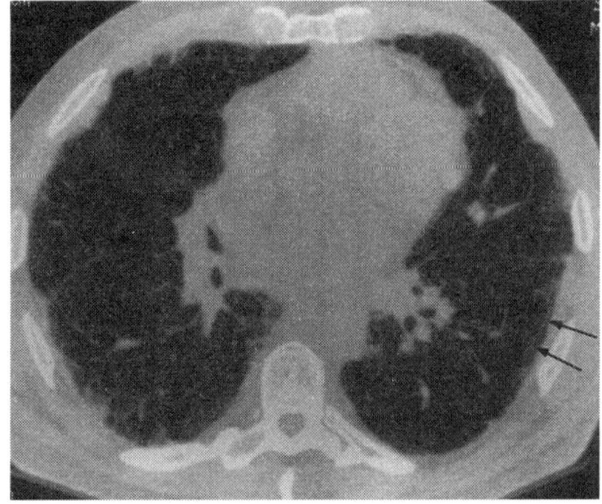

그림 3-1-5 석면폐증의 초기 흉막하 곡선 음영의 CT소견

석면폐증의 병리학적 유병률은 정확히 알기 어려우나, 통상 1만 명당 4명 정도로 알려져 있으며, 노출군에서의 유병률은 약 1～5%이다. 석면폐증과 같은 광범위한 폐실질 섬유화는 다른 질병에서도 볼 수 있으며, 특발성 폐섬유화 및 울혈성 심부전과의 감별이 중요하다.

석면폐증의 진단을 위한 병리학적 특성은 조직절편에서 석면소체를 동반한 미만성 간질성 섬유화 및 통상성 간질성 폐렴(usual interstitial pneumonia, UIP)의 조합이다. 그러나 이 둘은 필수요건일 뿐이며, 간질성 섬유화는 자체적으로 원인을 알 수 없는 경우가 대부분이므로 확진하기가 쉽지 않다.

ILO 판독기준으로 1/0 및 1/1 이상 소견이면 흉부엑스선상에서 판독이 가능하나, 폐실질 소음영은 동일 필름에서도 판독자간 차이가 매우 심하며 이러한 차이는 국가 및 지역간 비노출 집단에서의 소음영 유병률의 차이를 낳는 일부 요소이기도 하다. 동일 집단에 대하여 여러 명의 판독자가 판독한 경우 최종 결과의 선정기준도 합의 판정, 평균판정, 중위수판정 및 나쁜 쪽 판정의 여러 형태가 있다.

3) 폐암

폐암은 기관지를 덮고 있는 폐세포의 악성종양이다. 초기 증상은 지속적인 기침이며 진찰소견 상 만성기관지염과 유사하다. 흉부엑스선상 종괴 음영이나 커진 임파선을 관찰할 수 있으며 조직검사를 통하여 확진한다.

석면이 폐암을 일으키는 기전에 대해서는 여전히 불명확하나, 세포 내 유입된 석면섬유의 물리적 자극에 의해 발생한다는 설이 일반적이다. 석면섬유를 둘러싼 염증성 국소부위 환경에서 DNA의 손상으로 원시암유전자 발현을 촉진하거나, 세포증식을 조절하는 종양억제유전자의 활성을 억제할 수 있으며, 이는 세포증식을 촉진시켜 발암과정을 유발하게 된다는 것이다. Appel 등(1988)은 DNA, RNA 및 염색사가 석면에 결합할 수 있으며, 이는 특히 백석면이 각섬석계 석면에 비해 그 표면 양전하로 인해 더 친화도가 높다고 하였다. 석면은 기관 상피세포에서 NF-kB DNA 결합력을 높이는데, 이 NF-kB는 싸이토카인, 성장인자, 원시암유전자의 중요한 전사인자(transcription factor)로 작용한다(Janssen et al, 1995).

석면 노출로부터 폐암 발병까지의 잠복기는 15～40년이며, 노출량이 많은 경우 폐암 발생률이 높은 것으로 알려져 있다. 기관지 악성종양도 석면노출자인 경우 발병가능성이 높으며 이 역시 흡연자에서 훨씬 높다. 폐암의 발생위험이 없는 석면노출한계는 아직 설정되지 못하고 있는 실정이다.

폐암의 병리학적 소견에 따라 크게 비소세포폐암(편평상피세포암, 선암, 대세포폐암 포함)과 소세포폐암의 두 가지로 분류된다. Churg(1985)은 석면노출자의 폐암 471명에 대한 연구에서 조직학적 형태가 편평상피암 43%, 소세포암 28%, 선암 19%, 대세포암 10%라고 보고하였다. 통상 폐암은 비소세포폐암(70~85%)과 소세포폐암(15~30%)으로 나눌 수 있으며 이에 따라 둘 사이의 생물학적 성질, 치료 및 예후가 크게 달라진다.

직업성 폐암 연구에서 밝혀진 석면과 흡연의 상호작용은 전형적인 상승작용을 보여준다. 즉, 석면과 흡연에 동시에 노출된 경우 폐암의 발생빈도는 그 상가적 비율(additive rate)에 비해 훨씬 높게 나온다. Hammond 등(1979)은 호흡기계 보호구 착용을 하지 않은 석면취급 근로자들에서 폐암 사망률이 5배 높고, 흡연자의 폐암 사망률이 11배 높음을 보여주었다. 그런데 비흡연 석면노출자가 대조군에 비하여 폐암 사망률이 5배 높은 것에 반해흡연 석면노출자의 폐암 사망률은 53배나 높게 나왔다.

이러한 석면과 흡연간의 상호작용에 관하여 여러 기전이 제시되고 있다. 첫째, 석면은 이물질처럼 작용하여 만성 염증을 초래하며, 이 때 세포 손상과 복구가 동반된다. 둘째, 흡연은 종양촉진자로 작용하여 세포의 손상복구 기능을 저해함으로써 암 발생을 촉진시킨다. 셋째, 석면은 폐에서 대식세포를 유도하는데, 이는 다환성탄화수소(polycyclic hydrocarbon)를 발암성 대사산물로 대사하는 기능을 한다. 넷째, 석면섬유는 흡연의 따른 발암물질을 흡착, 농축시키고 배출을 지연시킨다.

여러 단계의 발암기전 모델은 암 진행에 앞서 발암위험을 줄여줄 수 있는 방법이 금연임을 강력히 지적한다. 이처럼 이미 석면에 노출된 근로자들에게 폐암의 위험을 줄일 수 있는 단일의 가장 중요한 방법은 바로 흡연을 중단하는 것이다.

표 3-1-3 흡연과 석면노출의 폐암사망 상승효과

비교 그룹	석면 노출	흡연	10만 명당 사망수	사망률
대조군	-	-	11.3	1.00
석면노출 근로자	+	-	58.4	5.17
대조군	-	+	122.6	10.85
석면노출 근로자	-	+	601.6	53.24

4) 악성중피종

악성중피종은 중피(흉부나 복부의 외벽에 붙어 있는 막)에 발생하는 악성종양으로 석면노출과 관련성이 85% 이상인 석면노출의 대표적인 질병이다. 초기에는 거의 증상이 없이 지내다가 진단될 당시에는 이미 질병이 악화되어 대부분 2년 이내 사망하게 된다.

현재까지 제시된 악성중피종의 발병가설은 다음과 같다. 첫째, 각섬석계 석면의 직업성 누적노출이다. 섬유의 형태(type), 크기(size), 침착도(burden) 및 노출잠복기간이 그 영향에 주로 관여하는 것으로 알려져 있으며, 종양의 발병위치와도 관련이 있다. 둘째, 사문석계 석면인 백석면의 직업성 누적노출이다. 이에 대해서는 현재 불명확한 상태이며, 백석면이 악성중피종을 유발 또는 매우 높은 농도에서만 유발한다는 설과 직접적인 관련성은 없고 백석면 사용시 각섬석계 석면의 오염이 실제 원인이라는 설이 양립하고 있다. 셋째 석면 이외에 방사선 노출, 에리오나이트(erionite), 비석면형 광물질, 토로트라스트(Thorotrast) 및 SV40 감염 등이다. Alberto 등(2006년)은 기존 연구결과들을 메타분석한 결과, 유사직업노출로서 석면근로자의 가정, 석면공장, 광산 등 인근 지역의 공기 오염, 석면포함 건축물 내 거주 또는 근무, 자연 상태의 석면에 의한 공기 오염을 원인으로 확인하였다.

악성중피종에 대해서는 1940년대 후반부터 환례가 보고되기 시작하였고, 1960년대 들어 Wagner 등(1960)이 석면에 노출된 33명의 중피종 환자를 최초로 보고함으로써 석면과의 관련성에 관하여 알려지기 시작하였다.

악성중피종은 주로 흉막과 복막에 생기나, 심낭막이나 고환집막(tunica vaginalis)에도 생길 수 있다. 악성중피종은 흉막에 가장 많이 생기는데, 이는 특히 청

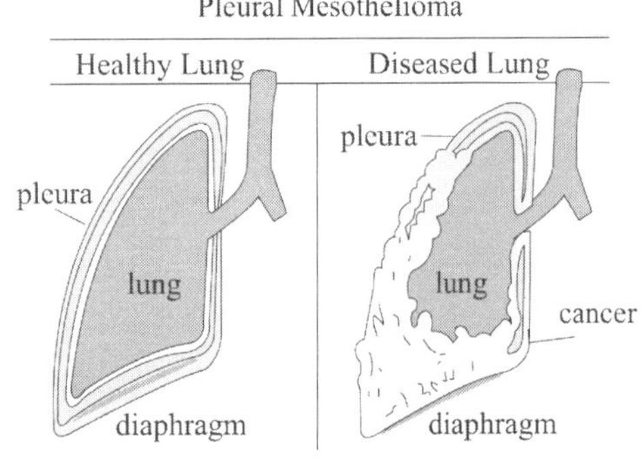

그림 3-1-6 악성중피종

표 3-1-4 석면노출과 중피종의 관계

85%의 흉막중피종이 석면 노출에 의한다
석면노출이 악성중피종 발생에 미치는 요소들 : 잠재기(latency) - 위험도가 잠재기에 따라 급격히 증가 용량－반응 관계 섬유 형태 : 각섬석계가 백석면보다 발암성 및 중피종 위험이 크다. 위치 : 복막 중피종은 대개 각섬석계에 장기간 고용량 노출된 결과 조직학적 특성

석면과 밀접한 관련이 있다. Hodgson 등(2000)은 코호트 연구에서 석면의 종류에 따른 악성중피종 위험도의 분석결과 백석면 : 갈석면 : 청석면 각각의 위험비가 1 : 100 : 500이라 보고하였다.

종양은 흉막층에서 생기며 종종 흉막삼출을 동반한다. 종양의 크기가 커지면서 흉막비후를 야기하여 흉벽을 수축시키고 폐 전체를 둘러싸게 된다. 또한 단시간 내에 심낭, 반대측 흉막 및 복막으로 전이되며, 임파선을 통해 폐, 간, 신장 및 부신으로 전이되기도 한다. 주요 조직학적 소견으로는 상피성, 육종성과 혼합성이 있다. 악성중피종 내 골육종성 변성도 보고되었다.

악성중피종에서의 석면노출-발생의 잠복기는 35~40년 정도이며, 석면노출 근로자들의 가족에서도 발생하는 것으로 미루어 노출한계의 설정이 어렵다. 악성중피종은 석면의 일시적 노출이나 간접 노출로도 생길 수 있다. 석면노출 근로자들의 의복 청결화는 본인은 물론 주위 사람들의 중피종 예방의 한 방법일 것이다.

악성중피종의 확진은 CT로도 한계가 있으며. 결절의 악성유무를 판정하기 위한

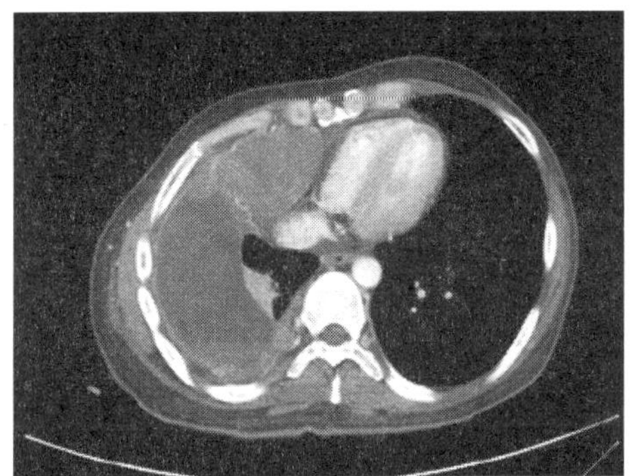
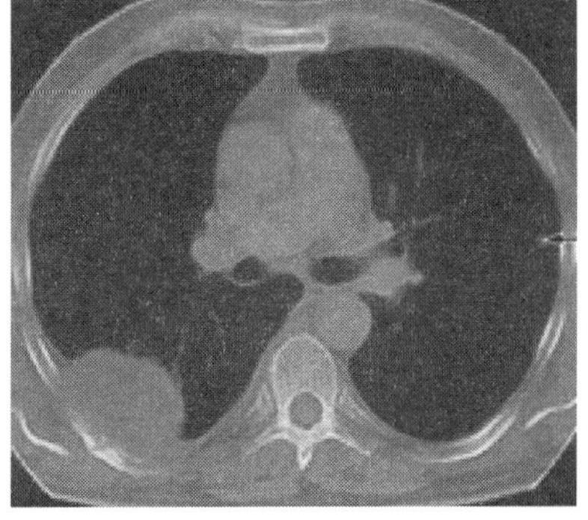

그림 3-1-7 악성중피종(컴퓨터단층촬영)

조직검사가 최선의 방법이다. 횡격막 전이를 파악하기 위하여서는 비축면(non-axial plane)이 더 좋으며 이러한 점에서 MRI의 정확도가 82%로 CT의 55%보다 우수하다.

감별해야할 질환으로는 흉막비후(염증이나 미만성 흉막비후)를 보이는 양성 질환과 전이성 선암이 있다. 분엽선, 흉막삼출 또는 악화된 병변은 다른 흉막비후와 구별하는 데 도움이 되며, 과거력 또한 진단에 도움을 준다. 중피종과 전이성 선암은 조직검사를 하지 않고는 감별이 어려우나, 면역조직학적 기술과 전자현미경이 진단에 도움을 주는 것으로 알려져 있다.

악성중피종은 매우 희귀한 질환으로 2000년 이후 유럽지역이 1백만 명당 10명 이상이며, 우리나라는 아직 통계가 미비하며, 약 1명 수준이다.

악성중피종은 예후가 매우 불량하며, 한 가지 치료법(수술, 화학요법, 방사선 치료)보다는 다중요법이 선호된다. 광역동치료(photodynamic therapy), 싸이토카인(targeted cytokines), 유전자치료 등의 치료법도 소개되고 있다.

우리나라의 악성중피종 발생현황에 대해서는 정순희 등(2006)이 전국 25개 병원 감시체계를 통해 조사한 바 있다. 2000~2006년 기간동안 원발성 악성중피종 194례를 얻었으며 슬라이드 확보가 가능한 170례에 대한 정밀 역학조사를 하였다. 남자가 110명(65%) 및 여자가 60명(35%)이었으며, 직력을 확인할 수 있었던 83례 중 24례(29%)가 석면관련 직업이었다고 보고하였다. 한편 악성중피종의 발생원인으로 석면이 80% 이상 기여하는 점을 고려할 때 35%의 여성과 직접적인 석면노출 직력이 없는 사례가 50% 이상인 점은 다소 의문스럽다. 이 감시체계 결과에 의하면 악성중피종 사례가 1996년부터 2000년까지 57건, 2001년 11건, 2002년 18건, 2003년 11건, 2004년 29건, 2005년 16건으로 총 142건이 발생하였으며, 이러한 결과는 향후 우리나라에서 석면과 관련된 직업병자가 대폭 증가할 수 있음을 시사한다.

5) 기타 질병

위의 질병 외에도 석면에 노출된 사람들에서 다른 질병이나 인체 영향들이 높게 발생되는 것으로 보고되고 있다. 최근 역학연구에 의하면 석면노출이 비호흡기계의 악성종양의 발생도 증가시킨다는 보고가 있다. 석면에 노출된 사람들은 후두암, 소화기암(식도, 위, 대장 및 직장), 신장암, 췌장암 발생이 예측치보다 조금 높게 나타났으며, 복막 및 심낭중피종도 높은 것으로 보고되고 있다.

Chapter 4

작업공정의 유해 · 위험과 재해예방 대책

1. 작업장형태에 따른 표준안전작업 지침 ▮ 조형열

석면의 유해성은 급성적으로 나타나는 위험요소가 아니라 10년 이상의 잠복기를 거쳐 인체에 영향이 나타나는 만성적인 특성이 있다. 하지만 석면해체·제거작업 공정에서는 작업의 형태에 따라 넘어짐(전도), 떨어짐(추락), 미끄러짐, 부딪힘(충돌), 전기 감전, 무리한 힘 사용 등의 사고성 재해 위험요인도 상존하고 있다. 따라서 사업주는 이와 같이 근로자의 생명을 위협하는 요인들을 사전에 충분히 인지·예측하고 예방하여 작업자들이 일하는 현장을 안전하게 조성해 줄 필요가 있다.

1.1 수공구 작업안전

1) 수공구의 개요 및 일반적 위험요인

(1) 사업주는 안전한 상태의 수공구를 작업자에게 제공하여 사용토록 하여야 하며, 작업자는 수공구를 안전한 상태로 유지·관리하여야 한다.

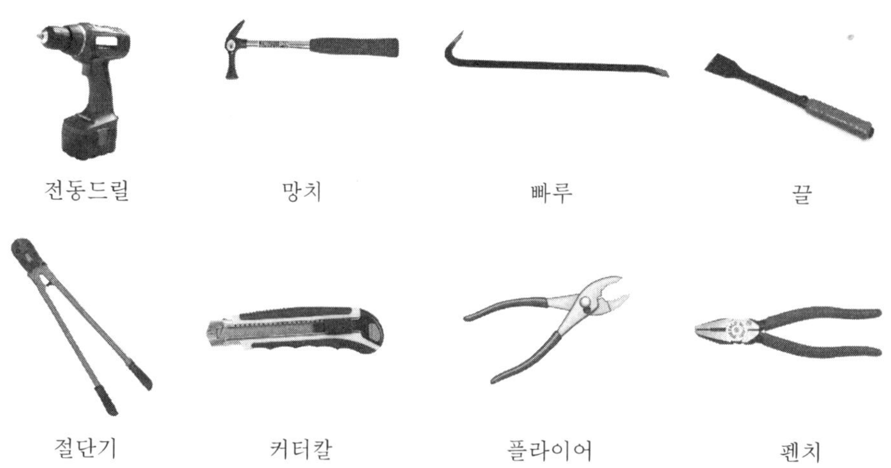

그림 4-1-1 수공구의 종류

(2) 수공구 사용 시 다음과 같은 위험요인을 사전에 인지하고 주의가 필요하다.
① 작업자가 높은 곳에서 도구 사용 중 무게중심을 잃고 전도, 추락
② 망치 등 타격공구 손잡이가 헐겁거나, 금이 가고 쪼개져서 사용 중 망치머리의 비래
③ 끌을 드라이버 대용으로 사용하는 등 수공구 설계기준을 벗어난 본래 용도 외 사용
④ 가공물, 파편의 비래 또는 제품 결속용 밴드 해체 시 튕김
⑤ 작업장 내 정리정돈이 되어 있지 않은 상태에서 통로 등에 방치된 수공구에 걸려 전도되거나 상부에서 떨어진 수공구에 신체일부 맞음

(3) 사업주는 가공물의 비래가 우려되는 장소에서 작업하는 경우 근접 작업자가 위험에 노출되지 않도록 적절한 조치를 하여야 한다.

(4) 또한 작업자의 신체적 특성 또는 작업의 내용에 맞지 않는 수공구를 사용하거나 반복적으로 장기간 사용하면 근골격계질환 등의 신체적 질병을 일으키는 원인이 될 수 있다.

(5) 방진장갑 같은 개인보호구를 착용하지 않고 진동이 발생하는 수공구 등 장비를 반복적으로 사용하는 경우 수근관 증후군 등이 발생될 위험이 있다.

2) 공구 사용 전 조치사항

(1) 작업의 형태, 대상물의 특성, 작업자의 체력 등을 고려하여 공구의 종류와 크기를 선택한다.

(2) 올바른 사용방법을 숙지하도록 반복훈련을 실시한다.

(3) 가공물, 파편의 비래가 발생할 수 있는 작업장에는 방호판을 설치하고 보안경, 안면보호구 등을 착용한다.

(4) 고소지역 작업 시 작업발판을 설치 또는 안전대를 착용한다.

(5) 손잡이 체결상태 및 수공구의 마모, 변형상태를 점검한다.

(6) 손잡이의 기름 등 이물질을 제거하고 이상 유무 확인 후 사용한다.

3) 공구별 안전대책

(1) 조립공구(렌치, 드라이버, 플라이어 등)

① 렌치 등은 미끄러지지 않도록 정확히 입의 물림면을 조인 후 사용하고 렌치

홈에 쐐기를 삽입하지 않도록 한다.

② 렌치, 플라이어 등은 큰 힘을 얻기 위해 파이프 등을 끼워 길이를 연장하거나 해머 등 다른 공구로 두드리지 않도록 한다.

③ 손가락이 협착되지 않도록 손잡이 사이에 충분한 공간이 있는 공구를 선택한다.

④ 렌치, 플라이어 등은 밀지 말고 끌어당기는 상태로 작업한다.

⑤ 너트와 볼트작업에는 플라이어를 사용하지 않고 렌치를 사용한다.

⑥ 플라이어 등은 과중한 열에 노출시키지 않도록 한다.

⑦ 플라이어 등은 규칙적으로 중심점에 기름을 바른 후 사용한다.

⑧ 드라이버 홈의 폭과 길이가 같은 날 끝의 것을 사용한다.

⑨ 드라이버 날 끝이 수평이여야 하며, 둥글거나 빠진 것은 사용하지 않도록 한다.

⑩ 드라이버 손잡이에 대하여 축이 수직으로 된 것을 사용하고 날 끝이 홈에 맞지 않을 때에는 임의로 교정하지 않는다.

⑪ 드라이버로 전기 작업을 할 때에는 절연손잡이로 된 드라이버를 사용한다.

⑫ 손이 잘 닿지 않거나 불편한 곳에서 나사를 돌리기 시작 할 때에는 나사가 자석에 붙는 드라이버를 사용한다.

⑬ 한 손으로 드라이버를 사용하고 있는 동안 다른 손으로 나사를 잡지 않도록 한다.

(2) 절단공구(칼, 톱, 절단기, 끌 등)

① 수직방향으로 절단하고 가공물이 튀지 않도록 절단부 주위를 마대자루, 천 등으로 방호한다.

② 제품 결속용 밴드(Band)해체 시 충돌되지 않도록 작업자 안전거리 유지 및 외부인 접근 통제조치를 취한다.

③ 절단공구를 사용할 때에는 사용자 앞쪽으로 절단하지 않도록 한다.

④ 톱은 잘리는 나무에 못, 옹이 또는 톱날을 손상시키거나 휘어지게 하는 이물질이 있는지 확인하고 사용한다.

⑤ 톱날이 튀는 것을 방지하기 위해 천천히 베기 시작하고, 톱을 아래로 내릴 때만 압력을 가한다.

⑥ 가위는 연한 금속을 자를 때만 사용하고 단단하거나 경화된 금속은 다른 절단공구를 적절히 사용한다.

⑦ 오른손잡이가 가위를 사용할 경우 부스러기 등은 오른쪽에 놓이도록 절단하고, 왼손잡이의 경우는 부스러기 등이 왼쪽으로 놓이도록 절단한다.

⑧ 가위의 너트와 중심 볼트가 항상 적절히 조정되어야 하며, 중심볼트는 수시로 기름을 바른다.
⑨ 끌은 내리치는 면이 더 큰 나무나 플라스틱 해머 등을 사용한다.
⑩ 끌 사용 시 나무에 마디, 꺽쇠, 나사, 못 등 다른 이물질이 있는지 작업 전 확인한다.
⑪ 열처리된 끌 등은 교정하기 위해 동력연삭기를 사용하지 말고 숫돌을 사용한다.
⑫ 강철 끌의 표면이 버섯 모양으로 퍼지거나 모서리 이가 빠진 것은 사용하지 말아야 한다.

(3) 타격공구(망치 등)

① 추락 위험개소에서 작업 시 작업발판 설치 및 안전대를 착용한다.
② 2인 공동 작업 시 가공물 지지자는 손이 다치지 않도록 집게나 고정구를 이용한다.
③ 사용 시 헛치지 않도록 대상물의 표면보다 더 큰 직경의 해머머리를 선택한다.
④ 대형 해머의 경우 작업 전 신체를 충분히 이완시키고 균형을 잃지 않도록 편평한 바닥위에서 안정 된 자세로 작업한다.
⑤ 작업에 맞는 무게의 해머를 사용하고, 한두 번 가볍게 친 다음에 사용한다.
⑥ 미끄러짐 방지를 위하여 기름 묻은 손으로 손잡이를 잡지 않도록 하고, 장갑을 착용하는 경우에는 미끄러짐이 없는 장갑을 착용한다.
⑦ 협소한 장소, 발 딛는 장소가 나쁠 때, 작업이 끝나기 직전에 특히 유의하여 작업한다.
⑧ 눈이나 신체일부에 파편이 튀는 것을 방지하기 위해 돌, 벽돌 등 단단한 물질을 타격하지 않도록 한다.
⑨ 금이 가고, 부러지고, 쪼개지고, 모서리가 날카롭거나 해머머리에 헐겁게 끼워진 불안전한 손잡이는 폐기하고, 손잡이가 흔들림이 없도록 고정하여 사용한다.
⑩ 타격하는 해머의 표면이 맞는 물체의 표면에 평행하도록 수직으로 내리치고 물체를 주시하여야 한다.
⑪ 해머 머리가 패인부분이 있거나 금이 간 것, 이가 빠진 자리, 버섯모양으로 퍼진 상태, 또는 지나치게 마모되었다면 사용하지 말고 교체한다.

(4) 수공구 작업 안전수칙

① 작업에 적정한 수공구를 사용한다.
② 사용하기 적정한 상태를 유지한다.
③ 안전장소에 보관한다.
④ 수공구를 던지지 않는다.
⑤ 손상된 수공구를 사용하지 않는다.
⑥ 사용하기 전에 수공구 상태를 점검한다.
⑦ 수공구를 손에 들고 사다리 등을 오르지 않는다.
⑧ 작업을 할 때 손이 수공구를 잡고 있지 않도록 한다.
⑨ 수공구는 설계된 목적 외로 사용하지 않는다.
⑩ 사용할 수 없는 수공구는 꼬리표를 부착하고 수리될 때 까지 사용하지 않는다.
⑪ 수공구는 높은 곳에서 다른 작업자에게 떨어뜨리지 않도록 관리한다.
⑫ 수공구의 유지 관리에 대해서는 각 작업자에게 책임을 부여하고, 부적절한 수공구 발견 시 즉시 수리 또는 보고 절차를 거쳐 조치한다.
⑬ 칼 등 날카로운 수공구는 적절한 방법으로 보호한다.
⑭ 사용 후 적절한 보관함 등을 활용하여 제자리에 보관한다.
⑮ 작업복 호주머니에 날카로운 수공구를 넣고 다니지 않는다.
⑯ 모든 수공구는 기록·관리 하고, 항상 안전하고 정상적인 상태로 사용할 수 있도록 한다.

1.2 지붕공사 안전작업

지붕공사는 건축구조물의 제일 높은 장소에서 이루어진다. 지붕공사는 경사진 바닥, 바닥 단부의 가시설 구조물 부재, 강풍 등의 외기, 기준층 공사와는 다른 작업형태 등 이전의 공사와 다른 공사 환경으로 인하여 떨어짐(추락) 사고 등과 같은 각종 위험이 많이 존재하고 있다. 지붕공사는 단기간 공사이므로 떨어짐 사고 등을 방지하기 위한 안전조치가 대부분 생략된 상태에서 공사를 실시하는 경우가 있어 각종 사고가 끊임없이 발생되고 있다. 이에 지붕공사 시 발생되는 사고를 예방하기 위해서는 관련 법령 및 기준 준수, 설비와 작업방법의 개선, 근로자의 안전보건 의식 고취 및 사업주와 관리감독자의 철저한 현장관리를 통해 현장의 안전보건 자율관리 수준이 향상될 수 있도록 해야 할 것이다.

1) 지붕 위 작업 일반적 안전조치사항

(1) 고소작업을 할 경우에는 지붕작업 주변에 강관비계나 시스템비계, 강관틀비계 등을 조립하여 작업발판 등을 설치하고 안전난간과 수직보호망을 설치하거나 지붕보호벽을 설치하는 등 추락방지시설을 확보하여야 한다.

(2) 일반적으로 경사지붕 단부에 안전난간 및 작업발판을 설치하는 방법은 그림 4-1-2와 같으며 그림의 (가)와 같이 열린 창문을 이용한 고정방법은 큰 하중에는 충분하지 않기 때문에 4.0 KN(408 kg) 이상의 하중이 걸릴 경우는 그림의 (나)와 같은 방법으로 설치하여야 한다.

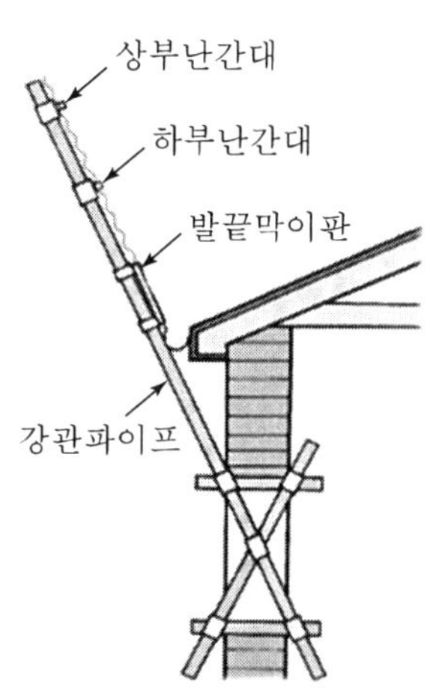

(가) 열린 창문을 이용하는 방법

(나) 처마 바로 아래 작업발판 설치방법

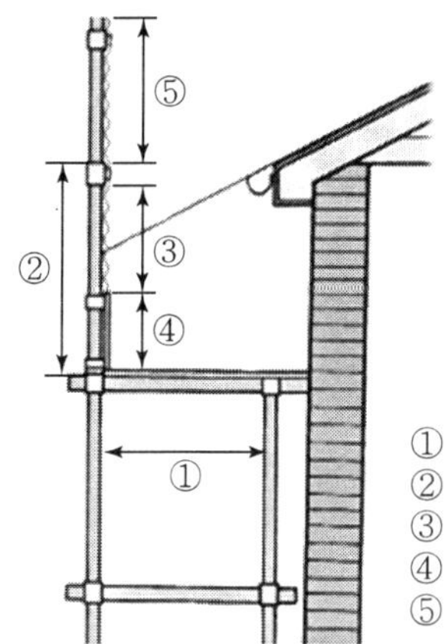

① 작업대의 최소폭 600 mm 이상
② 최대 600 mm 이내
③ 최대 간격 450 mm 이내
④ 지붕경사의 연결선으로부터 최소 150 mm 이상
⑤ 안전난간 사이의 간격은 600 mm 이내

(다) 일반적인 작업발판 설치 방법

그림 4-1-2 경사지붕 단부 안전난간 및 작업발판 설치방법

그림 4-1-3 안전방망 및 안전대 걸이 설치

(3) 안전난간 설치 등 추락방지를 위한 안전시설 확보가 불가능한 경우에는 추락 방호망이나 안전대 부착설비 등을 확보하여야 한다.

① 지붕단부 및 개구부에는 추락 방호망을 설치하되 작업자의 추락거리를 최소화하기 위해 가능한 작업위치와 가까운 아래에 설치하여야 한다.

② 작업자는 그네식 안전대를 착용하고 충분한 강도를 가진 고정지점에 설치된 안전대 걸이용 로프 또는 안전블럭에 안전대를 걸고 작업하여야 한다.

(4) 트롤리 시스템을 사용하는 경우에는 다음과 같은 안전조치를 하여야 한다.

① 트롤리 설치 방법에 관한 내용이 명시된 지붕에서는 설치 및 조립에 대한제품 사양서 규정을 준수하여 설치하여야 한다.

② 트롤리를 지붕마루의 구조물 등에 설치할 경우에는 구조적으로 안전한지 확인하여야 한다.

③ 트롤리 시스템을 사용하는 경우 트롤리 접근 및 이동시에는 안전대 및 안전블록을 사용하는 등의 추락방지조치를 하여야 한다.

④ 트롤리 이음부는 트롤리 이동시 장애 없이 활주할 수 있도록 하여야 하며 사소한 정열오류라도 발생하지 않도록 주의하여야 한다.

⑤ 트롤리 시스템 끝부분에는 이탈방지장치를 설치하여야 하며 추락위험이 있을 경우에는 안전난간 및 지붕보호벽 등의 안전시설을 설치하여야 한다.

2) 승강시설 안전조치

(1) 지붕위로 이동하는 승강시설은 구조적 적합성, 설치방법 및 높이에 대한 안전성을 사전에 검토하고 설치 사용하여야 한다.

(2) 사다리를 승강시설로 사용할 경우에는 안전보건규칙 제24조(사다리식 통로등의 구

조)의 규정을 준수하여야 하며 사다리를 오르내릴 때에는 양손에 아무것도 들지 않은 상태로 이동하도록 하여야 한다.

(3) 고소작업대를 승하강시설로 사용할 경우에는 안전보건규칙 제186조(고소작업대설치 등의 조치)의 규정을 준수하여야 하며, 고소작업대 외부로 이동하는 경우 이동경로상 안전난간을 설치하거나 안전대 부착설비를 설치하고 안전대를 연결한 상태에서 이동하도록 하여야 한다.

3) 낙하물 방지조치

(1) 소규모 자재 운반기기를 지붕 단부에 설치하는 경우에는 작업발판 및 안전난간, 낙하물 방지를 위한 수직보호망 및 발끝막이판을 설치하여야 하며, 운반기기의 탈락, 낙하 등을 방지하기 위해 운반기기를 설치하는 구조체 또는 가시설은 안전계수 3 이상, 인양용 로프는 안전계수 5 이상을 확보하여야 한다.

(2) 지붕작업 시 상・하부 동시작업은 금지하여야 하며 다른 작업자 및 일반인들이 작업구역 내에 접근할 수 없도록 가설휀스, 출입금지 표지판 등을 설치하여야 한다.

(3) 지붕작업 시 발생한 폐기물은 낙하물이 발생되지 않도록 투하설비를 설치하거나 마대 등에 담아 반출하여야 하며 낙하물방지망을 설치할 경우에는 KOSHA GUIDE C-26-2017(낙하물방지망 설치 지침)에 따른다.

(4) 지붕작업 시 자재운반을 위해 크레인 등을 이용할 경우 줄걸이 방법은 KOSHA GUIDE M-186-2015(크레인 달기기구 및 줄걸이 작업용 와이어 로프의 작업에 관한 기술지침)에 따른다.

4) 기타 사항

(1) 강풍 등의 악천후 시 지붕작업으로 인하여 작업자에게 위험을 미칠 우려가 있을 때에는 작업을 중단하여야 한다. 여기서 강풍이라 함은 풍속이 초당 10 m 이상인 경우를 말한다.

(2) 일일 작업을 마친 후 지붕에는 자재 잔해물, 부속품 등이 남아있지 않도록 정리정돈 하여야 한다.

(3) 작업 장소 주변에 근접하여 충전전로가 있는 경우 정전작업을 실시하거나 충전 전로에 절연용 방호구를 설치하고 지붕작업을 하여야 한다.

(4) 전기기계・기구 등을 사용할 경우 감전재해를 예방하기 위해서는 KOSHA GUIDE

E-106-2011(건설현장의 전기설비 설치 및 관리에 관한 기술지침)에 따른다.

(5) 지붕위에서 용접이나 화기작업을 하는 경우에는 화재에 대비하여 불티 비산 방지포와 소화기를 비치하고 지붕위에서의 소화방법, 대피방법 등을 사전에 교육하여야 한다.

(6) 작업 전 관리감독자는 작업에 필요한 보호구 및 안전설비의 이상 유 · 무를 확인하고 작업자에 대한 안전교육을 실시하여야 한다.

1.3 이동식 비계의 설치기준 및 안전한 사용

공사현장에서 사용하는 이동식 비계의 재료와 구조, 설치 및 사용상의 기준은 다음과 같다.

1) 재료

(1) 이동식 비계의 주틀 및 발바퀴의 각 부분에 사용하는 재료는 안전인증규격 및 기준에 적합하거나 동등이상의 성능을 가진 재료를 사용하여야 한다.

(2) 주틀 및 발바퀴의 각부는 현저한 손상, 변형, 부식 또는 마모가 없는 것이어야 한다.

2) 구조

(1) 주틀은 기둥재, 횡가재 및 보강재를 용접한 것으로서 다음 각 호의 규정에 적합하여야 한다.

① 양 기둥재의 중심간 거리는 1.2 m 이상 1.6 m 이하일 것

② 기둥재의 길이는 2.0 m 이하일 것

③ 기둥재 및 횡가재의 바깥지름은 42.4mm 이상일 것

④ 보강재의 바깥지름은 26.9 mm 이상일 것

⑤ 디딤대로 사용되는 보강재 및 횡가재의 길이는 30 cm 이상이고, 간격은 40 cm 이하로 같은 간격일 것

(2) 발바퀴는 주축, 포크, 차바퀴, 차축 및 제동장치로 구성되며 다음 각 호의 규정에 적합하여야 한다.

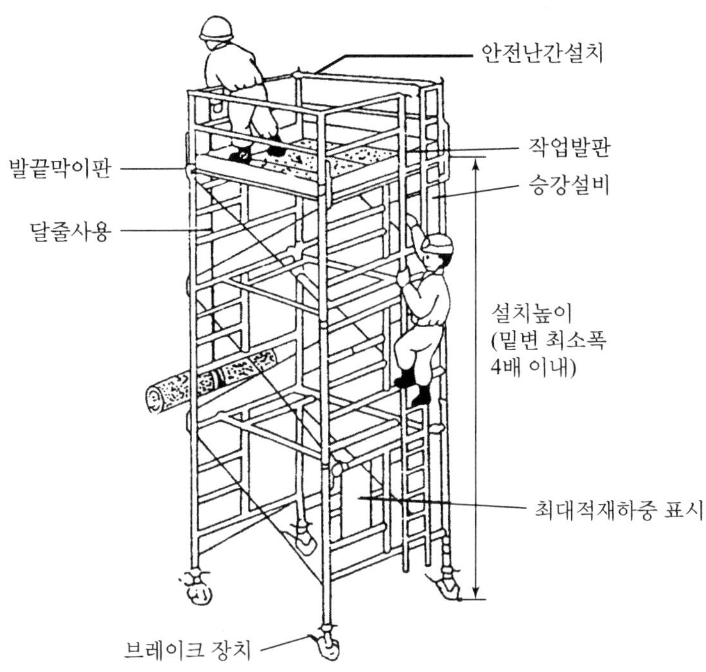

그림 4-1-4 이동식 비계의 구조(예)

① 주축 중 주틀의 각주에 삽입할 수 있는 삽입 길이는 20 cm(이탈방지기능을 갖춘 주축의 경우에는 9.5 cm) 이상일 것

② 발바퀴의 바깥지름은 12.5 cm 이상의 고무바퀴를 가지고 있을 것

③ 차륜은 주축을 축으로 하여 회전할 수 있을 것

3) 설치 및 조립

(1) 이동식 비계는 작업발판, 주틀 구조부, 승강설비, 안전난간 등으로 구성되어야 한다.

(2) 작업발판은 안전인증시험에 합격된 강재발판으로 전면에 깔아 주틀의 횡가재에 고정하여야 한다.

(3) 발판과 발판 사이의 틈 간격은 3 cm 이하로 설치하여야 한다.

(4) 작업발판의 끝단 둘레에는 안전난간을 설치하여야 한다.

(5) 주틀 구조부는 주틀, 교차가새, 각주 조인트, 수평 교차가새를 등으로 구성 되어야 한다.

(6) 주틀 구조부의 최하단의 층에는 수평 교차가새를 설치하여야 한다.

(7) 주틀 구조부의 최하단에는 브레이크가 장착된 발바퀴를 설치하여야 한다.
(8) 주틀 구조부에는 발판간격이 동일한 사다리(폭 : 30 cm 이상, 발판간격 : 40 cm 이하)를 설치하거나, 계단(경사 50° 이하, 폭 40 cm 이상)을 설치하여야 한다.

4) 적재하중

적재하중은 비계의 바닥면적의 넓이에 따라 다음 값 이하로 사용하여야 한다.

① 바닥면적 ≥ 2 m^2일 때, W = 250 kgf 이하
② 바닥면적 < 2 m^2일 때, W = 50 + 100 × 바닥면적(m^2) kg + 50 kgf 이하
(※ 여기서, W : 적재하중)

5) 사용상의 주의사항

(1) 조립순서는 틀 1단을 조립하고, 발바퀴를 부착한 다음 상부틀을 조립하여야 한다.
(2) 틀 1단만 사용하는 경우 작업발판을 설치하고, 주위에는 안전난간을 설치하여야 한다.
(3) 작업발판은 항상 수평을 유지 하여야 한다.
(4) 작업발판에는 3인 이상이 탑승하여 작업하지 않도록 하여야 한다.
(5) 발바퀴의 제동장치는 이동시를 제외하고 잠금 상태에 있어야 한다.
(6) 각각의 이동식 비계에는 잘 보이는 위치에 안전표지를 부착 하여야 한다.
(7) 작업장에서 이동, 조립하는 경우에는 부재를 점검하고, 불량품은 즉시 교환하여야 한다.
(8) 작업발판, 틀 구조부, 발바퀴, 안전난간 등의 접속부는 사용 중 쉽게 탈락하지 않도록 확실히 결합하여야 한다.
(9) 이동식 비계는 가능한 작업 장소 가까이에 설차하여야 한다.
(10) 요철 또는 경사가 심한 경우 잭 등을 사용하여 작업발판의 수평상태를 유지 하여야 한다.
(11) 이동식 비계의 작업발판 상부에서 사다리, 간이비계 등을 설치하거나, 사용하여서는 아니 된다.
(12) 틀 외부에 승강로가 설치된 이동식 비계에서는 전도를 방지하기 위하여 같은 면으로 동시에 2인 이상이 승강하지 않아야 한다.

그림 4-1-5 이동식 비계

(13) 최대 적재하중 등의 안전표지를 부착하여야 한다.
(14) 승·하강 시에는 사다리를 이용한다.
(15) 작업장 부근에 고압 전선이 있는지 확인한다.
(16) 비계를 이동할 땐 작업대 위에 작업자가 없어야 한다.
(17) 자재, 공구를 오르내릴 땐 포대와 로프를 이용한다.

1.4 건설현장 전기안전

1) 일반사항

(1) 건설현장에서의 전기위험요인은 다음과 같다.
① 작업의 대부분이 감전의 위험성이 매우 높은 습한 옥외에서 이루어진다.
② 작업현장이 수시로 변경되기 때문에, 작업용 전기배선이 충분한 안전조치 없이 설치되는 경우가 많다.
③ 굴착, 해체 등의 건설작업으로 인하여 현장의 전기설비가 손상되기 쉽다.
④ 중량물 등의 이동에 의하여 전기설비가 손상 받을 우려가 매우 높다.
⑤ 현장의 작업자들이 서로 다른 전기시스템을 사용하는 경우가 많아 오인에 의한 사고위험이 높다.

(2) 상기 (1)항과 관련하여 수립하는 전기재해 예방대책의 주요 원칙은 다음과 같다.

① 현존하고 있는 전기위험의 종류와 위험정도(위험도)를 평가한다.
② 설계, 작업방법, 설비 또는 작업환경 등을 변경하여 가능한 한 위험을 피한다.
③ 위험을 수용가능한 정도 이하로 저감시킨다(위험원 제거를 우선적으로 사용).
④ 위험요소를 위험하지 않거나 덜 위험한 것으로 대체한다.
(예 : 습한 환경에서는 공압을 이용한 기구의 사용)
⑤ 개인보다는 모든 작업자를 보호할 수 있는 방법을 우선 선정한다.
⑥ 잠재적인 위험에 대처하기 위하여 정보제공, 교육훈련 등을 실시한다.

2) 전기설비의 설치

(1) 발전기

① 전력회사로부터 전기를 공급받기 어려운 장소에서 교류발전기를 설치하는 경우에는 전문가의 조언에 따라야 한다.
② 10 kVA 이하의 발전기를 하루 이내 사용하는 경우, 이중절연 또는 강화절연된 설비만이 연결되어 사용된다면 발전기는 접지하지 않을 수 있다.
③ 5 kVA 이하인 단상 110 V 발전기에 연결된 모든 전기설비가 이중절연 또는 접지되어 있다면 이 발전기는 접지하지 않을 수 있다. 이 경우 전기설비와 발전기 외함은 본딩하여야 한다.
④ 10 kVA를 초과하는 발전기의 사용 시 다음의 사항을 고려하여야 한다.
㉠ 발전기의 외함을 중성선과 본딩하고 외함을 접지
㉡ 본딩 임피던스는 보호장치(퓨즈, 차단기 등)의 작동을 보장할 수 있도록 낮게 설정
㉢ 접지가 곤란한 경우에는 지락고장 보호장치를 설치
㉣ 기타 모든 경우에는 접지를 하여야 한다.
㉤ 설비공급자로부터 발전기 시스템의 접지와 본딩에 관한 자세한 내용을 입수한다.
㉥ 전력회사와 서면동의가 이루어지지 않을 경우 발전기는 전력시스템과 분리시켜 운전하여야 한다.

(2) 이동 전기설비

① 공사기간 중 자주 변경되는 승강기나 리프트 등의 외장케이블은 다음과 같이 사용한다.

㉠ 설비를 재배치하는 경우에는 설비 및 케이블을 이동하기 전에 전원을 차단하고, 케이블의 분리작업 시에는 안전한 작업방법을 선택한다.

㉡ 자주 이동되는 설비(예 : 시멘트 교반기)는 보호편조와 마모방지 시스(Sheath)를 갖춘 유연케이블을 사용한다.

㉢ 케이블의 손상을 방지하기 위하여 적합한 위치를 선정하고, 케이블은 적절하게 보호되어야 한다.

② 대전류(16 A 이상)용 설비는 플러그와 리셉터클을 부하상태에서 분리시킬 때 아크가 발생하여 화상을 야기할 수 있으므로, 전원이 차단되었는지를 확인하는 장치를 구비하여야 한다. 전원이 차단되지 않으면 플러그와 리셉터클이 빠지지 않도록 연동시키는 방법도 포함된다.

(3) 누전 차단기

① 누전차단기의 설치 및 점검에 관한 사항은 KOSHA GUIDE E-88-2011 "감전방지용 누전차단기 설치에 관한 기술지침"을 참고한다.

② 누전차단기의 사용상 유의사항은 다음과 같다.

㉠ 건설현장의 열악한 환경에서는 누전차단기의 정밀한 특성 유지, 외함의 성능유지, 시험버튼의 관리 등이 곤란하므로 많은 주의가 필요하다.

㉡ 누전차단기는 진동하는 설비 또는 기계적 충격을 받을 수 있는 휴대기기에 장착하는 것은 바람직하지 않다.

㉢ 누전차단기는 전기설비의 고장 시에도 위험을 인지하지 못한 상태로 있을 수 있다. 예를 들어 누전차단기가 정상일지라도 전류가 중성선으로 흐를 경우에는 누전차단기가 작동되지 않아 감전재해가 발생할 수 있다.

㉣ 누전차단기에 작업자의 안전을 전적으로 의존하는 것은 위험하다. 저감저압과 같은 시스템의 사용은 치명적인 감전에 대하여 확실한 보호를 할 수 있다.

㉤ 감전보호용 누전차단기는 정격감도전류가 30 mA에서 정격작동시간 0.03초 이하이어야 한다. 다만, 부하전류가 50 A 이상인 경우에는 정격감도전류 200 mA에서 정격작동시간 0.1초 이하로 할 수 있다.

㉥ 배전시스템의 인입구에 30 mA 누전차단기를 설치한다면, 전체 전원의 차단이 발생할 수 있다. 따라서 전체 전원의 차단 가능성을 줄이기 위하여, 30 mA 누전차단기는 개개의 말단회로에 설치되도록 한다.

3) 건설현장의 임시 배전시스템

(1) 임시 배전시스템은 현장작업이 끝나서 더 이상 필요가 없을 때에는 철거한다.

(2) 현장의 배전시스템은 일시적이라 할지라도 현장의 열악한 환경에 견딜 수 있는 보다 높은 수준의 규격을 적용하도록 한다. 전기설비는 손상과 오염을 방지할 수 있는 적절한 조치를 취하여야 한다.

(3) 개폐장치, 계측설비 등은 외부 환경으로부터 손상 받을 우려가 낮은 장소에 설치하여야 하며, 개폐장치는 비상시 쉽게 접근 가능하도록 설치하여야 한다.

(4) 모든 분전반에는 적절한 용량의 퓨즈 또는 차단기를 설치하여야 한다.

(5) 노출배선, 테이핑, 케이블의 꼬임접속과 같은 임시조치를 하여서는 안 된다. 현장의 모든 전선은 표준규격에 적합하도록 설치하여야 한다.

(6) 건설현장의 분전반은 연장이 가능한 리셉터클(Receptacle) 설비를 갖추도록 한다. 리셉터클로 설계되지 않은 모든 현장설비는 유자격자인 전기기술자가 설치하여야 하며, 설치한 후 시스템의 안전여부를 확인하기 위한 시험을 실시하여야 한다.

(7) 배전케이블은 통로, 사다리, 다른 시설물 등에 대하여 장애물이 되지 않고, 손상 받을 우려가 없는 곳에 설치되어야 하며, 손상 우려가 있는 케이블은 다음과 같이 설치되어야 한다.

① 도로나 인도를 횡단하는 경우에는 덕트 내에 설치하고, 덕트 양단에 표시를 하여야 한다.

② 자동차가 다니는 도로에 설치되는 덕트는 최소 0.5 m 이하의 지하에 매설하여야 한다.

③ 케이블의 가닥수나 매설 깊이 등을 표기한 도면 또는 지도는 작업 중 케이블의 손상을 피하기 위하여 현장에 비치하여야 한다.

④ 도로나 인도를 횡단하는 케이블 부분을 보호하기 위하여, 일정 높이로 골대형 케이블 거치 가설물을 설치하여야 한다.

(8) 건설현장의 440 / 380 V 또는 220 V용의 배전케이블은 금속성의 차폐 또는 외장 형태의 케이블을 사용하여 접지시키고, 금속차폐 또는 외장은 부식에 대해 보호되어야 한다.

(9) 대형 건설현장의 공급전원은 도급자의 전기설비 전원으로 사용되어서는 안 된다. 이는 전원설비에 외부 전기부하를 무단으로 연결하는 것을 최소화하기 위한 것 이다.

4) 전기설비의 유지관리

(1) 건설현장의 배전시스템을 설치, 증설, 변경할 때에는 확실하게 시험하여야 한다. 배전시스템의 적합 여부는 시험을 수행한 사람에 의하여 이루어져야 하며, 시험결과를 현장에 비치하여야 한다.

(2) 건설현장의 임시배전시스템(현장 사무실내의 전기설비는 제외)은 3개월마다 점검하여야 한다. 만약, 점검 중에 불량한 선로나 기기의 발견 시에는 지체 없이 시스템에서 분리시켜 필요한 조치를 하여야 한다.

(3) 건설현장 사무실의 전기설비는 일반 사무실 설비보다 가혹한 조건에서 사용되므로 정기적으로 점검하고, 그 주기는 12개월 이하로 한다.

(4) 설비의 점검과 보수는 가능한 한 외부전문가에 의하여 이루어져야 한다. 이는 점검 및 보수업무에 대하여 건설공정 책임자로부터의 간섭을 최소화하기 위함이다.

5) 휴대 전기설비의 유지관리

(1) 건설현장은 휴대 전기설비의 고장, 손상 등으로 인한 사고위험이 높으므로 적합한 정비체계를 갖추고 다음과 같이 운영·관리하여야 한다.
   ① 유자격자에 의한 정기적 육안점검
   ② 사용자에 의한 사용 전 육안점검
   ③ 복합점검 및 시험

(2) 육안점검은 고장 또는 손상의 약 95%를 검출하는 가장 중요한 점검으로 다음에 의하여 시행한다.
   ① 정기 육안점검은 자격이 있는 자에 의하여 이루어져야 한다.
   ② 점검자는 고장이나 손상 신호를 검출해 낼 수 있도록 충분히 교육받아야 한다.
   ③ 점검은 일상적인 현장 안전점검의 일부로서 포함되어야 하며, 점검자가 확실한 점검을 할 수 있도록 시간을 할애하여야 한다.

(3) 전기설비를 사용하는 자는 설비의 육안점검 방법을 교육훈련을 통해 숙지하여 다음과 같이 점검한다.
   ① 하루 24시간 작업을 하는 현장의 220 mAV 이동 설비와 누전차단기는 매일 또는 이동할 때마다 점검하는 것이 바람직하다.
   ② 점검 시 사소한 고장이라도 즉시 보고하여 설비를 사용하기 전에 수리될 수 있도록 한다.

(4) 육안점검과 사용자에 의한 점검 시에는 다음의 사항을 확인하여야 한다.

① 충전부의 노출 여부

② 케이블 피복의 손상, 절단 또는 마모로부터 안전한지 여부

③ 플러그의 상태(예 : 외함의 손상, 접속핀의 구부러짐, 리셉터클의 막힘 여부)

④ 케이블에 테이프를 감거나 기타 비정상적인 방법으로 처리된 연결부분이 있는지 여부

⑤ 케이블의 외장(차폐)이 플러그나 설비의 인입구에 눌려 있는지 여부

⑥ 설비의 외함이 손상 받았거나 느슨한 지, 나사는 정상위치에 있는지 여부

⑦ 플러그, 케이블 또는 설비에 과열이나 탄 흔적이 있는지 여부

⑧ 누전차단기의 정상작동 여부

(5) 전기설비는 제조자의 지침에 따라 정기적으로 정비되어야 하며, 임대설비인 경우에는 기기 소유자의 계획에 따라 정비가 이루어지도록 하여야 한다.

(6) 절연열화, 먼지나 수분 등에 의한 오염, 접지선이 느슨해지는 등의 결함을 검출하기 위한 시험은 훈련된 자에 의하여 실시되어야 한다. 이러한 결함은 건설현장에서 발생할 가능성이 높고, 사용자 점검이나 육안점검으로 확인할 수 없는 경우가 많다.

① 다음의 경우에는 육안점검과 더불어 복합점검 및 시험(Combined inspection and test)을 실시하여야 한다.

㉠ 육안점검으로 확인할 수 없지만 설비가 고장, 손상 또는 오염되었다고 의심할 이유가 있을 경우

㉡ 설비에 대한 보수, 교정 또는 유사한 작업 후 관련 작업이 확실히 수행되었음을 확인할 필요가 있을 경우

② 점검자는 이동 전기설비의 점검주기, 육안점검 및 시험을 실시한다. 점검주기는 현장의 위험상황에 적합하여야 하며, 점검주기 및 점검표의 내용은 이전의 점검결과를 검토하여 보완할 수 있다.

(7) 위험의 정도가 높은 설비(220 V 또는 그 이상)는 위험의 정도가 낮은 설비(110 V 또는 그 이하)보다 점검 및 시험주기가 짧아야 한다.

(8) 손상된 설비는 사용을 금지시키고, 고장이라는 표지를 분명하게 표기하여야 한다. 사용자가 보수를 하여서는 안 되며, 보수는 자격을 갖춘 전기전문가에 의해서만 이루어져야 한다.

1.5 사다리 작업안전

1) 일반사항

(1) 사다리는 작업장소의 상·하부 간 이동을 하거나 전등, 나사 등을 설치 또는 교체하는 등의 간단한 작업에 사용하여야 한다.

(2) 작업하기 전에 사다리 기둥, 사다리 발판 등에 대한 사전점검을 실시하여 균열이 있거나 변형된 사다리는 사용을 금지하여야 한다.

(3) 사다리 또는 작업장 주변에 진흙, 기름 등 미끄러짐에 의한 전도, 추락재해를 유발할 수 있는 물질이 있는지 점검한 후 상기 물질을 제거하고 사용하여야 한다.

(4) 사다리에서 자재, 설비 등 10 kgf 이상의 중량물을 취급하거나 운반해서는 안 된다.

(5) 사다리는 일정한 제작 및 시험기준에 적합한 제품을 사용하고, 사용시의 하중이 제작시의 최대 설계하중을 초과하여서는 아니 된다.

(6) 사다리는 보행자 통행로, 차량 도로, 문이 열리는 곳 등 사다리와 충돌 가능성이 있는 장소에 설치하여서는 아니 된다. 부득이한 경우에는 사다리 주위에 방호울을 설치하거나 감시자를 배치하여야 한다.

(7) 사다리에서 이동하거나 작업할 경우에는 다음과 같이 3점 접촉(두 다리와 한 손 또는 두 손과 한 다리 등)상태를 유지하여야 한다.

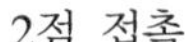

2점 접촉

2점 접촉

3점 접촉

그림 4-1-6 2점, 3점 접촉자세의 예

(8) 사다리에서의 작업시간은 30분 이하로 하여야 한다. 30분 이상의 작업시간이 소요될 경우에는 충분한 휴식 후에 작업하여야 한다.
(9) 사다리 작업 장소 주위에 있는 전선, 전기설비 등의 유무 및 상태를 점검하고 감전 위험이 있는 경우에는 부도체 재질의 사다리를 사용하여야 한다.
(10) 음주 및 약물복용으로 몸의 중심을 잃기 쉬운 상태에서는 사다리 작업을 금지 하여야 한다.
(11) 사다리에서 이동하거나 작업할 경우에 사다리를 마주 본 상태에서 몸의 중심이 사다리 기둥을 벗어나지 말아야 한다.
(12) 사다리에서 이동하거나 작업할 경우에 안전모(턱 끈 조임) 등 개인보호구를 착용하여야 한다.

2) 이동식 사다리

(1) 공통사항

① 알루미늄 이동식 사다리의 제작 및 시험기준은 이 지침에서 특별히 규정하고 있는 경우를 제외하고는 한국산업규격 KS G 3701(알루미늄 합금제 사다리)의 기준을 적용한다.
② 이동식 사다리의 발판은 평행하고 일정한 간격으로 설치된 제품을 사용하여야 한다.
③ 이동식 사다리 발판의 수직간격은 25～35 cm 사이, 사다리 폭은 30 cm 이상으로 제작된 사다리를 사용하여야 한다.
④ 이동식 사다리의 길이가 6 m 초과하는 것을 사용하여서는 아니 된다.
⑤ 이동식 사다리는 평탄하고 견고한 지반, 바닥에 설치하여 사다리의 기울어짐 또는 전도에 의한 추락재해를 방지하여야 한다.
⑥ 사다리 기둥의 하부에 마찰력이 큰 재질의 미끄러짐 방지장치가 설치된 사다리를 사용하여야 한다.
⑦ 사다리는 발판에 근로자의 미끄러짐, 전도 등에 의한 추락위험을 방지하기 위하여 물결모양 등의 표면처리가 된 것을 사용하여야 한다.
⑧ 작업장소의 높이에 적정한 사다리를 사용하고, 추가적인 높이를 확보하기 위한 벽돌, 박스 등의 사용을 금지하여야 한다.
⑨ 이동식 사다리를 수평으로 눕혀서 사용하거나 계단식 사다리를 펼쳐서 사용하는 것을 금지하여야 한다.

⑩ 이동식 사다리의 전도, 미끄러짐에 의한 근로자의 추락위험이 있을 때에는 보조자로 하여금 사다리를 잡아 균형을 유지한 상태에서 작업하여야 한다.

(2) 기대는 사다리

① 기대는 사다리의 설치각도는 그림 4-1-7과 같이 수평면에 대하여 75도 이하를 유지하고, 사다리 높이의 1/4 길이의 수평거리를 유지하도록 설치하여야 한다.

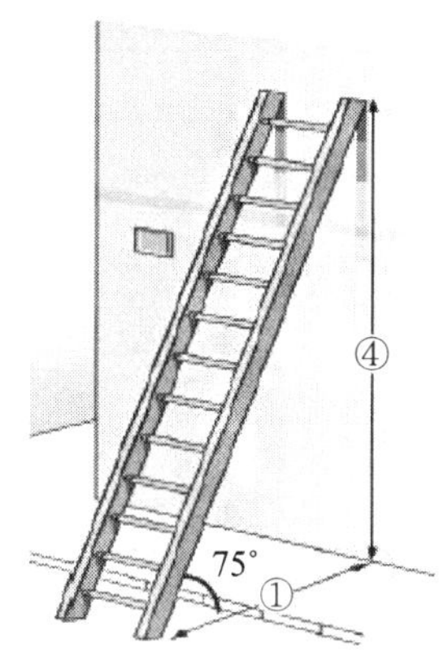

그림 4-1-7 기대는 사다리의 안전한 설치 각도

② 경사지에서 기대는 사다리를 사용할 경우에는 그림 4-1-8과 같이 측면 경사각은 16도 이하로 하여 견고한 수평조절장치를 설치하고, 후면 경사각은 6도 이하로 설치하되 상기 경사각을 초과하는 경우 기대는 사다리 사용을 금지하여야 한다.

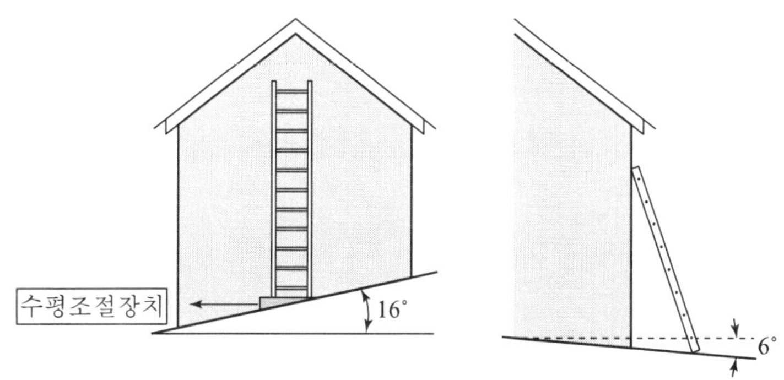

그림 4-1-8 사다리의 측면 및 후면 경사각

③ 기대는 사다리 하부에 설치하는 수평조절장치는 작업 중 상부의 하중을 충분히 지지할 수 있도록 철재, 목재 등으로 견고하게 설치하여야 한다.

④ 작업장소의 상하부간 이동을 위하여 기대는 사다리를 사용할 경우 사다리의 상단은 걸쳐놓은 지점으로부터 60 cm 이상 또는 사다리 발판 3개 이상을 연장하여 설치하여야 한다.

⑤ 기대는 사다리의 미끄러짐, 전도 등으로 추락위험이 있는 경우에는 사다리의 상부 또는 하부를 고정시켜야 한다.

(3) 계단식 사다리

① 계단식 사다리에서 이동하거나 작업 할 경우에는 손, 발, 무릎 등 신체의 일부를 사용하여 3점 접촉 상태를 유지하여야 한다.

② 계단식 사다리는 그림 4-1-9와 같이 상부 3개 발판으로부터 최상부 발판에서는 작업을 금지하여야 한다.

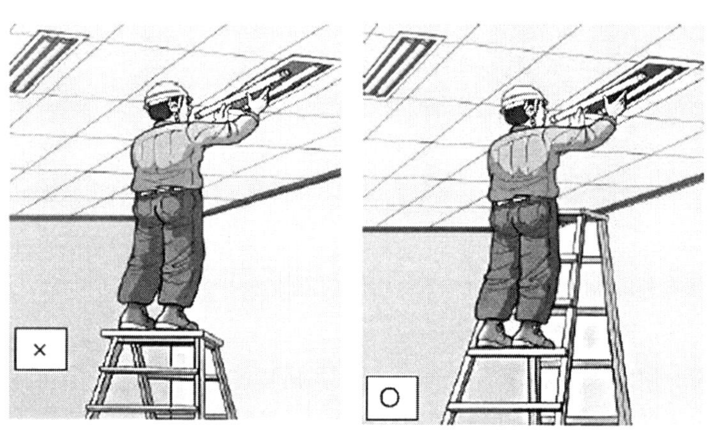

일반적 사다리 상부 작업 상부발판 3개 이상 유지한 작업

그림 4-1-9 사다리 상부 작업의 자세

1.6 고소작업대 안전

1) 고소작업대 종류

(1) 차량 탑재형 고소작업대

차량 탑재형은 화물자동차에 지브로 작업대를 연결한 형태로서 주행 제어장치가 차량(본체)의 운전석 안에 있는 고소작업대이며 그림 4-1-10과 같다.

(2) 시저형 고소작업대

작업대가 시저장치에 의해서 수직으로 승강하는 형태이며 그림 4-1-11과 같다.

(3) 자주식 고소작업대

작업대를 연결하는 지브가 굴절되는 형태이며 그림 4-1-12와 같다.

그림 4-1-10 차량탑재형 고소작업

그림 4-1-11 시저형 고소작업대

그림 4-1-12 주식 고소작업대

2) 고소작업대 안전장치

(1) "풋스위치"라 함은 작업대의 바닥 등에 작동발판을 설치하여 비상시 작업자가 발을 떼면 작동이 멈추어 고소작업대의 전복 및 근로자의 협착 등을 예방하기 위한 장치이며, 풋 스위치의 고정여부 및 연결하는 케이블 파손 여부를 확인하여야 한다.

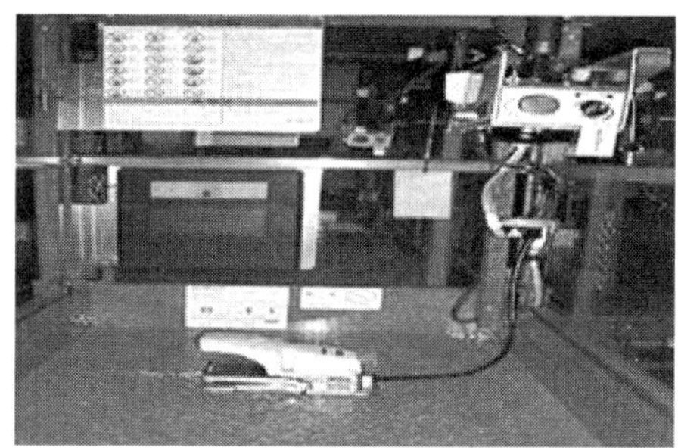

풋스위치

상승이동방지장치

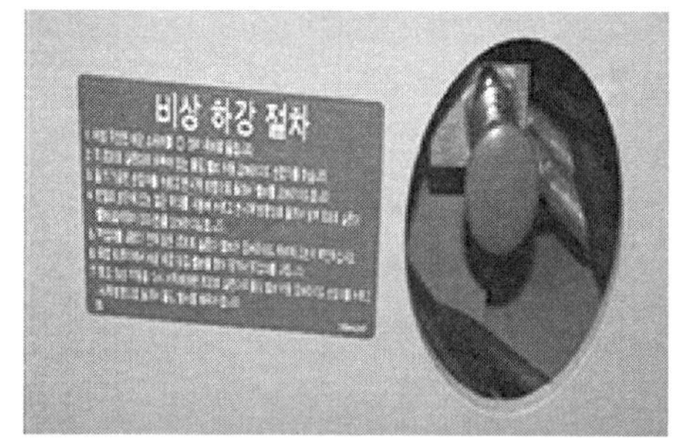

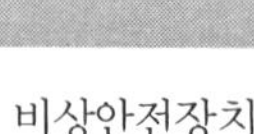

비상안전장치

과상승방지대

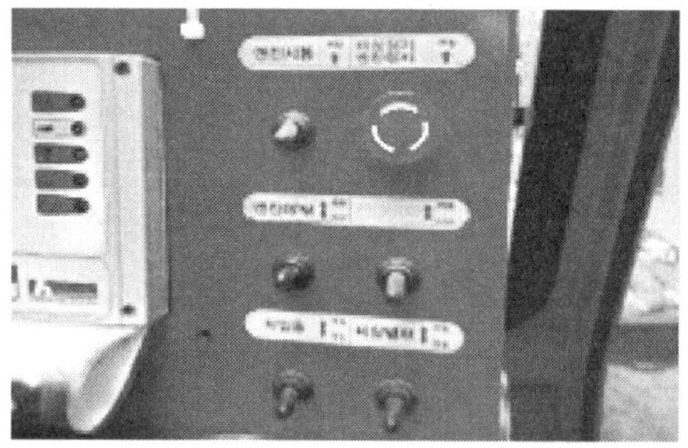

비상정지장치

과부하방지장치

그림 4-1-13 소작업대 안전장치

(2) "상승이동방지장치(주행차단장치)"라 함은 작업대의 운반위치에서 작업대가 벗어나면 상승을 방지하는 장치이며, 시저 사이에 주행(상승)차단 센서의 부착상태를 확인하여야 한다.

(3) "비상안전장치(수동하강밸브)"라 함은 정전시 또는 비상배터리 방전 등의 비상시 작업대를 수동으로 하강시킬 수 있는 장치이며, 작동상태의 점검 및 작동 설명서를 부착하여야 한다.

(4) "과상승방지대"라 함은 고소작업대에 과상승방지 센서를 부착하여 과상승방지 센서가 상부 구조물에 접촉시 장비의 상승작동을 멈추게 하는 장치이며, 오동작 등의 예방을 위하여 센서의 설치 위치 및 높이와 작동 이상 유무 등을 확인하여야 한다.

(5) "비상정지장치"라 함은 각 제어반 및 비상정지를 필요로 하는 위치에 설치하고 비상시 작동하여 고소작업대를 정지시키는 장치이며, 작동 이상 유무 등을 확인하여야 한다.

(6) "과부하방지장치"라 함은 정격하중을 초과하면 고정위치로부터 작업대가 움직이지 못하도록 하는 장치이며, 작동 이상 유무 등을 확인하여야 한다.

(7) "아웃트리거"라 함은 전도 사고를 방지하기 위하여 장비의 측면에 부착하여 전도모멘트를 효과적으로 지탱할 수 있도록 한 장치를 말한다.

3) 고소작업대 안전작업 준수사항

(1) 일반 안전사항

① 안전작업계획서 작성 시에는 고소작업대의 종류, 작업의 경로 및 방법, 지면상태 및 안전장치, 주요 구조부, 와이어 로프 등의 점검사항을 포함하여야 한다.

② 작업계획서 내용에는 위험성평가 지원시스템을 참고하여 위험성평가를 수행하고, 그 결과를 고려하여 안전대책을 수립하여야 한다.

③ 사용 장비는 위험기계·기구의 안전인증 고시 제17조(제작 및 안전기준)에 의한 안전인증 여부를 확인하여야 한다.

④ 장비의 조작스위치 및 전기장치 표시부의 훼손 여부를 확인하여야 한다.

⑤ 과부하방지장치 등 안전장치의 장착여부를 확인하고, 안전인증기관의 인증합격 여부를 확인하여야 한다.

⑥ 고소작업대 장비의 구조부의 임의 변경을 금지하고, 용접 및 균열 상태를 확인하여야 한다.
⑦ 고소작업대 주요 구조부 변경시 안전인증을 받아 안전성을 확보하여야 한다.
⑧ 작업대 측면에는 바닥면으로부터 10 cm 이상의 높이로 발끝막이판 등을 설치하여 작업공구 및 자재 등의 낙하로 인한 재해를 예방하여야 한다.
⑨ 고소작업대 지브·작업대 등 각 부위의 이상 유무를 정기적으로 점검하여야 한다.
⑩ 작업구역 내에 관계근로자외의 출입을 통제하여야 한다.
⑪ 아웃트리거는 충분한 지지력 확보를 위한 조치 후에 받침판을 사용하여 설치하여야 한다.

(2) 작업 전 점검사항

① 작업지휘자를 지정하여 작업계획에 따른 작업을 지휘하도록 하여야 한다.
② 고소작업대 작업 전에 근로자에게 작업계획, 안전수칙 등에 대하여 안전교육을 실시하여야 한다.
③ 와이어로프 손실 및 구조의 임의 개조 여부를 확인하고, 안전장치의 설치 및 작동상태를 확인하여야 한다.
④ 고소작업대의 전도를 방지하기 위하여 수평도를 확인하고, 아웃트리거를 설치한 위치의 지반상태를 점검하여야 한다.
⑤ 고소작업대 작업 시 안전한 작업을 위한 작업장 내 적정 조도(75 Lux 이상)를 유지하여야 한다.
⑥ 조작스위치의 오작동을 방지하기 위하여 오조작 방지용 안전커버를 설치하여야 한다.
⑦ 작업대 모든 측면에는 물체나 사람이 낙하 또는 추락하지 않도록 안전난간 등의 설치상태를 확인하여야 한다.
⑧ 충전전로의 인근 작업 시에는 산업안전보건기준에 관한 규칙 제322조(충전전로 인근에서의 차량·기계장치 작업) 규정에 따라 고소작업대를 충전전로의 충전부로부터 충분한 이격거리를 유지하였는지를 확인하여야 한다.

(3) 작업 중 안전수칙

① 근로자가 임의로 안전장치를 제거하거나 기능 해제를 하여서는 안 된다.
② 작업대 위에서 작업 중에 근로자는 안전모, 안전대 등 보호구를 착용하여야

하며, 안전대 부착 설비는 작업대 이외의 곳에 설치하여야 하다.

③ 고소작업대의 계획된 작업 반경 및 정격하중을 준수하여 작업을 하여야 한다.

④ 연약지반에 고소작업대를 설치할 때는 충분한 지지력을 확보하여 침하 및 전도 방지를 위한 조치를 하고 아웃트리거는 타이어가 지면에서 뜨도록 설치하여야 한다.

⑤ 작업대가 상승한 상태에서는 작업대의 수평을 유지하기 위해 중량물의 자재 등을 적재하지 않도록 하여야 한다.

⑥ 경사지에서 작업 시에는 차량앞면이 경사면 아래를 향하도록 하고, 바퀴에 고임목을 설치하여야 한다.

⑦ 고소작업대를 인양 또는 양중용으로 사용하는 등 목적 이외의 사용을 금지하여야 한다.

⑧ 비, 눈, 그 밖의 기상상태의 불안정으로 날씨가 몹시 나쁜 경우에는 산업안전보건기준에 관한 규칙 제37조(악천후 및 강풍 시 작업중지) 또는 제383조(작업의 제한)의 기준을 준용하여야 한다.

⑨ 추락재해예방을 위하여 작업대 상부 안전난간 위에 올라서서 작업하지 않아야 한다.

⑩ 작업 중에 작업대의 안전난간 해체를 금지하고, 탑승 후에 출입문을 고정하여야 한다.

⑪ 고소작업대에서 용접 작업 시 불티의 비산방지조치, 소화기 등을 비치하고, 하부에 화재감시인을 배치하여야 한다.

⑫ 충전전로의 인근 작업시 산업안전보건기준에 관한 규칙 제322조(충전전로 인근에서의 차량・기계장치 작업)를 준수하고, 감시인을 배치하여 고압선에 접촉하지 않도록 하여야 한다.

⑬ 고소작업대의 이동시 다음사항을 준수하여야 한다.

㉠ 작업대를 가장 낮게 하강하여 이동하여야 한다.

㉡ 작업대가 상승한 상태에서 근로자를 태우고 이동하지 않도록 하여야 한다. 다만, 이동 중 전도 등의 위험예방을 위하여 유도자를 배치하고 짧은 구간을 이동하는 경우에는 그러하지 않다.

㉢ 이동 시 통로의 요철상태 및 장애물의 유무를 확인한 후 전도 등의 위험방지를 위하여 유도자를 배치하고, 운전자는 전방 시야가 확보된 상태로 유도자의 지시에 따라 이동하여야 한다.

(4) 작업 종료 시 안전수칙

① 기동 스위치는 뽑아서 작업책임자가 보관하고 관리를 하여야 한다.

② 비탈면은 고임목을 설치하고, 주차브레이크를 확실히 제동하여야 한다.

③ 작업대 내에 자재 또는 기타 공구의 적재를 금지하여야 한다.

1.7 재해사례와 예방대책

1) 공장 지붕판넬 설치 중 개구부로 떨어짐

(1) 재해개요

공장 신축공사현장의 지붕에서 샌드위치 판넬 설치를 위하여 나사못 고정 작업을 하던 중 몸의 중심을 잃고 지붕 판넬이 설치되지 않은 개구부를 통해 공장바닥으로 떨어진다.

(2) 재해원인

① 추락방지조치(추락방지망 설치 등) 미실시

② 개인보호구 미착용(안전대, 안전모 미착용)

(3) 재해 상황도

그림 4-1-14 지붕판넬 설치 중 발생한 재해 상황

(4) 예방대책

① 추락방지조치 : 떨어질 위험이 있는 지붕 위에서 작업시에는 지붕 아래에 안전방망 설치 등의 조치 실시

② 보호구 착용 : 추락방지조치 외에도 안전대, 안전모 등 개인보호구 착용

2) 강관파이프 상부에서 거푸집 설치 작업 중 떨어짐

(1) 재해개요

박공(경사)지붕 상부에 위치한 작업발판 위에서 거푸집 고정을 위해 철선 체결 작업을 하던 중 박공지붕으로 떨어진 후 굴러서 슬래브 단부 아래 외부비계 띠장(5단)으로 떨어진다.

(2) 재해원인

① 작업발판 및 안전난간 미설치

② 경사지붕 슬래브 단부에 안전난간 미설치

(3) 재해 상황도

그림 4-1-15 거푸집 설치 작업 중 추락사고

(4) 예방대책

① 작업발판 및 안전난간 설치 : 떨어질 위험이 있는 박공지붕에서 작업을 실시할 경우에는 박공지붕 상부에 비계를 조립하는 등의 방법으로 작업발판을 설치하고 작업발판 단부에 안전난간을 설치하는 등 추락방지조치 실시

② 경사지붕 슬래브 단부에 안전난간 설치 : 떨어질 위험이 있는 경사지붕 단부에서 작업 시 상부 난간대(바닥에서 90~120 cm 설치)와 중간 난간대(상부 난간대와 바닥면 등의 중간에 설치)가 있는 안전난간 설치

3) 공장 지붕판넬 해체 중 밟고 있던 선라이트가 부서지면서 떨어짐

(1) 재해개요

공장 철거공사 현장에서 지붕 위에 올라가 용마루에 설치된 환풍기 판넬을 해체한 후 이동 중, 밟고 있던 채광창(선라이트)이 부서지며 11 m 아래 공장 바닥으로 떨어진다.

(2) 재해원인

추락방지망 설치 등의 떨어짐 위험에 대한 방호조치 미실시

(3) 재해상황도

그림 4-1-16 지붕판넬 해체 작업 중 발생한 재해 상황

(4) 예방대책

떨어질 위험이 있는 지붕 위에서 작업 시 추락방지조치 철저 : 강도가 약하고 노후화되어 파손 가능성이 높은 지붕 위에서 작업 시에는 작업발판 또는 안전방망을 설치하는 등 추락방지조치를 실시한다.

4) 지붕 위를 이동 중 서까래가 부러지면서 떨어짐

(1) 재해개요

창고지붕 보수공사 현장에서 석고보드와 목재로 구성된 지붕 위를 이동하던 중 부식된 목재 서까래(60 × 80 mm)가 부러지면서 약 6.1 m 아래 콘크리트 바닥으로 떨어진다.

(2) 재해원인

① 견고한 작업발판 또는 안전방망 미설치

② 안전대 부착설비 미설치 및 안전대 미착용

(3) 재해상황도

그림 4-1-17 공장 지붕 보수공사 중 재해 상황

(4) 예방대책

① 경사지붕 위에서 작업시 작업발판 또는 안전방망 설치

㉠ 경사지붕 위에서 작업할 경우 최소 폭 30 cm 이상 작업발판을 견고하게 설치

㉡ 작업발판 설치가 곤란한 경우 작업 면으로부터 가까운 지점에 안전방망을 설치한 뒤 작업 실시

㉢ 작업발판 및 안전방망을 설치하기 곤란한 경우 안전대 부착설비를 설치하고 안전대를 착용 및 체결한 뒤 작업을 실시하여야 한다.

참고문헌

안전보건공단. 수공구 사용 안전지침. KOSHA GUIDE G-44-2011

안전보건공단. 지붕공사 안전보건작업 기술지침. KOSHA GUIDE C-59-2017

안전보건공단. 이동식 비계 구조 기준 및 사용 지침. KOSHA GUIDE C-28-2011

안전보건공단. 건설현장의 전기설비 설치 및 관리에 관한 기술지침. KOSHA GUIDE E-106-2011

안전보건공단. 사다리 안전보건작업 지침. KOSHA GUIDE C-58-2012

안전보건공단. 건설공사의 고소작업대 안전보건작업지침. KOSHA GUIDE C-74-2015

안전보건공단. 현장작업자를 위한 지붕공사 작업안전. 2016년 11월

Chapter 5

표준안전작업방법 및 지도 요령에 관한 사항

1. 석면해체 · 제거작업 방법 ▌노영만, 나정복

석면함유물질의 해체 · 제거에 관한 규정은 「산업안전보건법」에서 기본적인 내용을 제시하고 있으며 국내 「산업안전보건기준에 관한 규칙」과 한국산업안전보건공단 KOSHA GUIDE H-70-2012, 「석면해체 · 제거 작업지침」에 상세하게 기술되어 있다. 고용노동부는 산업안전보건법 및 KOSHA Guide의 내용을 바탕으로 기술자료인 석면해체 · 제거작업 길잡이를 발간하여 좀 더 상세한 작업방법을 제공함으로써 석면해제제거작업 발주자, 현장관리자, 감리인 및 작업 근로자에게 한전한 석면해체 제거작업을 수행하는데 활용되도록 하고 있다. 또한 석면안전관리법에서는 석면해체제거 작업의 공개, 해체제거 사업장 주변의 석면배출허용기준 준수, 석면해체제거작업의 감리인 지정 등과 관련된 규정을 제시한다.

KOSHA GUIDE 「석면해체 · 제거 작업지침」은 미국 환경보호청(EPA)과 산업안전보건청(OSHA)의 관련 법령을 관련규격으로 하고 있다.

KOSHA GUIDE 「석면해체 · 제거 작업지침」의 개요에서는 해당 지침이 미국 환경보호청(EPA)과 산업안전보건청(OSHA)의 관련 법령을 관련규격으로 하였음을 명시하고 있다.

미국의 석면 해체 제거는 연방법 준수를 최소 기준으로 하여 주정부 법에서 최소한 연방법을 준수하거나 더욱 엄격한 규정을 제시한다. 여기서 소개하는 미국의 규정은 연방법을 기준으로 기술하고 있다. 석면 해체 · 제거와 관련하여 주된 법은 미국 산업안전보건청(OSHA)의 29 CFR 1926.1101 (건설 현장에서의 석면기준)이다. 이 법은 석면 제거 시의 작업자 보호를 주목적으로 하고 있으며 석면 해체 제거 등급화 및 각 작업에 대한 요구사항, 위생설비, 건강검진, 기록 보존 등에 대해서 규정하고 있다.

본장에서 소개하고자 하는 석면해체제거 방법은 우리나라의 「석면해체 · 제거작업지침」(산업안전보건공단 KOSHA GUIDE H-70-2012)을 근본으로 하여 관련법령 및 고시, 고용노동부의 기술자료인 석면해체제거작업 길잡이 등의 내용을 추가하여 구성하였음을 알려두는 바이다.

1.1 개요

석면해체제거 작업지침은 2012년 6월 한국산업안전보건공단에서 작성, 공표되었고 OSHA의 29 CFR Part 1926.1101, Safety and Health Regulations for Construction-Asbestos 및 EPA의 40 CFR Part 763 Subpart E Asbestos-Containing Materials in Schools, 한국표준협회 : KS K ISO 13982-1 고형 미립자 차단 보호복－제1부 : 고형부유 미립자에 대해 전신을 보호하는 화학보호복(5형)의 요구 성능을 관련규격으로 하고 있다.

「산업안전보건법」 제38조의3(석면 해체 · 제거 작업기준의 준수)에 근거하여 석면이 함유된 건축물이나 설비를 철거하거나 해체하는 자는 고용노동부령으로 정하는 석면해체 제거의 작업기준을 준수하여야 한다. 해당 고용노동부령인 「산업안전보건기준에 관한 규칙」 제490조에서 제497조에서 준수해야 하는 석면해체제거와 관련된 작업기준을 제시하고 있다.

근로자의 건강장해를 예방하고 안전한 작업을 위하여 석면의 해체 · 제거작업 표준을 정함을 목적으로 하고 있고, 석면함유 설비 및 건축물을 해체 · 제거하는 작업을 업으로 하는 사업주와 그 작업을 수행하는 근로자를 적용범위로 하고 있다.

근로자의 건강장해를 예방하고 안전한 작업을 위하여 석면의 해체 · 제거작업 표준을 정함을 목적으로 하고 있고, 석면함유 설비 및 건축물을 해체 · 제거하는 작업을 업으로 하는 사업주와 그 작업을 수행하는 근로자를 적용범위로 하고 있다.

1.2 정의

석면해체 · 제거 작업지침에서는 중요한 용어에 대해 정의가 제시되어 있는데 이는 관련 문서를 작성함에 있어 표준화를 이루었다는 데에 큰 의미를 부여할 수 있어 여기에 소개를 하고자 한다.

1.3 석면해체 · 제거의 신고

석면해체·제거작업은 2009년 8월 7일 이전에는 석면해체제거 허가제이었지만 그 이후 산업안전보건법의 개정과 함께 신고제로 변경되었다. 산업안전보건법 제38조의4 제1항에 따르면 석면해체·제거업자는 같은 조 제3항에 따라 석면해체·제거 작업 시작 7일 전까지 석면해체·제거작업 장소 소재지를 관할하는 지방고용노동관서의 장에게 서식 제17호의 6의 석면해체·제거작업 신고서를 작성, 제출하여야 한다. 또한, 석면해체·제거작업 신고서 내용이 변경된 경우에는 지체 없이 제17호의 7 서식의 석면해체·제거작업 변경신고서를 석면해체·제거작업 장소의 소재지를 관할하는 지방 고용노동관서의 장에게 제출하여야 한다.

표 5-1-1 「석면해체·제거 작업지침」에서 사용되는 용어의 정의

용어	정 의
석면	자연에서 생산되는 섬유상 형태를 갖고 있는 규산염 광물로서 백석면, 갈석면, 청석면, 안소필라이트석면, 트레모라이트석면, 악티노라이트석면 등 여섯 종의 광물
석면함유물질	석면이 중량기준 1% 초과 함유된 물질
석면함유 설비 및 건축물	석면함유물질이 포함되어 있는 설비 및 건축물
분무된 석면	건축물 또는 시설의 내외부에 내화, 흡음, 단열, 장식 및 기타 용도를 위해 분무·미장 등의 방법으로 표면에 입혀진 석면
보온재	건축물 또는 시설의 파이프, 덕트, 보일러, 탱크 등의 내외부에 보온·단열을 목적으로 사용된 물질
내화피복재	높은 온도에서도 타지 않도록 하기위하여 물질의 표면에 덮어씌우는 물질
석면해체·제거작업	석면함유 설비 또는 건축물의 파쇄, 개·보수 등으로 인하여 석면분진이 흩날리거나 흩날릴 우려가 있고 작은 입자의 석면 폐기물이 발생되거나 발생될 우려가 있는 작업
고성능필터	0.3μm의 입자를 99.97% 포집할 수 있는 성능을 가진 필터 (High efficiency particulate air filter : HEPA filter)
음압기	고성능필터가 달린 팬을 이용하여 작업장내부공기를 일정유량으로 배기하여 석면해체·제거작업 공간 내부를 음압으로 유지하도록 하는 장치
음압기록장치	석면해체·제거작업 공간 내외부의 압력 차이를 측정·기록할 수 있는 장비
사업주	석면이 함유되어 있는 설비나 건축물의 해체·제거를 업으로 하는 자
글로브 백 작업 (Glove bag Operation)	폴리에틸렌 등 불침투성 재질의 비닐시트를 사용하며 안쪽으로 손 모양의 글로브에 손을 넣어서 석면해체·제거작업을 수행하는 것

지방 고용노동관서의 장은 석면해체 · 제거작업 신고서 또는 변경신고를 받았을 때에 그 신고서 및 첨부서류의 내용이 적합한 것을 확인될 경우에는 그 신고서를 받은 날부터 7일 이내에 별지 제17호의 8서식의 석면해체 · 제거작업 신고(변경)증명서를 신청인에게 발급하여야 한다. 지방노동관서의 장은 신고서 또는 변경신고서가 사실과 다르거나 첨부서류가 누락된 경우 등 필요하다고 인정하는 경우에는 해당 신고서의 보완을 명할 수 있다. 석면해체 · 제거작업 신고서에는 공사하는 건물 및 건물주, 공사기간 그리고 공사자 등에 대한 내용을 기재하고 석면함유 물질의 종류와 면적, 작업근로자의 인적사항을 기입하여야 하며 공사계약서, 석면 해체 · 제거 작업계획서(비산방지 및 폐기물 처리방법 포함), 석면조사결과서를 첨부하여야 한다. 석면해체 · 제거작업신고에 대한 자세한 내용은 본 책의 법규관련 장을 참고하기 바란다.

1.4 석면해체 · 제거작업의 공개

특별자치도지사 · 시장 · 군수 · 구청장은 관할구역에서 석면안전관리법 제27조에 따른 석면해체 · 제거작업이 있는 경우에는 그 사실을 안 날부터 작업완료일까지 작업장의 명칭 및 주소지, 작업의 내용 및 기간, 그 밖에 공개가 필요한 사항이 포함된 석면해체 제거작업계획을 지방자치단체의 인터넷 홈페이지에 공개하여야 한다. 또한 특별자치도지사 · 시장 · 군수 · 구청장은 석면해체제거업자로 하여금 작업 기간 동안 작업장 주변지역에 석면안전관리법 시행규칙 별표 5의 석면해체제거 작업장 안내판을 설치하도록 하여야 한다.

1.5 석면해체 · 제거작업의 범위

「석면해체 · 제거 작업지침」에서는 석면 해체 · 제거작업의 범위를 다음의 다섯 가지 범위로 크게 구분하고 각 각의 작업에 대한 지침을 제시하고 있다.

(1) 분무된 석면의 해체 · 제거작업

철 구조물의 내화재로 빔, 기둥, 트러스 및 연결부위에 분무된 것과 장식목적의 마감재 또는 천장의 방음 단열재로 분무된 석면 등을 해체·제거하는 작업이다.

(2) 석면이 함유된 보온재 또는 내화피복재의 해체·제거작업
공기조화설비의 파이프, 보일러 또는 산업 현장의 용광로, 전기로 등의 설비에 보온·단열성 및 내화성을 주기 위해 석면이 함유된 보온재 및 내화피복재 등을 붙이거나 코팅된 것을 해체·제거하는 작업

(3) 석면이 함유된 벽체, 바닥타일 및 천장재의 해체·제거 작업
내화 및 방음을 목적으로 벽체, 바닥타일, 천장재 등으로 사용된 석면이 함유된 각종 건축자재 등을 해체·제거하는 작업

(4) 석면이 함유된 지붕재의 해체·제거작업
지붕재로서 방수를 목적으로 아스팔트를 접착제로 하여 석면이 함유된 아스팔트 휄트 및 루핑 등의 방수시트를 적층한 것과 단열목적의 석면이 함유된 판넬, 슬레이트 등을 해체·제거하는 작업이다.

(5) 석면이 함유된 가스켓 등 기타 석면함유물질의 해체·제거작업
보일러, 용광로 및 전기로 등의 문 또는 개방부위, 고압의 스팀 라인에 설치된 가스켓, 석면 링, 펌프 및 밸브의 팩킹재 등을 해체·제거하는 작업

미국 OSHA의 29 CFR 1926.1101, Safety and Health Regulations for Construction-Asbestos에서는 석면 해체 제거 작업의 범위를 석면함유물질의 종류 및 작업 규모에 따라 네 가지 등급으로 구분하고 각 각의 등급에 따라 조치사항을 달리하고 있다.

표 5-1-2 미국 OSHA에서 규정하고 있는 석면해체·제거작업의 종류 및 국내 작업범위와의 비교

OSHA 작업 종류	해당 작업 내용	KOSHA GUIDE 대상 석면함유물질
Class I	분무된 석면 또는 단열 보온재로 사용된 석면함유물질 해체·제거작업	분무된 석면, 보온재 또는 내화피복재
Class II	분무된 석면 또는 단열 보온재를 제외한 석면함유물질 해체·제거작업	벽체, 바닥타일, 천장재, 지붕재, 가스켓 등 기타
Class III	석면함유물질을 교란시키는 보수 및 유지관리 작업, 한 개의 기본 크기 글로브 백 규모의 제거 작업	해당된 작업 범위 없음
Class IV	석면함유물질과 접촉하지만 교란시키지 않는 청소 등과 같은 작업	해당된 작업 범위 없음

1.6 석면해체 · 제거 작업의 감리인 지정

석면해체제거 작업을 수반하는 건설공사의 발주자는 석면해체제거작업 개시 전까지 석면해체제거작업의 안전한 관리를 위하여 석면해체제거작업의 감리인을 지정하여야 할 것을 석면안전관리법 제30조에서 규정하고 있다. 상세한 내용은 본 책의 감리인 지정부분을 참고하기 바란다.

1.7 석면해체 · 제거 작업관련 교육

석면해체·제거와 관련된 교육은 크게 석면해체·제거업자 종사인력과 작업 근로자로 구분하여 설명할 수 있다.

1) 석면해체 · 제거업자 종사인력

석면해체·제거업자 등록을 위한 인력기준에서 아래 각 호의 인력기준에 해당하는 자는 노동부 고시 제2015-40호, 「석면조사기관 및 석면해체·제거업자 종사인력의 교육에 관한 규정」에 따라 석면관련 교육기관에서 제공하는 18시간의 석면해체·제거 관리자 과정교육을 수료하여야 한다.

① 「건설기술관리법」에 따른 토목·건축분야 건설기술자 또는 「국가기술자격법」에 따른 관련 종목의 기술자격을 가진 자로서 노동부장관이 정하는 교육을 이수한 자 1명 이상

② 「초·중등교육법」에 의한 공업계 고등학교 또는 이와 동등 이상의 학교를 졸업하였거나 토목·건축분야에서 2년 이상 실무에 종사한 자로서 노동부장관이 정하는 교육을 이수한 자 1명 이상

2) 석면해체 · 제거작업 근로자

사업주는 석면해체·제거작업을 수행하는 작업 근로자에 대해서는 산업안전보건법 제31조 제3항, 같은 법 시행규칙 제33조 1항 및 [별표 8]의 「산업안전·보건관련 교육과정별 교육시간」, [별표 8의2]의 「교육대상별 교육내용」에 따라 다음과

같이 특별안전·보건교육을 실시하여야 한다. 교육 내용 및 시간, 교육 방법은 표 5-1-3과 같다.

표 5-1-3 석면해체·제거 작업에 대한 특별 안전·보건교육

교육내용	• 석면의 특성과 위험성 • 석면해체·제거 작업방법에 관한 사항 • 장비 및 보호구 사용에 관한 사항 • 그 밖에 안전·보건관리에 필요한 사항
교육시간	• 일용 근로자 : 2시간 이상 • 일용 근로자를 제외한 근로자 : 16시간 이상 (최초 작업에 종사하기 전 4시간 이상 실시하고 12시간은 3개월 이내 분할하여 실시 가능) ※ 단기간 또는 임시 작업인 경우에는 2시간 이상
교육방법	• 사업주 자체 실시 또는 위탁실시 가능

1.8 석면해체 · 제거작업 전 준비사항

1) 석면해체 · 제거작업계획 수립

산업안전보건기준에 관한 규칙 제489조에 "사업주는 석면이 함유된 건축물이나 설비를 해체하거나 제거하는 작업을 할 경우에 석면으로 인한 근로자의 건강재해를 예방하기 위하여 사전에 석면 해체·제거작업의 절차와 방법, 석면 흩날림 장비 및 폐기방법, 근로자 보호조치의 사항이 포함된 석면 해체·제거작업 계획을 수립하고, 이에 따라 작업을 수행하여야 한다."고 명시하고 있다.

사업주는 석면해체·제거작업계획을 수립하기 전에 반드시 현장을 방문하여 제거대상 석면함유물질의 설치 위치, 수량, 작업 시 고려해야 할 사항 등을 점검해야 한다. 특히, 석면조사 보고서 상에 명시되어 있지 않은 추가 의심물질을 발견 시에는 건물주 등에 요구하여 해당물질의 분석을 의뢰하여야 한다. 또한, 작업구역의 범위를 설정하고 적절한 음압기의 배기용량을 계산하여 한다.

KOSHA GUIDE, 「석면해체·제거작업지침」에서는 작업계획에 포함될 내용에 대해 다음과 같이 구체적으로 제시하고 있다.

표 5-1-4 석면해체 제거작업 계획서에 포함될 주요 내용(예시)

항목	내 용
1. 공사개요	• 작업 목적 • 작업장 현황 • 해체 제거작업 대상(석면자재 현황 포함) • 해제 제거작업 일정(일일작업 계획 포함) • 작업자 배치 및 투입계획 • 투입인력 및 장비 현황 • 자격보유 현황
2. 석면해체 제거작업 방법	• 작업 일반기준(밀폐보양, 음압 유지 등) • 위생설비 설치 및 사용 • 표지판 설치 및 작업장 출입 통제 • 석면해제 제거작업 시 금지사항 • 석면자재별 해체 제거 작업 • 석면함유 잔재물의 흩날림 방지기준
3. 석면 비산정도 및 농도 측정	• 작업 중 석면비산정도 측정계획 • 작업 후 석면농도 측정계획 • 측정방법 및 결과에 따른 조치 • 측정에 대한 검증 및 확인 • 측정결과 보고
4. 작업근로자 보호	• 근로자 안전교육 • 보호구 지급 및 관리 • 개인보호구의 지급 착용기준 • 호흡기 보호프로그램 및 휴게 관리 • 자료의 비치 및 열람 사항 • 작업 중 금지사항 • 노사합의 사항 및 작업자 현황
5. 폐기물 처리계획	• 석면함유 잔재물(폐기물) 등의 처리기준 • 지정폐기물 처리 • 작업장 내부에서의 폐기물 수거 및 반출 • 폐기물의 운반 및 임시보관 • 폐기물 상차 및 처리
6. 응급상황 시 대책	• 화재발생 시 대책 • 안전사고 발생 시 대책 • 작업장 밀폐훼손 시 대책 • 비상연락 체계 및 보고

① 석면함유물질의 사전조사 내용
② 석면해체・제거작업 공사기간 및 투입인력
③ 석면해체・제거작업의 절차 및 방법
사전조사결과 해체・제거할 석면함유물질별로 사용하는 도구 등 장비 목록, 작업순서 및 작업방법 등의 해체・제거방법
④ 석면 비산장비 및 처리방법
㉠ 해체・제거작업과정 중 밀폐, 격리, 음압유지 시스템, 습식작업, 진공청소 등의 석면 비산방지 방법
㉡ 해체・제거작업과정에서 발생한 석면함유물질, 잔재물 및 부스러기의 처리방법
⑤ 근로자 보호조치
해체・제거작업자의 건강보호를 위한 호흡용보호구, 보호의, 보안경 등 개인보호구와 위생설비 등 보호조치 내용
⑥ 기타 사항
지정폐기물처리, 석면의 물질안전보건자료, 근로자에 대한 석면의 유해성 등에 대한 교육계획 등을 포함

사업주는 석면비산방지 및 폐기물 처리방법을 포함한 석면해체제거작업계획서를 작성하여 석면해체제거작업 시작 7일 전에 관할 지방고용노동청(저청)에서 석면해제제거작업 신고서와 함께 제출한 후 관할 지방고용노동청(지청)으로부터 신고증명서를 받은 후 작업을 개시하여야 한다.

환경부의 석면해체제거 표준감리매뉴얼에서 제시하는 석면해체제거작업 계획서에 포함될 주요내용을 나열하면 표 5-1-4와 같이 구성할 수 있다.

2) 계획의 주지

사업주는 이렇게 수립된 작업계획에 대해서는 당해 작업근로자 및 당해 근로자 외에 영향을 받을 우려가 있는 근로자 및 입주자에게 그 내용을 알려야 하며, 작업장에 대한 석면조사 방법 및 종료일자, 석면조사 결과의 요지를 해당 근로자가 보기 쉬운 장소에 게시하여야 한다.

당해 근로자에 대해서는 그 내용을 서면, 게시 또는 교육 등을 통하여 주지시켜야 한다. 이는 주로 석면해체・제거작업이 실시되기 전 근로자에 대한 안전교육을

포함하여 현장에서 수행되어지고 있다.

또한 당해작업 근로자 외에 석면해체 · 제거작업으로 인해 영향을 받을 우려가 있는 동일 건물 내의 근로자 및 입주자에게 작업 실시 계획 등에 대해 주지시켜야 한다. 이는 게시판 및 경고표지를 설치하여 주지하거나 그 대상이 불특정 다수인인 경우에는 추가적으로 당해 건축물 인터넷 홈페이지 등을 통해 이루어질 수 있다.

3) 경고표지의 설치

석면해체제거 작업장은 통제장소로 간주하여 석면해체제거 관리자로부터 허가받은 사람만이 석면작업장소로 출입하도록 하고, 사업주는 석면해체 · 제거작업을 행하는 장소에는 산업안전보건법 시행규칙 별표 1의 2, 안전 · 보건 표지의 종류별 용도, 사용 장소, 형태 및 색채에 따른 출입금지표지를 출입구에 게시하여야 한다. 다만, 작업이 이울어지는 장소가 실외이거나 출입구가 설치되어 있지 않은 경우에는 근로자가 보기 쉬운 장소에 게시하여야 한다(산업안전보건법 보건규칙 제206조 제1항 및 제238조 관련).

또한 석면안전관리법 제27조 및 동법 시행규칙 제37조에 따라 주변에 석면해체제거 작업장임을 공개하도록 되어 있고, 석면해체제거 작업장에 접근이 가능한 인근 주민 및 통행자 등에게 석면해체제거작업이 이루어지는 장소임을 상기시킬 수

관계자 외 출입금지

석면 취급 / 해체 중

보호구 / 보호의 착용
흡연 및 취식 금지

비고 1. 크기는 가로 70 cm, 세로 50 cm 이상
2. "관계자 외 출입금지" 글자의 크리는 가로 8 cm, 세로 10 cm 이상
3. 그 밖에 글지의 크기는 가로 6cm, 세로 6cm 이상
4. 글자는 흰색 바탕에 흑색, "석면 취급/해체 중" 글자는 적색

그림 5-1-1 석면해체 · 제거에 따른 출입금지 표지판

<table><tr><td>

석면해체 · 제거 작업장 안내

작업장 위치:
석면해체·제거업체명:
석면해체·제거작업의 종류:
작업기간:0000년 00월 00일 ~ 00월 00일(00일간)

※ 이 안내판은 「석면안전관리법」 제27조 및 같은 법 시행규칙 제 36조 에 따라 제작되었으며, 석면해체·제거작업의 세부 내용은 ○○특별자치도(시·군·구) 인터넷 홈페이지에서도 확인하실 수 있습니다.

석면해체·제거업체명(대표자명)
</td></tr></table>

※ 작업장 위치: 건물명과 함께 주소지를 번지까지 자세하게 기재
※ 석면해체·제거작업의 종류:석면함유건축자재 종류 및 작업방법을 명시

규 격
300cm²(가로×세로) 이상 (0.25×세로) ≤ 가로 ≤ (4×세로)

그림 5-1-2 석면해체제거 작업장 안내판

있는 석면안전관리법 시행규칙 별표5의 석면해제제거 작업장 안내판을 게시하여야 한다.

4) 개인 보호구의 지급 · 착용 · 교육

산업안전보건기준에 관한 규칙 제491조, 개인보호구의 지급, 착용에 근거하여 사업주는 석면해제제거 작업에 근로자를 종사하도록 하는 경우에 다음 각 호의 개인보호구를 지급하여 착용하도록 하여야 한다.

- 방진마스크 (특급만 해당한다)나 송기마스크 또는 산업안전보건법 시행규칙 별표 10의4제3호마목에 따른 전동식 호흡보호구. 다만 제495제1호의 작업(분무된 석면이나 석면이 함유된 보온재 또는 내화피복재의 해제제거작업)에 종사하는 경우에는 송기마스크 또는 전동식 호흡보호구를 지급하여 착용하도록 하여야 한다.
- 고글(Goggles)형 보호안경. 근로자의 눈 부분이 노출된 경우만 지급

- 신체를 감싸는 보호복, 보호장갑, 보호신발

또한 보호구를 지급할 때에는 작업근로자에게 다음의 교육을 실시하여야 한다.

① 기밀검사(Fit-test)방법
② 보호구의 이상 유무 검사방법
③ 사용방법
④ 유지관리방법
⑤ 오염물 세척 및 제거방법
⑥ 보호구의 사용제한

개인 보호구 관련 교육을 체계적이며 효과적으로 수행하기 위해 사업주는 개인 보호구 교육계획을 작성도록 한다. 적절한 호흡 보호구 선정 방법은 본 교재의 호흡보호구 부분을 참조한다. 호흡 보호구와 관련된 교육 내용은 각 호흡 보호구 제품에 동봉되어 있는 제조사의 사용설명서를 참조한다. 제품의 사용설명서에는 주의 사항, 장착 가능한 방진 필터의 제품 번호, 방진 필터의 사용수명, 조립 방법, 착용 및 밀착 방법, 착용자 밀착 검사 방법, 이상 유무 검사방법, 세척 및 보관방법 등에 대해 자세히 제공하고 있다. 이를 토대로 사업주는 석면해체 · 제거 작업범위에 맞는 개인보호구 선정하고 관련 교육프로그램을 수립하여 최소한 1년에 1회 또는 새로운 근로자가 석면관련 업무를 수행하기 전에 실시하도록 하며 이를 기록으로 보관할 것을 권장한다.

이와 반대로 근로자는 실시되는 개인보호구 관련 교육에 따라 적절히 개인보호구를 사용 및 관리하여야 하며 이는 근로자의 책임임을 명심하여야 한다. 또한, 착용하는 개인보호구에 이상이 있는 경우에는 지체 없이 사업주에 알려 이를 수리 또는 교체하여야 한다.

호흡 보호구의 올바른 선택, 지급, 사용, 유지 보수 및 관리에 관한 기술적인 사항은 KOSHA GUIDE H-82-2015, 호흡용 보호구의 사용지침을 참조한다.

5) 석면 해체 · 제거 장비

사업주는 석면해체 · 제거업자 등록을 위해 다음의 장비 목록 및 등록 시 검토되는 장비 기준은 다음과 같다. 각 장비에 대한 자세한 내용은 본 교재의 석면해체 · 제거 관련 장비 부분을 참고한다.

(1) 고성능 필터(HEPA 필터)가 장착된 음압기
- 고성능필터(HEPA 필터)가 장착된 것
- 전처리 필터가 반드시 설치된 것
- 필터 차압 게이지가 설치된 것
- 음압기 내부를 밀폐하여 여과되지 않은 공기가 누설되지 않도록 제작된 것
- 송풍기가 필터 뒤쪽에 설치된 것
- 이동 시 음압기 내·외부의 석면이 비산하지 않도록 비산 방지 장치 혹은 조치를 취할 수 있을 것

(2) 음압기록장치
- 측정 감도는 0.01 mmH_2O 이하일 것
- 측정 전 자체적으로 영점(Zero point)을 교정할 수 있는 기능을 갖출 것
- 기록결과를 현장에서 확인할 수 있는 기능을 가질 것

(3) 고성능필터(HEPA 필터)가 장착된 진공청소기
- 고성능 필터를 장착해야 한다.
- 여과되지 않은 공기가 누설되지 않도록 하는 구조이어야 한다.
- 석면해체·제거작업 시 지속적으로 석면분진을 포지할 수 있는 충분한 모터성능을 가진 것이어야 한다.

(4) 위생설비(탈의실, 샤워실, 작업복 갱의실이 설치된 설비로서 이동식 포함)

(5) 산업안전보건관리공단의 안전인증을 받은 송기마스크 또는 전동식 호흡보호구 중 전동식 방진마스크(전면형 특급에 한함)나 전동식 후드 및 전동식 보안면(분진·미스트·흄용으로 안면부 누설율이 0.05% 이하인 특급에 한함)

(6) 습윤장치

위에 명시된 장비는 석면해체·제거업자 등록을 위한 장비 기준이며 실제 석면해체·제거작업을 수행하기 위해서는 추가적인 장비, 도구가 필요하게 되며 장비 또한 작업 규모에 따라 그 필요 대수가 증가함을 명심하여야 한다. 특히 작업 규모에 따른 적절한 음압기 용량 및 대수 선정방법은 본 교재의 석면해체·제거작업 관련 장비의 음압기 부분을 참조한다.

1.9 위생설비의 설치

산업안전보건기준에 관한 규칙 제494조, 위생설비의 설치 등에서는 “사업주는 석면 해체 · 제거작업장과 연결되거나 인접한 장소에 탈의실 · 샤워실 및 작업복 갱의실 등의 위생설비를 설치하고 필요한 용품 및 용구를 갖추어 두어야 한다.”고 명시하고 있다.

슬레이트 해체제거 시에 위생설비 설치에 대한 예외 조항이 석면안전관리법 시행령 별표3, 슬레이트 처리등의 기준 및 방법에서 제시되고 있다. 별표3에서는 슬레이트를 해체제거하는 장소에서 인접한 곳에 탈의실, 경의실을 겸한 위생시설을 설치하여야 하며 석면 분진 등을 제거하기 위하여 고성능필터가 장착된 진공청소기 등으로 세척할 수 있도록 요구하고 있다. 위생시설의 설치와 관련하여 공장의 슬레이트 해제제거작업 시에는 샤워실을 설치하거나 인접한 장소에 있는 샤워시설을 사용할 수 있도록 제한하고 있다.

구체적인 위생설비 설치 위치에 대해서는 석면해체 · 제거작업지침에서는 위생설비는 작업 장소에 직접 연결되는 구조가 가장 이상적이며, 옥외작업에서 작업특성상 작업 장소에 인접하여 설치하기가 현실적으로 어려운 경우에는 작업장소와 분리되어 있다 하더라도 적정한 장소에 위생설비를 설치할 수 있다고 제시하고 있다. 따라서 석면해체 · 제거작업을 위한 위생설비 설치는 작업 장소에 직접 연결되는 구조이어야 하며 분리설치는 현실적으로 어려운 경우에 한하여 적용하여야 한다. 위생설비가 격리되어 설치된 경우, 작업자는 작업장을 떠날 때 작업 장소 내에

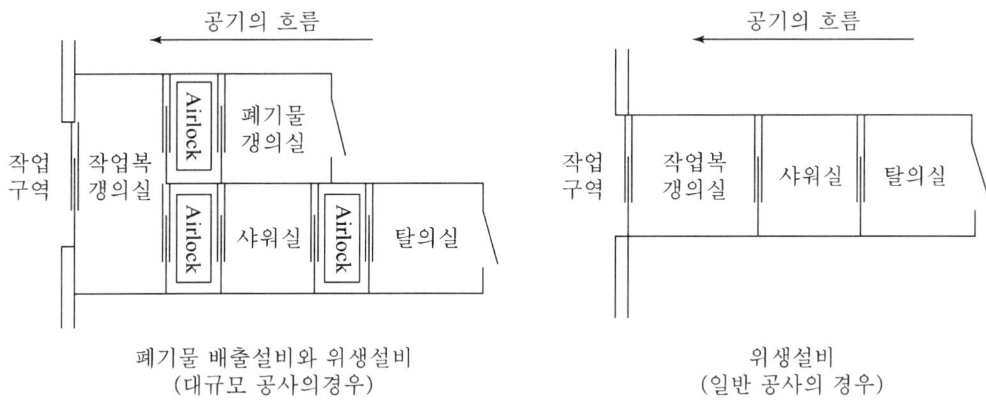

그림 5-1-3 위생설비의 구조도

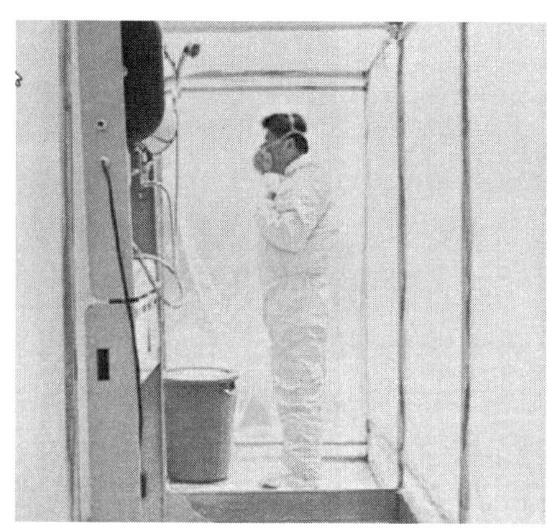

그림 5-1-4 위생설비의 내부와 외부

서 진공청소기 등을 사용하여 작업복, 보호의 및 사용 장비 등에 부착된 석면분진을 세척하여 이동 중 석면분진이 흩날림을 방지한다.

위생설비의 설치순서는 탈의실 → 샤워실 → 작업복 갱의실 → 작업장 순으로 연결하여 설치하고 각 실의 연결 복도의 출입구는 분진의 확산방지를 위해 폴리에틸렌 재질의 커튼을 설치하고 샤워실은 온·냉수가 공급되어야 하며, 작업형태에 따라 변형된 위생설비 설치도 가능하다.

위생설비가 작업구역과 연결된 경우에는 반드시 각 구역은 공기 차단막(2겹 또는 3겹) 또는 완충지대(Air Lock)를 두어 각각 분리한다. 하고 이러한 공기차단막의 설치 목적은 작업자를 해체 제거직역으로 쉽게 출입할 수 있으며 또한 많은 양의 외부공기가 작업장 내부로 유입되어 작업장 내부의 음압이 파괴되는 것을 방지하기 위한 것이다. 공기차단막은 통상 비닐시트를 이용하여 커튼의 형태로 만들어진다. 샤워실에서 발생된 물은 여과장치를 거쳐 배출하는데 보통 2 또는 3단계 여과장치(3단계 시 100 m, 50 m, 5 m)를 사용하고 여과 필터도 석면 폐기물로 처리한다.

1) 위생설비 설치 요건

사업주가 실내의 석면 해체·제거작업장소에 위생설비를 설치하는 때에는 다음의 조건이 충족되어야 한다.

① 위생설비의 설치순서는 탈의실 → 샤워실 → 작업복 갱의실 → 작업장 순으로 연결하여 설치하여야 한다.

② 각 실의 연결 복도의 출입구는 분진의 확산방지를 위해 폴리에틸렌 재질의 커튼을 설치하는 것이 바람직하다.

③ 샤워실은 온·냉수가 공급되어야 한다.

④ 위생설비에 비치하여야 하는 물품은 아래와 같다.

- 작업복 갱의실 : 석면경고 표시가 붙여진 불투수성 백 또는 용기
- 샤워실 : 온수 및 냉수, 샴푸제공, 호흡 보호구를 걸어 놓을 수 있는 걸이
- 탈의실 : 일회용 수건, 사용하지 않은 보호의, 개인사물

2) 작업 전 출입순서

① 탈의실로 들어가 평상복을 벗고 보호의를 착용하고 호흡용 보호구를 검사 후 착용한다.

② 샤워실을 통해 갱의실로 들어가되, 샤워실에서 샤워는 하지 않는다.
작업복 갱의실에서 안전모, 장화 및 다른 장비를 착용한다.

③ 작업장에 입장한다.

3) 작업 후 출입순서

① 작업장소를 떠나기 전에 작업자는 눈에 보이는 석면분진 등을 물걸레 등으로 세척하거나 고성능 진공청소기로 제거한다.

② 작업복 갱의실로 들어가 호흡용 보호구를 착용한 상태로 일회용 보호의 등을 벗어 폐기용 백 또는 용기에 위치하고 재사용할 도구 및 장비를 보관한다.

③ 샤워실로 들어가 재활용할 보호 장구와 호흡용 보호구를 착용한 상태로 샤워하고 호흡용 보호구를 세척한다. 그 후 호흡용 보호구를 벗고 샤워를 계속한다. 분진 필터는 호흡용 보호구에서 분리 후 물에 충분히 적신 후 작업복 갱의실에 있는 폐기용 백 또는 용기에 던져 넣는다.

④ 샤워실로 나와 탈의실에서 평상복으로 갈아입은 후 나온다. 호흡용 보호구는 건조 후 지퍼백에 넣어 보관한다.

4) 위생설비에서의 오염정화

사업주는 석면해체·제거작업 근로자가 착용했던 보호구 등은 작업복 갱의실에서 벗어 밀폐용기에 넣어 보관토록 하고 오염을 제거하기 위한 세척 등 필요한 조치를 취한다. 또한 샤워실에서 발생된 물은 여과장치를 거쳐 배출한다. 이때 여과장치는 보통 2단계 또는 3단계 여과장치를 사용한다(3단계 시 100μm, 50μm, 5μm). 사용된 여과 필터도 석면폐기물로 처리한다.

1.10 석면해체 · 제거 작업 수행시 공통 조치사항

1) 작업 장소 내 창문 등 개구부 밀폐 및 인근 작업장소와 격리 조치

(1) 환기 시스템 중단 및 전기설비 차단

석면 해체·제거작업 시 발생되는 석면입자의 작업구역 외부로의 확산을 방지하기 위하여 반드시 석면해체·제거작업지역의 환기시스템은 모두 중단하여야 한다. 또한, 석면해체·제거작업은 기본적으로 습윤 제거를 원칙으로 하고 있으므로 따라서 전기감전의 위험을 예방하기 위해 작업지역의 전기설비를 차단하고 전원이 필요시에는 외부에서 전원을 공급하여야 한다.

(2) 창문 등 개구부 밀폐

석면해체·제거 시 석면해체·제거작업 구역으로부터 비산된 석면입자가 외부환경으로 비산되는 것을 방지하고 환기시스템으로의 유입 등을 방지하기 위하며 작업구역의 보양에 앞서 창문, 사용하지 않는 출입문, 환기 시스템 유출/입구 등의 개구부에 대해 0.15 mm 두께의 비닐시트와 테이프를 이용하여 우선적으로 밀폐를 시킨다. 미국에서는 개구부 밀폐를 Critical Barrier(임계벽) 설치라고 지칭하며 실내 석면해체제거시 외부 환경으로 통할 수 있는 경로에 차단벽을 설치하여 비산된 석면의 외부 유출을 막을 수 있도록 수단으로 사용되고 있다. 미국의 경우 이러한 Critical Barrier는 석면해체·제거작업 완료 후 실시되는 석면농도측정(최종공기질 측정) 시 사용된 비닐 보양을 제거하더라도 그대로 보존하여야 하며 측정결과가 기준을 만족할 경우 제거가 가능하다. 그러나 국내의 경우 최종공기질 측정 시 비닐 보양을 제거하지 않으며 최종공기질 결과가 기준을 통과한 경우 비닐 보양 제거 후 Critical Barrier를 제거하게 된다.

(3) 작업지역을 타 인접 장소 등과 격리

석면해체 · 제거작업구역은 타 인접 장소와 격리를 시켜야 하며 벽 등 구조물이 불충분한 경우에는 임시벽을 설치하여야 한다. 또한, 석면 해체 · 제거작업 구역이 너무 넓어 보유하고 있는 음압기로 적정 음압을 유지하기 힘든 경우에도 작업구역을 적정 규모로 구분하여 작업을 진행하여야 하며 이러한 경우에도 결정된 작업구역과 제외된 작업구역은 임시벽 등을 설치하여 격리시켜야 한다.

그림 5-1-5 임시벽의 설치

(4) 이동 가능한 시설물의 작업구역 외부로의 이동

작업지역 내 이동이 가능한 물품 및 시설물은 작업지역 밖으로 이동시켜 석면 비산으로 인한 오염을 방지하고 작업 완료 후 오염정화 작업을 최소화시켜야 한다. 그러나 설비 및 공조시설 등 이동이 불가능하여 작업구역의 원래 위치에 있어야 하는 시설물 등은 비닐 시트로 밀폐시켜 석면입자의 유입으로 인한 오염을 방지하여야 한다.

2) 음압 및 밀폐시스템

(1) 석면해체 · 제거작업구역이 실내인 경우에는 작업 장소 내 음압밀폐를 하기 위하여 작업부위를 제외하고는 바닥, 벽 등을 불침투성 재질의 폴리에틸렌

비닐 시트로 덮는다. 바닥은 0.15 mm 이상, 벽면은 0.08 mm 이상의 두께로 바닥면은 최소한 이중으로 덮어야 하며 벽면은 이중으로 덮는 것을 권장한다. 밀폐가 잘되었는지 확인하는 방법으로 발연관을 이용하여 비닐의 이음새 부분이나 접착부분 등에 공기가 새는 것을 확인하는 방법이 있다. 누설되는 부분이 확인되면 즉시 테이프를 이용하여 재정비하도록 한다.

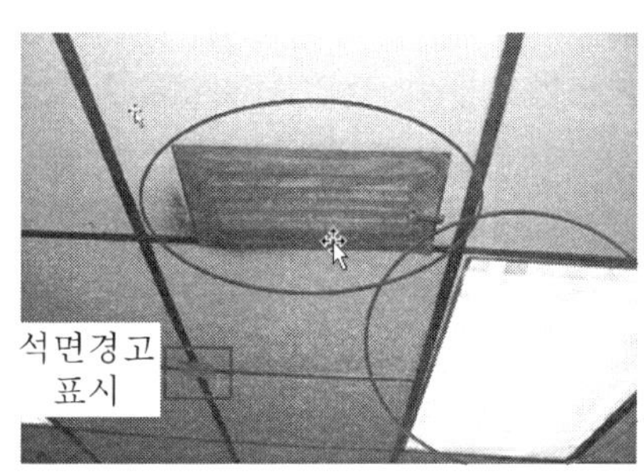

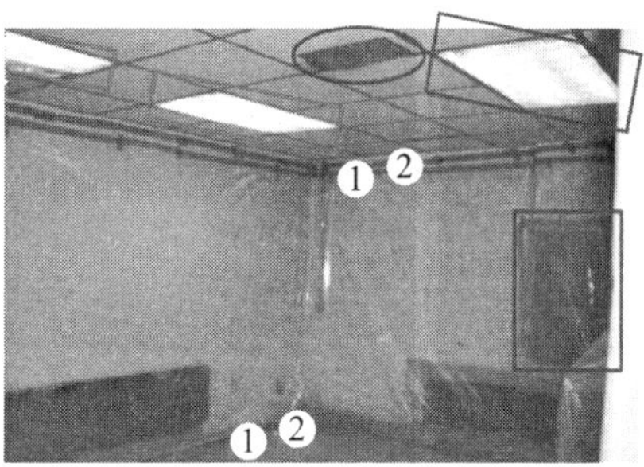

그림 5-1-6 개구부 밀폐 및 작업구역이 밀폐된 모습

(2) 작업구역의 크기에 따라 적절한 음압장치의 용량 및 대수를 선정하여 위치시킨다. 음압장치는 작업 장소 내 발생한 석면분진이 외부로 배출되지 않도록 고성능필터가 장착된 것을 사용하여야 한다. 실내 밀폐작업 시 작업장 내외부의 압력차가 최소 −0.508 mm H_2O를 유지하여야 한다. 이러한 음압 수준을 만족하기 위해서는 시간당 환기회수를 4회 이상으로 하여 배기 유량을 산정하도록 한다. 이때 음압 유지를 방해할 수 있는 작업자의 출입, 음압기 효율, 밀폐의 기밀 등을 고려하여 여유율을 20%를 부여하여야 한다.

예제 6-1

가로 15 m, 세로 15 m, 높이 3 m인 사무실의 천장에 설치된 석면함유 텍스를 철거하고자 한다. 용량 40 m^3/min의 음압기를 사용하는 경우 소요되는 음압기의 대수를 산정하라. 단, 천장텍스에서 슬라브까지의 높이는 2 m이다

① 작업장 공간(체적) 계산 = 15 m × 15 m × (3+2) m = 1,125 m^3
② 시간당 환기량 = 4회 / hr × 1,125 m^3 = 4,500 m^3/hr
③ 필요 배기량 = [4,500 m^3/hr ÷ 60 m^3 / hr] × 1.2 (여유율) = 90 m^3/min
④ 음압기 소요대수 산정 = 90 m^3/min ÷ 40 m^3/min = 2.25
∴ 즉 40 m^3/min의 음압기 3대가 필요하다.

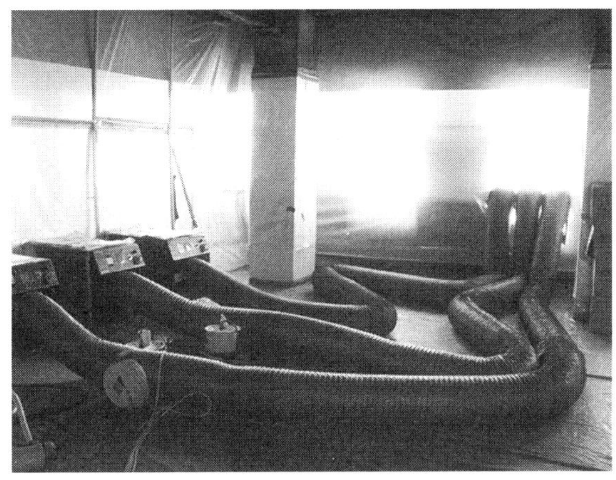

그림 5-1-7 음압기 설치

(3) 음압장치는 시스템 내 공기흐름이 근로자의 호흡기 영역으로부터 고성능필터 또는 분진포집장치 방향을 유지하여야 할 수 있도록 위생설비에서 되도록 먼 장소에 설치하는 것이 좋다.

(4) 해체·제거 작업은 음압기로부터 먼 곳에서 시작하여 가까운 곳으로 이동하며 진행한다.

(5) 작업개시 전에 음압밀폐시스템 내 누출부위가 있는지 스모크 테스트 등을 통해 검사를 하여야 한다.

(6) 작업개시 전에 음압을 유지하는지 확인하여야 한다. 음압을 확인하는 방법은 다음과 같다.

- 음압밀폐시스템의 폴리에틸렌 시트 등의 밀폐시트가 작업장 안쪽으로 쪼그라드는 것을 확인한다.
- 스모크 테스트 튜브(Smoke test tube) 등에 의한 연기흐름의 방향이 석면해체·제거작업장과 연결된 출입구 등 개구부에서 작업장 내부로 이동하는 것을 확인한다.
- 음압기록계로 현재의 음압이 -0.508 mmH_2O를 유지하는지 확인한다.

(7) 석면해체·제거작업구역에서 비산되는 석면입자의 외부비산을 방지하기 위해 작업장소와 외부와의 압력차가 -0.508 mmH_2O를 유지하도록 하여야 한다. 이때, 음압측정 위치는 출입문에 영향을 받지 않고 음압기와 가장 먼 위치에서 측정하여야 한다. 이는 음압측정은 작업자의 출입·이동에 의하여

영향을 받을 수 있으며, 음압기와 가까울수록 높게 측정될 수 있기 때문에 해당 작업구역을 대표할 수 있는 장소를 선정하기 위해서이다.

(8) 음압장치는 작업시작부터 작업종료까지 운전되어야 하며 음압기록 장치도 음압기가 운전되는 동안에는 지속적으로 측정하여 기록을 보관하여야 한다. 여기에서 작업종료까지는 작업완료 후 기준치를 만족하는 최종공기질 측정 결과를 해당 지방고용노동관서에 통보할 때까지를 의미한다.

(9) 석면해체・제거작업구역이 실외인 경우에는 음압밀폐시스템을 구성할 수 없다. 이러한 경우에는 작업 시 석면분진이 외기로 흩날리지 않도록 습식작업, 물리적 측정을 주지 않는 원상태로의 제거하며 HEPA 진공청소기가 장착된 도구를 사용하거나 진공청소기 등을 이용하여 제거 시 발생되는 석면분진을 포집할 수 있도록 작업하여야 한다.

3) 물 또는 습윤액을 사용한 습식작업

석면해체・제거작업에서 지켜져야 할 원칙은 눈에 보이는 비산이 없도록(no visible emission) 작업하는 것이다. 이를 위해서 수행되어야 할 작업 수행방법은 물 또는 습윤액을 사용한 습식작업이 그 중 하나이다.

올바른 습식제거 방법은 작업 전 습윤이 충분히 될 수 있도록 물 또는 습윤액을 습윤 장치를 통하여 제거대상 석면함유물질에 충분히 살포한 후 20~30분 이후에 작업을 실시하도록 한다. 또한, 작업 중에도 계속적으로 습윤 상태가 유지될 수 있도록 반복적으로 습윤액을 살포하여야 한다.

이러한 습식작업에 따른 감전재해를 예방하기 위하여 해체・제거작업구역 내부의 전기는 차단하고 사용되는 전기는 누전차단기가 설치된 연장선 또는 임시배전반 등을 이용하여 외부에서 공급하여 사용한다.

그러나 지붕재 작업 및 고압의 전기가 위치한 작업구역 내에서는 작업 근로자의 안전을 위해 습식에 의한 제거 작업을 수행하지 않을 수 있다. 이를 위해서는 석면해체・제거작업 계획서 상에 습식을 수행할 수 없는 이유를 명시하여 습식작업방법에 대한 예외를 적용받도록 한다.

4) 원상태 그대로의 제거

석면해체・제거작업에서 지켜져야 할 원칙인 눈에 보이는 비산이 없도록(no

visible emission) 작업하기 위해서는 습식작업과 더불어 제품형태인 석면함유물질을 원형 그대로 제거하는 것이다. 원형 그대로의 제거란 꺾기 또는 도구를 사용하여 물리적 충격을 주어 석면함유물질을 제거하지 않고 최대한 원상태로 제거하는 것을 말한다. 예를 들어, 천장재의 경우 고정 나사못을 전기드라이버 등을 이용하여 하나하나 제거한 후 천장재를 해체하는 방법을 말한다.

1.11 석면해체 · 제거 작업별 제거 방법 또는 조치 사항

1) 분무된 석면이나 석면이 함유된 보온재 또는 내화피복재

분무된 석면이나 석면이 함유된 보온재 또는 내화피복재의 경우 특성상 해체 · 제거 작업시 석면입자의 비산이 다른 석면함유물질에 비해 크다. 미국 OSHA의 경우 이러한 작업은 Class I 작업으로 구분하고 있으며 가장 높은 수준의 개인보호구 및 작업방법을 요구하고 있다. 분무된 석면이나 보온재 또는 내화 피복재 제거 시 요구되는 작업요구사항은 다음과 같다.

① 석면해체 · 제거 작업 수행 시 공통 조치사항에 명시된 모든 내용을 준수한다.
② 작업구역이 실내인 경우 창문 · 벽 · 바닥 등은 불침투성 차단재로 밀폐하고 당해 장소를 음압으로 유지한다.

그림 5-1-8 분무된 뿜칠재 제거 작업(출처 : 내부자료)

③ 작업구역이 실외인 경우에는 작업 시 석면분진이 흩날리지 아니하도록 고성능 필터가 장착된 석면분진 포집장치를 가동하거나 진공청소기를 이용하여 비산되는 분진을 바로 포집할 수 있게 작업을 수행하는 등 조치를 취해야 한다.

④ 물 또는 습윤제를 사용하여 습식으로 작업한다.

⑤ 작업구역이 실내인 경우에는 탈의실, 샤워실 및 작업복 갱의실 등의 위생설비를 작업장과 연결하여 설치한다.

⑥ 작업근로자에게 송기마스크 또는 특급 성능 이상의 정화장치가 부착된 전동식 호흡보호구를 지급하고 착용시켜야 한다.

⑦ 파이프에 도포된 석면이 함유된 보온재 또는 내화피복재를 해체・제거하는 작업의 경우 작업구역의 밀폐 및 보양이 어렵지만 글로브백을 이용하여 파이프를 밀폐시켜 작업이 가능한 경우 또는 소량의 파이프 보온재 또는 내화피복재가 있는 경우에는 글로브 백을 이용하여 제거가 가능하다. 글로브백을 이용한 작업절차는 아래와 같다.

㉠ 제거작업에 필요한 장비, 도구 및 습윤 장치를 준비한다.

㉡ 최소 2인 1조로 작업을 수행하여 호흡보호구 및 보호의를 착용하고 밀착도 점검한다.

㉢ 파이프 주변의 석면 의심 부스러기 청소하고 바닥에 비닐시트 위치시킨다.

㉣ 제거하고자하는 파이프관의 단열재 주위를 글로브 백으로 파이프관의 하부로부터 상부로 감싼 후 상부 및 백의 양 측면을 테이프 등을 사용하여 밀봉한다.

㉤ 밀봉하기 전에 글로브 백 내에 해체・제거하기 위해 필요한 도구 등을 넣어야 한다.

㉥ 스모크 튜브를 이용하여 밀봉상태 점검하고 습윤 장치 및 진공청소기의 노즐을 글로브백에 삽입하고 밀봉한다.

㉦ 한 명의 작업자는 글로브에 손을 넣어 작업을 시작하고, 다른 작업자는 작업 전 및 작업 중 지속적으로 습윤 작업을 실시한다.

㉧ 톱, 유틸리티 나이프 등을 이용하여 파이프 보온재를 제거하고 제거된 보온재는 습윤 상태를 유지할 수 있게 충분히 적신 후 글로브백의 바닥에 위치시킨다.

㉨ 제거가 완료된 후에는 백 표면에 붙어있는 부스러기 등은 습윤 장치를 통해 백의 아래로 흘려 내려 보내고 젖은 걸레 등을 이용하여 보온재가

제거된 파이프의 표면을 청소한다.

ⓩ 해체 · 제거작업 및 청소가 완료되면, 늘어져 있는 아래 부분을 비틀어서 테이프로 감싼다. 상단부분에 고성능 필터 장착 진공청소기의 흡입구를 넣어 상단부분의 내부에 있는 공기를 흡입하여 석면먼지를 제거한 후 파이프의 제거된 표면 및 보온재의 절단분위에 고착제로 도포한다.

ⓚ 보온재가 위치한 글로브 백 바닥부분을 돌려 감은 후 덕트 테이프로 감싸고 글로브백을 파이프에서 분리시켜 석면 폐기물용 비닐 백에 위치시킨다.

ⓣ 폐기용 백에 석면 경고표지를 표시한 후 폐석면으로 폐기 처리한다.

그림 5-1-9 글로브 백을 이용 파이프 보온재 제거 모습

2) 석면이 함유된 벽체, 바닥타일 및 천정재의 해체 · 제거작업

① 창문 · 벽 · 바닥 등은 비닐 등 불침투성 차단재로 밀폐한다.

② 물 또는 습윤제를 사용하여 습식으로 작업한다.

③ 석면함유 벽체, 바닥타일, 천장재는 가능한 한 손상되지 않도록 제거하여야 한다.

④ 해체 · 제거작업은 가능한 한 절단용 동력도구 등을 이용하여 석면함유 물질을 직접 절단, 연마, 찢거나 깨는 등의 손상을 주지 않는 방법으로 제거하여야 한다.

그림 5-1-10 석면함유 천정재 제거 작업(출처 : 내부자료)

⑤ 석면함유 벽체·바닥타일·천장재를 물리적으로 깨거나 기계 등을 이용하여 절단하는 작업인 경우에는 당해 작업장소를 음압으로 유지해야 한다. 즉, 석면이 함유된 비닐 및 아스팔트 바닥재나 바닥타일의 경우 고속 절삭디스크 톱, 도끼, 망치 등을 사용하여 자르거나 깎아 내는 작업은 반드시 음압밀폐시스템을 설치하여야 한다.

⑥ 작업근로자에게 성능검정 특급 방진마스크 이상의 성능을 가진 호흡용 보호구를 지급하고 착용시켜야 한다.

3) 석면이 함유된 지붕재의 해체·제거작업

석면안전관리법 제26조, 슬레이트 처리에 관한 특례에서는 해당법 제25조 제1항에 따른 시설물에 사용된 슬레이트를 해체 제거 수집 운반 보관 또는 처리하려는 자는 산업안전보건법 제38조의2 및 제38조의3, 폐기물관리법 제13조에도 불구하고 석면안전관리법 시행령 별표 3, 슬레이트 처리 등의 기준 및 방법에서 정하는 바에 따라 해제·제거·수집·운반·보관 또는 처리할 수 있도록 하고 있다. 석면안전관리법 시행령 별표 3의 슬레이트 해제·제거의 조치기준은 다음과 같다.

가. 물이나 습윤제를 사용하여 습식으로 작업하여야 한다.
나. 해체한 슬레이트는 직접 땅으로 떨어뜨리거나 던지지 아니하도록 하여야 한다.

다. 슬레이트를 해체·제거하는 과정에서 부스러기나 잔재물 등이 발생하지 아니하도록 모든 주의를 다하여야 하며, 부득이하게 발생한 부스러기, 잔재물 등은 폴리에틸렌, 그 밖에 이와 유사한 재질의 포대로 포장(흩날릴 우려가 있는 경우는 습도 조절 등의 조치 후 견고한 용기에 밀봉하거나 고밀도 내수성 재질의 포대로 이중 포장한 것을 말한다)하여야 한다.

라. 슬레이트를 해체·제거하는 장소에서 인접한 곳에 탈의실, 경의실(更衣室)을 겸한 위생시설을 설치하여야 한다. 위생시설은 석면 분진 등을 제거하기 위하여 0.3㎛ 이상의 입자를 99.97퍼센트 이상 포집할 수 있는 고성능필터가 장착된 진공청소기 등으로 세척할 수 있도록 하여야 한다.

마. 라목의 위생시설의 설치와 관련하여 공장의 슬레이트 해체·제거 작업 시에는 샤워시설을 설치하거나 인접한 장소에 있는 샤워시설을 사용할 수 있도록 하여야 한다.

바. 해체·제거한 폐슬레이트는 환경부장관이 정하여 고시하는 포장재질 및 포장방법으로 포장하여야 하며, 운반차량에 폐슬레이트를 싣거나 내릴 때에 포대가 찢어지지 아니하도록 하여야 한다.

추가적으로 슬레이트 해체·제거 시에 적용되는 조지사항은 다음과 같다.

① 작업근로자에게 성능검점 특급 방진마스크 이상의 성능을 가진 반면형 이상의 호흡용 보호구를 지급하고 착용시켜야 한다.

그림 5-1-11 슬레이트 지붕재 제거 작업(출처 : 내부자료)

② 지붕재 작업 시에는 작업시 발생되는 지붕재 부스러기가 떨어질 수 있는 처마 아래 바닥 등에 충분한 폭의 폴리에틸렌 시트를 위치시킨다.
③ 난방 또는 환기를 위한 통풍구가 지붕 근처에 있을 경우에는 이를 밀폐하고 환기설비의 가동을 중단하여야 한다.
④ 지붕재 해체·제거작업은 가능한 한 절단용 동력도구 등을 이용하여 지붕재를 직접 절단, 연마 또는 찢거나 하는 등의 손상을 주지 않는 방법으로 제거하여야 한다.
⑤ 물 또는 습윤재를 이용하여 습식으로 작업할 것. 다만, 습식 작업시 안전상 위험이 있는 경우에는 그러하지 아니하다.
⑥ 추락의 위험이 있는 경우에는 안전대 및 안전난간 등 안전조치를 반드시 취해야 한다.
⑦ 해체된 지붕재는 직접 땅으로 떨어뜨리거나 던지지 말고 손으로 직접 내리거나 리프트 장치 등을 이용하여 바닥으로 이동시켜야 한다.

4) 석면이 함유된 가스켓 등 기타 석면함유물질의 해체·제거작업

① 작업 구역이 실내인 경우에는 창문·벽·바닥 등은 비닐 등 불침투성 차단재로 밀폐한다.
② 작업구역이 실외인 경우에는 석면분진이 흩날리지 아니하도록 석면분진 포집장치를 가동 또는 진공청소기를 이용하는 발생되는 분진을 포집할 수 있도록 필요한 조치를 해야 한다.
③ 해체·제거작업은 물 또는 습윤액을 이용한 습식작업으로 하여야 한다. 석면이 함유된 가스켓 등의 석면함유물질의 해체·제거작읍은 가능한 한 절단용 동력도구 등을 이용하여 직접 절단, 연마 또는 찢거나 하는 등의 손상을 주지 않는 방법으로 제거하여야 한다.
④ 작업근로자에게 성능검점 특급 방진마스크 이상의 성능을 가진 호흡용 보호구를 지급하고 착용시켜야 한다.
⑤ 연결된 파이프를 분리하여 가스켓만을 제거하기 어려운 경우에는 가스켓이 설치된 파이프 양쪽을 절단하여 그 전부를 폐석면으로 처리할 수 있다.

1.12 석면해체 · 제거 작업구역 및 장비의 청소

1) 석면 폐기물의 포장

석면해체제거작업에서 발생한 석면함유 잔재물이나 석면 부스러기 등은 불침투성 용기 또는 비닐포대 등에 넣어 밀봉한 후 그림 5-1-12와 같이 석면함유 폐기물 표시를 한 후 폐기물 관리법에 따라 처리하여야 한다.

제거된 해체 · 제거 대상 석면함유물질이 건조되기 전에 포장되어야 하며 필요시 습윤 상태를 유지할 수 있도록 물 또는 습윤액으로 충분히 적신 후 포장되어야 한다. 즉, 석면함유물질을 제거함과 동시에 폐석면의 포장도 수행되어야 하며 일시에 모든 석면함유물질을 제거한 후 포장작업을 진행하지 않도록 해야 한다.

폐석면 포장을 위한 폐기처리용 용기는 다음의 사항이 충족되어야 한다.

- 분진 누출이 되지 않아야 한다.
- 폐기물의 외형 및 형태에 맞는 구조이어야 한다.

석 면 함 유

신호어 : 발암성 물질

유해 · 위험성 : 폐암, 악성중피종, 석면폐 등

예방조치 문구 : 취급 또는 폐기 시 석면분진이 발생하지 않도록 해야 합니다.
취급근로자는 방진마스크 등 개인보호구를 착용해야 합니다.

공급자 정보 :

※ "공급자 정보" 에는 석면해체·제거 사업주의 성명, 주소, 전화번호를 적습니다.

규 격
전체 크기:300cm^2(가로×세로) 이상 (0.25×세로) ≤ 가로 ≤ (4×세로)

그림 5-1-12 석면함유 폐기물 표시

- 석면이 침투되어서는 안 된다.
- 석면폐기물이 포함되어 있다는 적절한 표시를 하여야 한다.

석면 폐기물용 비닐 백 내의 잉여공기를 진공청소기를 이용하여 제거하고 백의 상부를 비틀어 접은 상태에서 테이프로 밀봉 및 이중 백에 넣고 바닥에 위치한 비닐 시트 및 호흡 보호구를 다른 폐석면 비닐 백에 넣어 폐기한다.

또한 바닥시트, 폴리에틸렌시트 등 해체·제거작업 중 사용된 폐기용 소모용품(보호의 등), 교체된 음압기 및 폐수여과장치의 필터도 적절히 포장되어 폐기물관리법에 따라 폐기되어야 한다. 이때 사용되는 폐기처리용 용기는 석면폐기물이 포함되어 있다는 표시가 있어야 하며, 0.15 mm 두께의 폴리에틸렌 용기가 권장되고 폐석면 중 작은 알갱이 상태의 것은 흩날리지 아니하도록 폴리에틸렌이나 그 밖에 이와 비슷한 재질의 포대(흩날릴 우려가 있는 폐석면의 경우는 2중포대)에 담아 포장되어야 한다.

포장된 폐석면은 작업장소 밖으로 배출하기 이전에 용기표면에 붙은 석면분진을 최종적으로 제거하기 위해 젖은 걸레로 닦거나 고성능필터가 장착된 진공청소기로 청소하여야 한다.

폐기물 반출구로 배출된 석면폐기물을 폐기물 운송차량에 적재하기 전까지는 일정장소를 지정하여 보관하여야 하며, 관계자외의 접근을 제한하기 위한 조치를 취한다. 석면 폐기물의 보관장소에는 폐기물 관리법 시행규칙 제14조 별표5에서 정하는 기준에 따라 보관중인 폐기물의 종류, 보관가능 용량, 취급 시 주의사항 및 관리책임자 등을 적은 표지판을 설치하여야 한다.

그림 5-1-13 폐석면 폐기처리용 백의 포장방법

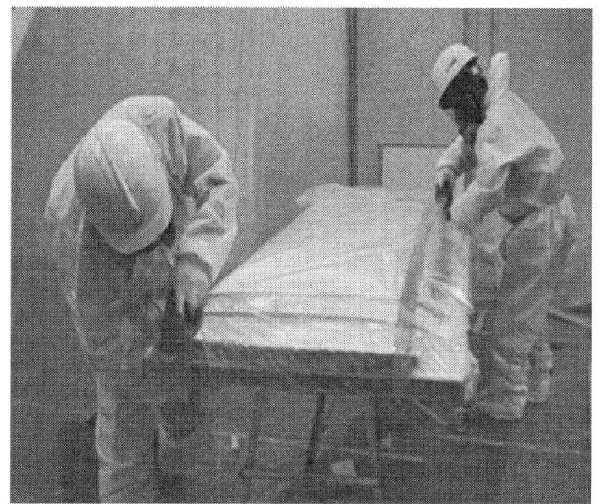

그림 5-1-14 석면폐기물의 포장

지정폐기물 보관표지	
① 폐기물의 종류:	② 보관가능용량: 톤
③ 관리책임자:	④ 보관기간: ~ (일간)
⑤ 취급 시 주의사항 ○보관 시: ○운반 시: ○처리 시:	
⑥ 운반(처리)예정장소:	

가) 보관창고에는 표지판을 사람이 쉽게 볼 수 있는 위치에 설치하여야 한다.

나) 표지의 규격: 가로 60센티미터 이상×세로 40센티미터 이상(드럼 등 소형용기에 붙이는 경우에는 가로 15센티미터 이상×세로 10센티미터 이상)

다) 표지의 색깔: 노란색 바탕에 검은색 선 및 검은색 글자

그림 5-1-15 지정폐기물 보관표지 삽입

2) 사용된 도구, 장비 및 작업구역의 청소

제거 대상 석면함유물질의 해체 · 제거 및 폐석면의 작업구역 외부로의 이동이 완료된 후에는 작업구역에 대한 청소작업을 수행한다. 청소작업을 수행할 때에는 작업지역은 가능하다면 물로 세척하거 고성능 필터가 달린 진공청소기로 청소하여

야 한다.

습식으로 청소하거나 고성능필터가 장착된 진공청소기를 사용하여 청소하는 등 석면분진이 흩날리지 아니하도록 한다. 압축공기를 분사하는 방법으로 청소하여서는 안 된다.

석면해체·제거작업이 완료되면 사다리, 임시작업대 등 재사용할 공구 및 장비 등은 젖은 걸레로 닦거나 고성능필터가 장착된 진공청소기로 세척하여야 하며, 음압밀폐시스템을 설치한 작업인 경우에는 세척작업동안에도 계속 가동하여야 한다. 또한 고성능 필터의 교체 등은 반드시 음압이 유지되는 밀폐된 작업장 내에서 하여야 한다. 작업종료 후 재사용할 구조물 등은 걸레로 닦거나 고성능필터가 장착된 진공청소기로 세척하여야 하며 딱딱한 재질이 아닌 구조물 등은 재사용 하여서는 안 된다.

석면해체·제거작업을 위해 밀폐, 격리 등에 사용된 불침투성 폴리에틸렌 시트 등의 재료는 습윤화하여 폐기물관리법에 따라서 처리하며 재사용하여서는 안 된다. 바닥시트는 습윤화하여 접어서 폐기물 관리법에 따라서 처리하도록 한다. 음압밀폐시스템은 완벽하게 오염이 제거되어야 하며, 음압기의 전처리필터 및 고성능필터는 폐기물관리법에 따라서 처리하여 폐기하여야 한다.

그림 5-1-16 사용된 장비에 대한 오염 정화

3) 해체 · 제거 후 육안검사

청소가 완료된 사용하지 않는 도구 및 장비는 작업구역외부로 이동시킨 후 청소 작업에 대한 육안검사를 실시한다. 육안검사를 통해 석면 섬유나 분진이 제대로 제거 및 청소되었는지 확인하고, 필요시 재청소를 지시한다.

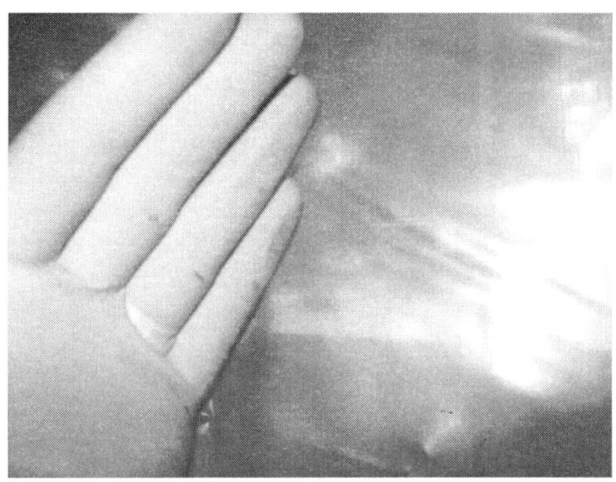

그림 5-1-17 최종 육안검사 방법

육안검사 후 석면함유물질이 없다고 판단되면 눈에 보이지 않는 석면함유 먼지 섬유를 표면에 고정시키기 위해 고형화제를 작업구역 밀폐에 사용된 폴리에틸렌 비닐시트 및 석면함유물질이 제거된 위치에 살포하여 표면에 고정화시킨다. 고형화제가 충분히 건조된 후(최소 4시간, 보통 8시간부터 12시간) 비닐보양을 그대로 둔 상태에서 최종 공기질 측정을 실시한다.

청소 작업에 대한 간략한 절차는 다음과 같다.

- 작업구역, 사용장비 및 도구에 대한 청소작업 실시
- 육안검사실시
- 첫 번째 바닥 비닐 시트 제거
- 두 번째 바닥 비닐 시트에 대한 작업구역 청소작업 실시
- 최종 육안 검사 실시
- 고형화제 살포
- 작업구역이 충분히 건조된 후 최종 공기질 검사 실시
- 공기질 검사결과가 통과한 경우 외부 비닐 시트 제거, 통과되지 않은 경우에는

청소 재실시

- 창문, 덕트 등에 설치된 critical barrier 비닐 시트 제거
- 음압기 해체 및 위생설비 분리한 후 작업 종료

그림 5-1-18 석면 해체·제거 후 작업장 청소 후(출처 : 내부자료)

그림 5-1-19 석면 해체·제거 후 작업장 공기질 측정

1.13 공기 중 석면농도 측정

산업안전보건법 제38조5(석면농도기준의 준수) 및 규칙 제80조의13(석면농도측정 결과의 제출)에 준하여 석면해제제거업자는 실내 석면해체제거작업이 완료된 후(실외 작업은 해당되지 않음) 별지 제17호의 9서식(석면농도측정 결과보고서)에 별지 제17호의 10서식(석면농도측정 결과표)를 첨부하여 지체 없이 석면농도기준(0.01개/cc) 준수 여부에 대한 증명자료로 관할 지방고용노동관서의 장에게 제출(전자문서를 통한 제출을 포함한다)하여야 한다. 석면해체제거작업 완료 후 작업장의 공기 중 석면농도가 석면농도기준을 초과한 경우 소유주 등은 해당 건축물이나 설비를 철거하거나 해체하여서는 아니된다. 만약, 석면농도기준을 초과한 경우 해당 작업장의 밀폐 비닐시트와 위생설비를 철거하거나 해체하여서는 아니된다. 초과한 경우에는 작업장 내의 석면분진 및 잔재물을 재 청소한 후 재측정을 하여 석면농도기준 이하로 유지하여야 한다. 고용노동부 고시 제2015-19호, 석면조사 및 안전성 평가 등에 관한 고시에서는 공기 중 석면농도 측정에 대한 상세 지침을 제공한다.

공기 중 석면 농도는 석면조사기관에 소속된 산업위생관리산업기사 또는 대기환경산업기사 이상의 자격을 가진 사람 또는 지정측정기관에 소속된 산업위생관리산업기사 이상의 자격을 가진 사람에 의해서만 작업이 완료된 상태에서 측정되어야 한다. 작업이 완료된 상태의 확인은 다음의 사항을 따라야 한다.

- 작업계획서 상 작업대상인 석면이 함유된 물질의 종류와 위치를 확인하여 완전히 제거되었음을 확인할 것
- 작업장 바닥 등 표면에 제거대상 물질의 조각, 육안으로 보이는 부스러기와 표면에 퇴적된 먼지 등 잔재물이 존재하지 않음을 확인할 것
- 작업장 바닥이 젖어 있거나 물이 고여 있지 않음을 확인할 것
- 폐기물은 밀폐공간 내에 존재하지 않고 모두 반출되었음을 확인할 것
- 밀폐막이 손상되지 않고 외부로부터 작업장이 차폐되어 있음을 확인할 것

공기 중 석면농도 측정은 작업장 내 공기는 건조한 상태를 유지하고, 송풍기 등을 이용하여 석면이 제거된 표면, 먼지가 침전될 수 있는 작업장 표면, 시료채취위치 주변 등 작업장 내 침전된 분진을 충분히 비산시킨 후 즉시 시료를 채취한다. 시료채취 수는 작업장별 각각 불침투성 차단재로 밀폐된 공간의 바닥면적에 따라 해당 고시에서 제시하는 수식으로 계산된 시료 수 이상을 채취하여야 한다.

1.14 석면 해체제거 사업장 주변 석면 배출허용기준

석면해제제거업자는 해체제거하려는 석면건축자재가 사용된 면적의 합이 500 제곱미터 이상인 건축물 설비에 대해서는 석면안전관리법 제28조의 제2항에 따라 석면의 비산 정도를 측정하여야 한다. 측정은 석면환경센터, 다중이용시설 등의 실내공간오염물질 측정대행업자 또는 석면조사기관에 의해 되어야 하며 사업장 부지 경계선 및 그 밖에 필요한 지점에 대해 석면해체·제거작업 기간의 시작일부터 완료일까지 석면의 비산 정도를 측정하여야 한다. 이때 석면해체·제거업자는 석면의 비산 정도를 측정한 경우에는 지체 없이 석면안전보건법 별지 제19호서식의 석면해체·제거 사업장의 석면 비산 측정 결과보고서에 「산업안전보건법 시행규칙」 별지 제17호의6 서식의 석면해체·제거작업 신고서 사본을 첨부하여 특별자치도지사·시장·군수·구청장에게 제출하여야 한다.

특별자치도지사·시장·군수·구청장은 제출된 측정 결과를 지체 없이 해당 지방자치단체의 인터넷 홈페이지에 공개하여야 한다. 비산 정도의 측정 방법·지점·시기 및 측정결과의 제출·공개 방법 등 필요한 사항은 환경부고시 제2012-79호, 석면 해체제거 작업 사업장 주변 비산관리를 위한 조사방법을 참조한다.

2. 석면해체 · 제거작업 안전성평가 ▌조형열

석면해체 · 제거작업 안전성평가는 고용노동부에 등록된 석면해체 · 제거업체를 대상으로 전문 기술능력 및 보유인력 등의 질적 수준평가를 실시하여 석면해체 · 제거작업의 안전성 확보와 업체의 수준을 향상시키기 위해 시행하는 제도이다.

| 참고 **법적 근거**

- 산업안전보건법 제38조의4 제4항 : 고용노동부장관은 석면해체 · 제거업자의 신뢰성을 유지하기 위하여 석면해체 · 제거작업의 안전성을 평가한 후 그 결과를 공표할 수 있다.
- 산업안전보건법 시행규칙 제80조의8 : 평가기준 명시
  (1) 석면해체 · 제거작업 기준의 준수 여부
  (2) 장비의 성능
  (3) 보유인력의 교육이수 · 능력개발, 전산화 정도, 그 밖에 필요한 사항
- 고용노동부고시 제2015-19호 「석면조사 및 안전성 평가 등에 관한 고시」
  – 평가항목, 평가등급 등 평가방법 및 공표방법 등에 필요한 사항을 고시

2.1 업무처리 절차

(1) 평가계획 공고 : 평가계획을 안전보건공단 홈페이지에 공고

(2) 평가자 : 안전보건공단 직원 2인 또는 1인(필요시 외부전문가 포함)으로 평가반 구성

(3) 평가방법 : 공단 평가반이 등록업체를 직접 방문하여 석면해체 · 제거작업 기준준수 여부, 장비의 성능 등에 대하여 평가표에 따라 평가하며, 석면해체 · 제거 작업 기준준수 여부는 등록업체에서 작성한 석면해체 · 제거작업 완료 보고서를 확인하여 평가

(4) 평가반이 대상업체를 방문하여 평가(공고 후~10월 31일까지)

(5) 평가결과 검토 및 이의신청 : 공단에서 평가결과를 취합 후 점수를 대상업체에 통보, 결과에 대해 이의가 있는 업체는 이의신청 가능

(6) 평가등급 결정 및 공표 : 최종 결과를 고용노동부, 공단 홈페이지 등에 게시

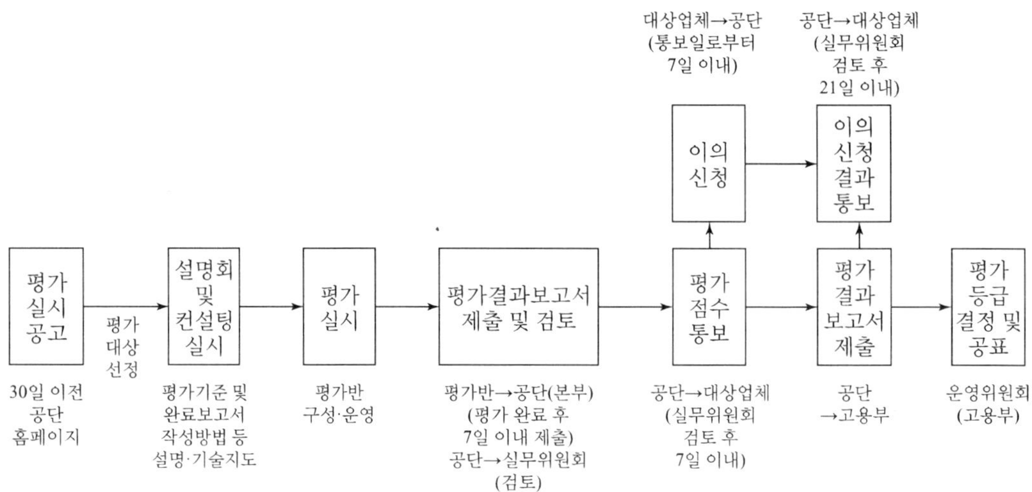

그림 5-2-1 석면해체 · 제거작업 안전성평가 업무처리 흐름도

2.2 평가항목 및 점수

산업안전보건법 시행규칙 제80조의8에 의해 다음과 같은 평가항목에 대하여 세부 평가항목을 매년 안전보건공단에서 평가표를 개발하여 발표하고 있다.

(1) 석면해체 · 제거작업기준의 준수 여부

(2) 장비의 성능

(3) 보유인력의 교육이수, 능력개발, 전산화 정도

(4) 그 밖에 필요한 사항 등

2018년의 경우 평가분야별 점수는 100점 만점으로 세부 평가결과를 합산 후 분야별 가중치(0.1～0.6)를 곱하여 종합점수를 계산한다.

표 5-2-1 평가항목별 가중치 및 종합점수

구 분	문항수	만점	가중치	종합점수(만점)
합 계	31		1	100
A. 석면해체 · 제거작업 기준의 준수 여부	12	100	0.6	60
B. 장비의 성능	8	100	0.2	20
C. 보유인력의 교육이수, 능력개발, 전산화 정도	7	100	0.1	10
D. 그 밖에 필요한 사항(관리시스템)	4	100	0.1	10

2.3 평가대상 및 범위

평가대상은 해당 년도 석면해체 · 제거작업 안전성평가 실시공고일 기준 등록기간이 1년 이상인 아래의 업체 중 해당 년도 10월 31일까지 완료 실적이 1건 이상인 업체로 한다.

가. 평가주기가 도래된 업체(2018년의 경우 2015년 S등급, 2016년 A, B, C등급, 2017년 D등급 업체)
나. 완료실적이 실적이 없어 안전성평가 등급이 없는 업체
다. 이전 년도 평가를 정상으로 받은 업체 중 재평가를 희망하는 업체

평가범위는 등록업체의 최근 1년간의 업무를 기준으로 다음과 같이 적용된다.

표 5-2-2 평가대상 및 범위

평 가 항 목	평가범위
완료보고서(1.1～1.9), 작업계획서(1.10), 장비의 적정 수량보유(2.1), 등록 인력 작업현장 관리 참여도(3.2), 등록 인력 석면 전문교육 이수(3.3), 근로자의 석면 전문교육 이수(3.4), 재해발생(4.1), 고용형태(4.4)	평가일 기준으로 최근 1년간의 완료된 현장
모니터링요원 지원실적(1.11)	모니터링 지원사업 시행 이후 평가일 전까지
업무정지	이전년도 11.1～해당년도 10.31

2.4 평가기간 및 서류준비

평가기간은 평가실시 공고에 명시한 기간이며, 방문일정은 평가반이 평가기간 중 대상 업체의 실적에 따라 업체와 사전 협의하여 진행하고 있다. 평가반은 평가가 원활하게 진행될 수 있도록 필요 서류 및 장비를 사전에 준비하도록 업체에 안내하고 있으며, 평가당일 서류가 준비되지 않는 경우 해당 평가항목에 대하여 최저 점수를 부여할 수 있다.

|참고

준비서류 목록

① 안전성평가 집계표
② 석면해체·제거작업 계획서
③ 석면해체·제거작업 완료보고서
④ 등록요건 증빙서류
⑤ 장비이력카드
⑥ 장비 매뉴얼
⑦ 장비구매 서류
⑧ 시험성적서
⑨ 교육이수증
⑩ 교육일지
⑪ 전자문서 출력물
⑫ 석면해체·제거작업 매뉴얼
⑬ 보존의무 대상 서류 등

2.5 평가방법

석면해체·제거작업 안전성평가 방법은 다음과 같다.

(1) 평가반이 대상업체를 직접 방문하여 "석면해체·제거작업 안전성 평가표"에 따라 세부 항목별 평가를 실시한 후 점수를 합산한다.

(2) 석면해체·제거작업 현장평가는 업체에서 작성한 석면해체·제거작업 완료보고서를 확인하여 평가하고 있으며, 향후 공단에서는 완료보고서 작성 전산시스템(K2B)을 구축하여 업체 스스로 전산으로 입력하게 하여 그 내용을 평가할 예정이다.

(3) 완료보고서 평가 대상은 평가일 기준으로 최근 1년간의 완료된 현장의 보고서 중 작업 실적에 따라 선정하며, 대규모 현장 또는 분무재, 내화피복재 해체현장을 우선 평가대상으로 선정한다.

(4) 재개발 현장 같이 공사기간이 긴 현장(2개월 이상)의 경우 해체작업이 완료되지 않았더라도 평가 직전까지 작업내용에 대해 평가할 수 있다.

표 5-2-3 작업실적에 따른 완료보고서 평가대상

평가기간 중 완료 작업실적	완료보고서 작성대상	평가대상 완료보고서 수
10건 미만	평가 전 해체완료 현장은 모두 완료보고서 작성	작업 전체
10건 이상 ~ 50건 미만		10건
50건 이상 ~ 100건 미만		15건
100건 이상 ~ 150건 미만		20건
150건 이상 ~ 200건 미만		25건
200건 이상		30건

(5) 완료보고서의 최종 점수는 평가 항목별(1.1~1.9번 항목, 70점 만점) 평균점수에 완료보고서 작성비율(%)을 곱하여 합산 후 최종 점수를 산출한다.

예

- 평가범위 및 대상 : 평가일(2017.8.20) 기준으로 최근 1년간(2016.8.20~2017.8.19)의 작업이 완료된 현장
- 평가범위 중 완료 작업실적 : 45개소(50건 미만)
- 작성된 완료보고서 수 : 43개소
- 임의로 선정한 10건에 대하여 항목별(1.1~1.9번) 평가점수 평균 산출(집계표 작성)
  - 1.1항목(10점 만점)의 10건 점수 합산결과 85점인 경우 평균 8.5점
- 완료보고서 작성비율 : (43/45) × 100 = 95.5(%)
- 1.1 항목 최종 점수 : 8.5점 × 0.955 = 8.12점(소수점 셋째자리에서 반올림)
- 위와 같은 방법으로 1.1~1.9 항목별 최종 점수를 산출 후 합산하여 완료보고서 평가

(6) 평가반은 평가항목별 결과에 관한 근거를 작성하여 첨부해야 하므로 대상업체는 우수한 등급을 받기 위해 관련 증빙자료를 반드시 제출하도록 한다.

2.6 평가결과 통보 및 이의신청

평가결과는 평가 종료 후(11월 경) 업체별 우편으로 통보하며, 결과에 이의가 있는 업체는 통보일로부터 7일 이내에 「안전성 평가 이의신청서」(고시 별지 제2호 서식)를 작성하여 공단 본부로 제출할 수 있다. 이의신청에 대해서는 평가실무위원회에서 정한 바에 따라 재평가를 실시하여 재검토하고, 그 결과를 해당업체에 통보하도록 되어 있다.

최종 결과는 평가운영위원회에서 평가등급을 다음의 기준으로 결정한 후, 업체별 등급 및 종합점수를 고용노동부, 공단 홈페이지 등에 게시한다.

(1) S 등급(매우 우수) : 합계 평점이 90점 이상
(2) A 등급(우수) : 합계 평점이 80점 이상 90점 미만
(3) B 등급(보통) : 합계 평점이 70점 이상 80점 미만
(4) C 등급(미흡) : 합계 평점이 60점 이상 70점 미만
(5) D 등급(매우 미흡) : 합계 평점이 60점 미만

평가대상 등록업체가 다음 각 호의 어느 하나에 해당하는 경우에는 최하위 등급으로 변경한다.

(1) 거짓 또는 부정한 방법으로 평가를 받은 경우
(2) 정당한 사유 없이 평가를 거부한 경우
(3) 고용노동부 지도·감독 결과 1개월 이상의 업무정지 처분을 받은 경우
(4) 안전보건 조치를 소홀히 하여 사회적 물의를 일으킨 경우
(5) 연속 3회 이상 평가를 받지 않은 경우

고용노동부는 평가결과를 행정기관의 장 또는 「공공기관의 운영에 관한 법률」 제4조에 따른 공공기관의 장에게 통보하여 「국가를 당사자로 하는 계약에 관한 법률 시행령」 제13조에 따른 입찰참가자격 사전심사 등 관련 업무에 활용하도록 권고할 수 있다.

2.7 세부항목별 평가점수

2018년 평가표 기준 평가항목의 세부항목 및 각 항목별 평가배점은 다음과 같다.

표 5-2-4 석면해체·제거작업 기준의 준수 여부

<table>
<tr><th colspan="2">평가항목 및 평가기준</th><th>배점(감점)</th><th>득점</th></tr>
<tr><td colspan="2">A. 석면해체·제거작업 기준의 준수 여부</td><td>100 (−5)</td><td></td></tr>
<tr><td></td><td>소계</td><td>70</td><td></td></tr>
<tr><td rowspan="11">완료
보고서
평가</td><td>1.1. 석면해체·제거작업 현장의 밀폐(보양) 조치</td><td>10</td><td></td></tr>
<tr><td>1.2. 관계자 외 출입금지 경고표지 설치</td><td>5</td><td></td></tr>
<tr><td>1.3. 흡연 및 음식물 섭취 등의 금지</td><td>5</td><td></td></tr>
<tr><td>1.4. 개인보호구 지급 및 착용</td><td>10</td><td></td></tr>
<tr><td>1.5. 위생설비 설치 및 사용</td><td>10</td><td></td></tr>
<tr><td>1.6. 비산방지를 위한 습식작업</td><td>5</td><td></td></tr>
<tr><td>1.7. 석면잔재물 흩날림 방지 및 잔재물 처리</td><td>5</td><td></td></tr>
<tr><td>(실내) 1.8. 석면해체·제거작업 밀폐장소의 음압 유지</td><td rowspan="2">10</td><td rowspan="2"></td></tr>
<tr><td>(실외) 1.8. 추락재해 예방을 위한 안전조치 적정성</td></tr>
<tr><td>(실내) 1.9. 석면해체·제거작업 완료 후 석면농도 측정</td><td rowspan="2">10</td><td rowspan="2"></td></tr>
<tr><td>(실외) 1.9. 적정한 슬레이트 작업</td></tr>
<tr><td colspan="2">1.10. 석면해체·제거작업 계획서의 적정성</td><td>10</td><td></td></tr>
<tr><td colspan="2">1.11. 석면 해체·제거작업 모니터링 요원 지원 실적</td><td>20</td><td></td></tr>
</table>

※ 완료보고서 평가(1~9번 항목)의 최종 점수는 완료보고서 작성비율(%)을 곱하여 산출
※ 단, A항목 총득점 평가 시 1.11 항목이 "해당 없음"인 경우 다음의 식으로 계산
⇒ (1.1~1.10 항목 취득점수 합계) × (100점 / 90점)

표 5-2-5 장비의 성능, 보유인력의 교육이수, 능력개발, 전산화 정도, 그 밖에 필요한 사항 (관리시스템)

평가항목 및 평가기준	배점	득점
B. 장비의 성능	100	
2.1 장비의 보유 수량 적정성	20	
2.2 고성능필터가 장착된 음압기의 성능	20	
2.3 음압기록장치의 성능	10	
2.4 고성능필터가 장착된 진공청소기의 성능	10	
2.5 비닐시트 사양	10	
2.6 작업 근로자의 안전성 확보를 위한 장비 보유	10	
2.7 장비별 매뉴얼, 이력관리 등 기록유지	10	
2.8 장비·보호구의 청결상태	10	
C. 보유인력의 교육이수, 능력개발, 전산화 정도	100	
3.1 등록된 인력의 전문기술 능력	20	
3.2 등록된 인력의 실제 작업현장 관리 참여도	20	
3.3 등록된 인력의 석면 전문교육 이수	20	
3.4 석면해체·제거작업 근로자의 석면 전문교육 이수	10	
3.5 석면해체·제거작업 근로자에 대한 특별교육 실시	10	
3.6 홈페이지 보유 및 석면정보 제공	10	
3.7 인력·장비(자산) 및 작업 관련 내용의 전산화	10	
D. 그 밖에 필요한 사항(관리시스템)	100	
4.1 석면해체·제거 등록업체 재해발생	20	
4.2 석면해체·제거 작업내용 등 서류 보존	20	
4.3 석면해체·제거작업 자체 매뉴얼의 보유	20	
4.4 석면해체·제거작업 근로자 고용 형태	10	
4.5 작업완료 보고서 전산입력(K2B) 정도	30	

2.8 세부항목별 평가기준

세부항목별 평가기준은 다음과 같다.

A. 석면해체·제거작업 기준의 준수 여부(가중치 0.6)

표 5-2-6 석면해체·제거작업 현장의 밀폐(보양)조치

<table>
<tr><th>평가항목 1.1</th><th colspan="2">석면해체·제거작업 현장의 밀폐(보양)조치</th><th colspan="2">배점(10점)</th></tr>
<tr><th>평가기준</th><th colspan="2">세부 평가기준</th><th>평가결과</th><th>평가점수</th></tr>
<tr><td rowspan="4">밀폐조치 적정성 평가</td><td>실내</td><td>“보통”기준을 충족하며, 밀폐상태 확인을 위해 스모그 머신 등으로 기류 흐름을 체크하고 있는 경우</td><td rowspan="2">우수</td><td rowspan="2">10</td></tr>
<tr><td>실외</td><td>“보통”기준이 충족하며, 석면의 외부 비산 방지를 위한 비산방지망 또는 격벽을 설치한 경우</td></tr>
<tr><td colspan="2">실내·외 석면해체·제거작업장의 밀폐(보양)상태가 보통인 경우</td><td>보통</td><td>6</td></tr>
<tr><td colspan="2">실내·외 석면해체·제거작업장의 밀폐(보양)상태가 미흡한 경우</td><td>미흡</td><td>0</td></tr>
<tr><td>첨부/증빙 자료</td><td colspan="4">석면해체·제거작업 완료보고서
(현장 밀폐 조치, 비닐두께 측정사진, 스모크 테스터, 비산방지망 설치 등의 사진)</td></tr>
</table>

▌평가결과 적용기준▐

(1) 실내작업장 밀폐상태의 “보통”이란 다음의 작업 상황을 보고서로 확인이 가능한 경우

① 해체·제거작업 지역의 환기스템은 모두 중단하고 전기설비를 차단시킨 후 개방부위, 출입문 등 모든 개구부를 밀폐조치

② 바닥의 비닐두께가 0.15 mm 이상, 벽면 0.08 mm 이상의 두께로 이중 보양

③ 작업지역은 타 인접 장소 등과 격리시키되 기존의 벽 등 구조물이 불충분한 경우 임시벽을 설치

④ 작업지역 내 이동 가능한 시설물은 작업지역 밖으로 이동시키고, 이동이 불가능한 시설물이 존재하는 경우 폴리에틸렌 시트 등의 불침투성 재질로 덮어야 함

⑤ 벽과 바닥은 오염을 방지하기 위해 폴리에틸렌 시트로 덮고 갈라진 틈은 테이프 등을 붙여 없애야 함

⑥ 작업 중 비닐보양이 훼손되거나 작업 부주의 등으로 시설물 및 다른 장소에 오염을 일으키지 않아야 함

⑦ 비닐보양이 벽면 또는 바닥에 확실히 고정되어 음압기를 가동하더라도 탈락되지 않아야 함

(2) 실내작업장 밀폐상태의 "우수" 란 다음의 작업 상황을 보고서로 확인이 가능한 경우

① 밀폐상태가 적정하며,

② 밀폐공간내의 기류가 누설되는지 확인을 위해 스모그 머신 등으로 음압장치가 가동되기 전, 작업교대가 끝난 후 비닐의 이음새 부분이나 접착부분 등에 공기가 새는 것을 확인하고 있는 경우

- 스모그 머신 등의 보유 또는 사용 여부 확인

(3) 실외작업장 밀폐(격리)상태의 "보통"이란 다음의 작업 상황을 보고서로 확인이 가능한 경우

① 해체·제거작업 지역의 환기시스템은 모두 중단하고 전기설비를 차단시킨 후 창문, 개방부위, 출입문 등 모든 개구부를 밀폐조치

② 실외 지붕재 해체작업 중 부스러기가 떨어질 위험이 있는 처마아래, 바닥 등에 0.15 mm 두께의 비닐로 견고하게 이중 보양

③ 작업지역 내 이동 가능한 시설물은 작업지역 밖으로 이동시키고, 이동이 불가능한 시설물이 존재하는 경우 폴리에틸렌 시트 등의 불침투성 재질로 덮어야 함

④ 작업 중 비닐보양이 훼손되거나 작업 부주의 등으로 시설물 및 다른 장소에 오염을 일으키지 않아야 함

(4) 실외작업장의 밀폐상태의 "우수"란 다음의 작업 상황을 보고서로 확인이 가능한 경우

① 밀폐상태가 적정하며, 석면의 외부 비산 방지를 위한 비산방지망 또는 격벽을 설치

② 보양하지 않는 장소에 석면잔재물이 없어야 함

그림 5-2-2 비산방지망

표 5-2-7 관계자 외 출입금지 경고표지 설치

평가항목 1.2	관계자 외 출입금지 경고표지 설치	배점(5점)	
평가기준	세부 평가기준	평가결과	평가점수
출입금지 경고 표지의 부착 이행 여부 평가	"보통"기준을 충족하며, 작업현장 주변에 작업에 대한 안내표지를 하고, 경계선을 설치한 경우	우수	5
	경고표지를 적절하게 설치하고 이행하는 경우	보통	3
	경고표지는 설치되어 있으나 작성기준을 일부 만족하지 못하는 경우 또는 경고표지가 설치되어 있지 않는 경우	미흡	0
첨부/증빙 자료	석면해체·제거작업 완료보고서(경고표지, 안내표지, 경계선 등 사진)		

▌평가결과 적용기준▐

(1) 경고표지 "적절하게 설치·이행"되는 경우란 안전보건규칙 제490조(경고표지의 설치) 및 제492조(출입의 금지)에 의해

① 석면 해체·제거작업이 이루어지는 출입구 또는 작업장소가 실외이거나 출입구가 설치되어 있지 않은 경우 근로자가 보기 쉬운 장소에 경고표지 게시

② 경고표지의 적정 작성은 다음 양식을 참조하여 평가

관계자 외 출입금지

석면 취급 / 해체 중

보호구 / 보호복 착용
흡연 및 음식물 섭취 금지

전체크기:가로 70 cm, 세로 50 cm 이상
글자크기:"관계자 외 출입금지"는 가로 8 cm,
세로 10cm 이상, 그 밖의 글자의 크기는 가로 6 cm, 세로 6 cm 이상
글자색깔:흰색 바탕에 흑색, "석면 취급/해체 중"은 적색

그림 5-2-3

(2) "우수" 평가 기준이란 다음의 작업 상황을 보고서로 확인이 가능한 경우

① 경고표지를 적절하게 설치하고 이행하고 있으며

② 작업현장 주변에 작업에 대한 안내표지를 설치하여야 함

- 안내표지판의 양식은 석면안전관리법에서 규정하는 양식 준용

석면해체 · 제거 작업장 안내
작업장 위치: 석면해체·제거업체명: 석면해체·제거작업의 종류: 작업기간:0000년 00월 00일 ~ 00월 00일(00일간) ※ 이 안내판은 「석면안전관리법」 제27조 및 같은 법 시행규칙 제 37조 에 따라 제작되었으며, 석면해체·제거작업의 세부 내용은 ○○특별자치도(시·군·구) 인터넷 홈페이지에서도 확인하실 수 있습니다. 석면해체·제거업체명(대표자명)

※ 작업장 위치: 건물명과 함께 주소지를 번지까지 자세하게 기재
※ 석면해체·제거작업의 종류:석면함유건축자재 종류 및 작업방법을 명시

규 격
$300cm^2$(가로×세로) 이상 (0.25×세로) ≤ 가로 ≤ (4×세로)

그림 5-2-4

③ 또한 작업지역 주위에 바리케이드, 출입금지 띠, 펜스 등 경계선을 설치하였는지 확인

그림 5-2-5 출입금지 표지 및 출입금지 띠

표 5-2-8 흡연 및 음식물 섭취 등의 금지

평가항목 1.3	흡연 및 음식물 섭취 등의 금지	배점(5점)	
평가기준	세부 평가기준	평가결과	평가점수
흡연 및 음식물 섭취 금지 표지판 설치 평가	"보통"기준이 적정하며, 금연교육을 별도 실시한 경우	우수	5
	흡연 및 음식물 섭취 등의 금지 표지가 적정하게 부착되어 있는 경우	보통	3
	흡연 및 음식물 섭취 등의 금지 표지가 부착되어 있지 않거나, 이행되고 있지 않는 경우	미흡	0
첨부 / 증빙 자료	석면해체·제거작업 완료보고서(흡연 및 음식물 섭취 금지표지 등 사진), 안전 및 금연교육 사진 및 일지		

▌평가결과 적용기준▐

(1) "보통"평가 기준이란 다음의 작업 상황을 보고서로 확인이 가능한 경우
- ① 작업장 주변에 흡연 및 음식물 섭취 금지 표지 부착(설치) 여부를 확인하여 평가
- ② 이행여부는 실제로 석면해체·제거 작업장 내에서 근로자가 담배를 피우거나 음식물을 먹는지 확인
- ③ 흡연 및 음식물을 섭취하는 장소는 보호구를 탈의하고 경계선 밖의 장소에서만 가능

(2) "우수"평가 기준
- ① 작업에 참여하는 근로자에게 금연교육을 실시하였는지 교육일지 등 확인
- ② 교육내용은 흡연의 인체유해성, 금연방법 등의 내용을 포함

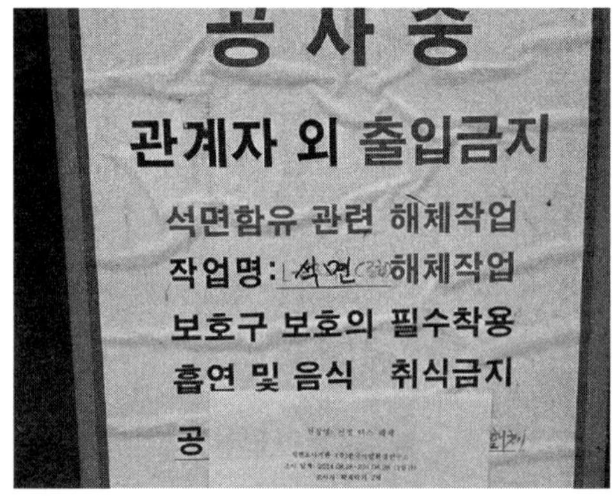

그림 5-2-6 흡연 및 음식물 섭취 등의 금지 표지

표 5-2-9 개인보호구 지급 및 착용

평가항목 1.4	개인보호구 지급 및 착용	배점(10점)	
평가기준	세부 평가기준	평가결과	평가점수
개인보호구 지급 및 착용상태 평가	"보통" 기준을 충족하며, 호흡용보호구 착용 시 근로자가 밀착도 검사를 실시하고, 사용 후 세척 및 보관을 적정하게 하는 경우	우수	10
	개인보호구를 적정하게 지급하고, 근로자가 작업 중 착용하고 있는 경우	보통	6
	개인보호구를 적정하게 지급하지 않았거나, 근로자가 작업 중 착용하지 않는 경우	미흡	0
첨부 / 증빙 자료	석면해체·제거작업 완료보고서(보호구 착용상태, 밀착도 검사, 사용 전(후) 세척상태, 보관상자 등의 사진)		

▌평가결과 적용기준 ▌

(1) "보통" 평가 기준이란 다음의 작업 상황을 보고서로 확인이 가능한 경우

① 필수 개인보호구

- 호흡용 보호구 : 방진마스크(특급), 반면형일 경우 고글보안경 착용
  - 안전보건규칙 제495조 제1호 작업(분무재, 보온재 또는 내화피복재 해체·제거작업)은 송기 마스크 또는 전동식 호흡보호구를 착용하여야 함
  - 슬레이트 해체·제거작업인 경우 고글보안경 착용의무 제외
- 신체를 감싸는 보호복, 보호장갑 및 보호신발

② 상기 보호구를 작업장 내 근로자 모두 적절하게 착용하고 있는지 평가

- 호흡용보호구 착용상태가 부적절한 경우, 보호복이 찢어진 상태로 작업하고 있는 경우 "미흡"으로 평가

(2) "우수" 평가 기준이란 다음의 작업 상황을 보고서로 확인이 가능한 경우

① 호흡용 보호구를 착용하고 작업장소로 들어가기 전 음압 또는 양압 밀착도 검사를 실시하는 경우

② 호흡용 보호구의 사용 전후 적절하게 작동하고 있는지 여부를 확인하기 위한 점검을 실시하는 경우

③ 호흡용 보호구를 매회 사용 후 세척을 깨끗이 잘하고 있는 경우

④ 호흡용보호구를 분진, 미생물 등의 오염을 받지 않도록 보관 시 상자 등 별도로 보관하는 경우

표 5-2-10 위생설비 설치 및 사용

평가항목 1.5	위생설비 설치 및 사용	배점(10점)	
평가기준	세부 평가기준	평가결과	평가점수
위생설비 설치 및 사용 등의 적절성 평가	"보통"기준을 충족하며, 배수여과시설, 온수 시설, 세면도구 및 밀폐용기 보관함 등을 갖추고 있는 경우	우수	10
	위생설비를 적정한 절차에 따라 사용하고 탈의실, 샤워실 및 작업복 갱의실의 연결 출입구가 비닐로 2겹(Z-lock 또는 T-lock)이상 설치되어 있는 경우	보통	6
	위생설비(탈의실, 샤워실, 작업복 갱의실)를 설치하여 사용하거나, "보통"기준을 만족하지 못하는 경우	미흡	0
첨부/증빙 자료	석면해체・제거작업 완료보고서(위생설비 내・외부 설치모습, 용품, 용구 등 사진)		

평가결과 적용기준

(1) "보통"평가 기준이란 다음의 작업 상황을 보고서로 확인이 가능한 경우 탈의실, 샤워실, 작업복 갱의실의 연결 출입구가 비닐로 2겹(Z-lock 또는 T-lock) 이상 설치되어 있고, 내부에 세면도구 및 밀폐용기 보관함 등이 비치되어 있는 경우

① Z-lock : 공기차단막의 설치를 위해 각각 비닐시트 2매 이상을 위생설비 통로 가로길이의 2/3 크기로 잘라서 지그재그형태(Z-Lock)로 설치

② T-Lock : 비닐시트를 2겹 이상 부착한 후 입구를 T자로 절취한 구조

(2) 위생설비를 적정한 절차에 맞게 사용하고 있는 경우

① 작업 종료 후 퇴실 시 갱의실로 들어가 일회용 보호의를 벗고 재사용할 도구 및 장비를 보관한 후

② 샤워실로 들어가 호흡용 보호구를 세척한 후 호흡용 보호구를 벗고 샤워하고

③ 샤워실을 나와 탈의실에서 평상복으로 갈아입은 후 퇴실하는 경우임

(3) "미흡"평가 기준 : 공기차단이 되지 않는 위생설비(탈의실, 샤워실, 작업복 갱의실)를 설치하여 사용하거나, "보통"기준을 만족하지 못하는 경우

- 기성제품으로 제작된 위생설비 중 공기차단이 되지 않는 위생설비는 "미흡" 평가

표 5-2-11 비산방지를 위한 습식작업

평가항목 1.6	비산방지를 위한 습식작업	배점(10점)	
평가기준	세부 평가기준	평가결과	평가점수
습식작업 적절성 평가	"보통" 기준을 충족하며, 습윤제가 충분히 스며들어 작업 시 석면분진이 비산되지 않는 경우	우수	10
	석면해체 · 제거작업 시 적절하게 습식 작업 수행한 경우	보통	6
	석면해체 · 제거작업을 습식으로 수행하지 않거나, 부적절한 습식 방법을 사용하는 경우	미흡	0
첨부/증빙 자료	석면해체 · 제거작업 완료보고서(습식작업, 해체 · 제거작업 시 비산여부 등의 사진)		

▌평가결과 적용기준▐

(1) "보통" 평가 기준이란 다음의 작업 상황을 보고서로 확인이 가능한 경우
① 석면해체 · 제거작업 시 물 또는 습윤제를 사용하여 습식으로 작업을 실시하여야 함
- 단, 지붕재의 경우 안전상 위험이 있는 경우는 제외하나, 작업 시 분진이 비산되지는 않아야 함

② 습윤제가 바닥에 고인 경우 즉시 제거하여 넘어짐 재해를 예방하여야 함

(2) "우수" 평가 기준이란 다음의 작업 상황을 보고서로 확인이 가능한 경우
① "보통"평가 기준을 충족하며, 습윤제가 충분히 스며들도록 작업한 경우
② 습윤제가 충분히 스며들도록 한 경우란 습윤제를 분무 후 20~30분 이후 작업을 실시하여야 함
- 천장텍스 등 외부표면이 코팅되어 있는 경우 코팅이 되어 있지 않은 면을 습윤처리 하여야 하며, 슬레이트의 경우 외부환경에 의해 습윤이 불충분한 경우 습윤성을 유지하도록 반복적으로 습윤액을 분무한 경우를 말함(습윤 작업 시마다 사진 촬영)
- 해체된 자재에 적은 상태에서 젖은 부분의 사진 촬영
- 단, 과도한 습식으로 인해 대상물질이 갈라지거나 분해되지 않아야 하며, 고압으로 분무하는 방법을 사용하여서는 안됨

③ 고위험 석면작업물질인 보온재 또는 피복재(뿜칠재)의 적절한 습윤상태는 반죽처럼 말랑말랑한 상태여야 하며, 손가락으로 눌러서 1 cm 이상 들어가는 사진 촬영

표 5-2-12 석면잔재물 흩날림 방지 및 잔재물 처리

평가항목 1.7	석면잔재물 흩날림 방지 및 잔재물 처리	배점(10점)	
평가기준	세부 평가기준	평가결과	평가점수
흩날림 방지 및 잔재물 처리 적절성 평가	"보통" 기준을 충족하며, 표면고정 처리제를 사용하여 고정처리를 하고, 두께가 0.15 mm 이상인 포장재 필름으로 2겹 이상 포장하여 지정된 장소에 보관하는 경우	우수	10
	석면잔재물을 흩날림 방지 조치하여 적절하게 밀봉한 후 석면함유 잔재물 표시를 정확하게 부착하여 지정폐기물로 처리한 경우	보통	6
	석면잔재물 흩날림 방지를 위한 습식 또는 진공청소기를 비치하지 않았거나, 폐기물 밀봉상태 및 석면함유 잔재물 표시가 부적절한 경우	미흡	0
첨부/증빙 자료	석면해체·제거작업 완료보고서 (흩날림 방지를 위한 잔재물 처리, 고착제 분무, 잔재물 포장 등의 사진)		

▌평가결과 적용기준 ▌

(1) "보통" 평가 기준이란 다음의 작업 상황을 단계별 보고서로 확인이 가능한 경우

① 흩날림 방지조치란

- 석면해체·제거작업에서 발생된 석면을 함유한 잔재물을 습식으로 청소하거나 고성능필터(HEPA)가 장착된 진공청소기를 사용하여 청소하는 것을 말함
- 습윤화가 충분히 되어 청소 시 석면분진이 비산되지 않아야 하며, 압축공기를 이용하여 청소하거나 빗자루를 이용한 건식청소 방법은 사용해서는 안 됨

② 적절하게 밀봉하는 것이란

- 비닐 또는 그 밖에 이와 유사한 내수성재질의 포대를 이용하여 석면함유 잔재물을 2중 포장
- 비산의 위험이 있는 석면함유 잔재물은 습윤화하여 포장하고 포장된 비닐 등의 상태가 손상되지 않은 양호한 상태이어야 함

③ 잔재물 표시를 정확하게 부착한 것은 안전보건규칙 별지 제3호 서식에 따른 표시를 부착하고, 공급자 정보를 정확히 기재한 경우임

(2) "우수" 평가 기준이란 다음의 작업 상황을 보고서로 확인이 가능한 경우

① “보통”평가를 만족하며, 제거된 표면 및 밀폐된 비닐 표면에 눈에 보이지 않은 석면분진이 비산되지 않도록 표면고정 처리제(고착제)를 사용하여 고정처리를 하는 경우

② 포장 비닐의 두께가 최소 0.15 mm 이상이어야 하며, 작업당일 폐기물 운송이 되지 않는 작업장소인 경우 별도의 석면폐기물 보관장소를 지정하여 관계자 외 출입을 금하도록 조치를 하여야 함

[별지 제3호서식]

석면함유 잔재물 등의 처리 시 표지 (제496조 관련)

1. 양식

석 면 함 유

신호어 : 발암성물질

유해 · 위험성 : 폐암, 악성중피종, 석면폐 등

예방조치 문구 : 취급 또는 폐기 시 석면분진이 발생하지 않도록 해야 합니다.
취급근로자는 방진마스크 등 개인보호구를 착용해야 합니다.

공급자 정보 :

※ “공급자 정보”에는 석면해체 · 제거 사업주의 성명, 주소, 전화번호를 적습니다.

2. 규격

규 격
300 cm^2 (가로 × 세로) 이상 (0.25 × 세로) ≤ 가로 ≤ (4 × 세로)

[폐기물관리법 시행규칙 별표 4]

사업장폐기물의 종류별 분류번호(제2조의2 관련)

1. 지정폐기물의 분류번호

07-00-00 폐석면

07-01-00 건조고형물의 함량을 기준으로 하여 석면이 1퍼센트 이상 함유된 제품·설비(뿜칠로 사용된 것을 포함한다) 등의 해체·제거 시 발생되는 것

07-01-01 슬레이트 등 고형화되어 있어 흩날릴 우려가 없는 것

07-01-02 분진, 부스러기 등 흩날릴 우려가 있는 것

07-02-00 슬레이트 등 고형화된 석면제품 등의 연마·절단·가공 공정에서 발생된 부스러기 및 연마·절단·가공 시설의 집진기에서 모아진 분진

07-03-00 석면의 제거작업에 사용된 바닥비닐시트(뿜칠로 사용된 석면의 해체·제거작업에 사용된 경우에는 모든 비닐시트)·방진마스크·작업복 등

07-04-00 석면의 제거작업에 사용된 비닐시트·방진마스크·작업복 등

[폐기물관리법 시행규칙 별표 5]

폐기물의 처리에 관한 구체적 기준 및 방법(제14조 관련)

4. 지정폐기물(의료폐기물은 제외한다)의 기준 및 방법

가. 수집·운반의 경우

1) 분진·폐농약·폐석면 중 작은 알갱이 상태의 것은 흩날리지 아니하도록 폴리에틸렌이나 그 밖에 이와 비슷한 재질의 포대(흩날릴 우려가 있는 폐석면의 경우는 습도 조절 등의 조치 후 견고한 용기에 밀봉하거나 고밀도 내수성 재질의 포대로 2중포장한 것을 말한다)에 담아 수집·운반하여야 하고, 그 운반차량의 적재함에는 덮개를 덮어야 한다. 이 경우 폐석면을 수집·운반하는 차량은 4)의 표시 외에 적재함 양측에 가로 100센티미터 이상, 세로 50센티미터 이상의 크기로 흰색 바탕에 붉은색 글자로 폐석면 운반차량을 표시하거나 표지를 부착하여야 한다.

나. 보관의 경우

1) 지정폐기물은 지정폐기물 외의 폐기물과 구분하여 보관하여야 한다.

2) 폐석면은 다음과 같이 보관한다.

가) 석면의 해체·제거작업에 사용된 바닥비닐시트(뿜칠로 사용된 석면의 해체·제거작업 시 사용된 비닐시트의 경우 모든 비닐시트), 방진마스크, 작업복 등 흩날릴 우려가 있는 폐석면은 습도 조절 등의 조치 후 고밀도 내수성재질의 포대로 2중포장하거나 견고한 용기에 밀봉하여 흩날리지 아니하도록 보관하여야 한다.

나) 고형화 되어 있어 흩날릴 우려가 없는 폐석면은 폴리에틸렌, 그 밖에 이와 유사한 재질의 포대로 포장하여 보관하여야 한다.

3) 지정폐기물은 지정폐기물에 의하여 부식되거나 파손되지 아니하는 재질로 된 보관시설 또는 보관용기를 사용하여 보관하여야 한다.

4) 지정폐기물의 보관창고에는 보관 중인 지정폐기물의 종류, 보관가능 용량, 취급 시 주의사항 및 관리책임자 등을 적어 넣은 표지판을 다음과 같이 설치하여야 한다. 다만, 드럼 등 보관용기를 사용하여 보관하는 경우에는 용기별로 폐기물의 종류·양 및 배출업소 등을, 지정폐기물의 종류가 같은 용기가 여러 개 있는 경우에는 폐기물의 종류별로 폐기물의 종류·양 및 배출업소 등을 각각 알 수 있도록 표지판에 적어 넣어야 한다.

가) 보관창고에는 표지판을 사람이 쉽게 볼 수 있는 위치에 설치하여야 한다.

나) 표지의 규격 : 가로 60센티미터 이상 × 세로 40센티미터 이상(드럼 등 소형용기에 붙이는 경우에는 가로 15센티미터 이상 × 세로 10센티미터 이상)

다) 표지의 색깔 : 노란색 바탕에 검은색 선 및 검은색 글자

라) 표지판의 보기

<table>
<tr><th colspan="2">지정폐기물 보관표지</th></tr>
<tr><td>① 폐기물의 종류 :</td><td>② 보관가능용량 : 톤</td></tr>
<tr><td>③ 관리책임자 :</td><td>④ 보관기간 : ~ (일간)</td></tr>
<tr><td colspan="2">⑤ 취급 시 주의사항
• 보관 시 :
• 운반 시 :
• 처리 시 :</td></tr>
<tr><td colspan="2">⑥ 운반(처리)예정장소 :</td></tr>
</table>

표 5-2-13 (실내) 석면해체 · 제거작업 밀폐장소 음압 유지

평가항목 1.8	(실내) 석면해체 · 제거작업 밀폐장소 음압 유지	배점(10점)	
평가기준	세부 평가기준	평가결과	평가점수
밀폐장소음압 유지상태 평가	음압을 적정하게 측정하고 음압기 사용대수가 적당하여 음압이 −0.508 mmH_2O 이상 유지한 경우	우수	10
	작업장소가 음압으로 유지되며, 적정하게 음압을 측정한 경우	보통	6
	실내 작업장소의 음압이 유지되지 않고 있는 경우	미흡	0
첨부 / 증빙 자료	음압기록 출력물, 석면해체 · 제거작업 완료보고서(음압기 및 음압 측정사진 등)		

▌ 평가결과 적용기준 ▌

(1) "보통" 평가 기준이란 다음의 작업 상황을 보고서로 확인이 가능한 경우

① 음압유지 평가 방법

- 작업 시작 전 장비 전체를 모아 놓고 사진을 촬영토록 하여 사용되는 음압기 수량 확인
- 음압기록 출력물 확인 또는 음압측정기 측정사진 등을 확인하여 가장 낮은 측정결과와 작업장 외부 압력 차이를 확인

  ※ 참고 : −0.508 mmH_2O = −5 Pa = −0.02 inchH_2O
- "적정한 음압 측정" : 음압의 측정지점 위치는 출입문에 영향을 받지 않고 음압기와 가장 먼 위치에서 측정해야 함
- 측정지점이 출입문에 영향을 받거나 음압기 주변에서 측정하는 경우 위치 재조정
- 스모크 테스트를 통해 연기의 흐름방향이 출입구 → 작업장소 → 음압기 로 이동하는지 평가

(2) 음압기의 적정 필요대수 산정 방법

① 작업장 공간(체적) 계산(m^3) = 가로(m) × 세로(m) × 높이(m)

② 시간당 환기량(m^3/hr) = 4회/hr × 체적(m^3)

③ 필요 배기량(m^3/min) = [시간당 환기량 ÷ 60 min/hr] × 여유율(1.2)

④ 음압기 소요대수 산정 = 필요배기량 ÷ 음압기 용량

표 5-2-14 석면해체·제거작업 완료 후 석면농도 측정

평가항목 1.8	(실내) 석면해체·제거작업 완료 후 석면농도 측정	배점(10점)	
평가기준	세부 평가기준	평가결과	평가점수
석면해체·제거 작업 완료 후 석면농도 측정	"보통" 기준을 충족하며, 측정 결과가 석면농도기준(0.01개/cm^3)을 준수한 경우	우수	10
	석면농도를 측정할 수 있는 자격이 있는 자에 의해 적정한 측정방법으로 측정한 경우	보통	6
	석면농도 측정 자격 부적합, 석면농도 측정 방법 미준수, 석면농도측정 결과표를 미제출한 경우	미흡	0
첨부/증빙 자료	석면농도측정 결과표, 석면해체·제거작업 완료보고서(측정 시 음압유지 및 측정 현장사진)		

▌ 평가결과 적용기준 ▌

(1) "보통" 평가 기준
- 산업안전보건법 시행규칙 제80조의 10 및 11조에 따라 적정하게 석면농도를 측정한 경우

< 석면농도를 측정할 수 있는 자의 자격 >

① 법 제38조의2 제2항에 따른 석면조사기관에 소속된 산업위생관리산업기사 또는 대기환경산업기사 이상의 자격을 가진 사람

② 법 제42조 제4항에 따른 지정측정기관에 소속된 산업위생관리산업기사 이상의 자격을 가진 사람

< 석면농도의 측정방법 >

① 석면해체·제거작업장 내의 작업이 아래와 같이 완료된 상태를 확인한 후 공기가 건조한 상태에서 측정
- 작업계획서 상 작업대상인 석면이 함유된 물질의 종류와 위치를 확인하여 완전히 제거되었음을 확인할 것
- 작업장 바닥 등 표면에 제거대상 물질의 조각, 육안으로 보이는 부스러기와 표면에 퇴적된 먼지 등 잔재물(殘滓物)이 존재하지 않음을 확인할 것
- 작업장 바닥이 젖어 있거나 물이 고여 있지 않음을 확인할 것
- 폐기물은 밀폐공간 내에 존재하지 않고 모두 반출되었음을 확인할 것

- 밀폐막이 손상되지 않고 외부로부터 작업장이 차폐되어 있음을 확인할 것

② 작업장 내에 침전된 분진을 비산(飛散)시킨 후 측정할 것

③ 시료채취기를 작업이 이루어진 장소에 고정하여 공기 중 입자상 물질을 채취하는 지역시료채취 방법으로 측정할 것

< 시료채취기의 설치 및 지역시료채취방법 >

① 시료채취 펌프를 이용하여 멤브레인 여과지(Mixed Cellulose Ester membrane filter)로 공기 중 입자상 물질을 여과 채취한다.

② 바닥으로부터 약 1～2 m 높이 또는 석면이 제거된 위치와 비슷한 높이에서 실시한다.

③ 공기는 1～16 L/min의 유량으로 각 시료채취 매체 당 최소 1,000 L 이상의 공기를 채취한다.

④ 시료채취 수는 작업장별 각각 불침투성 차단재로 밀폐된 공간의 바닥 면적(이하 "밀폐면적"이라 한다)에 따라 다음의 수식으로 계산된 시료 수(I) 이상을 채취해야 한다. 다만, 수식의 계산결과가 1 미만이고, 석면함유자재를 의도적으로 분쇄하는 작업(구멍을 뚫거나 긁어내는 작업, 깨거나 톱질하는 작업 등)의 경우 1개 이상의 시료를 채취하여야 한다.

(계산식) 밀폐면적의 크기별 최소 시료채취 수(I)

= 밀폐면적(A, m^2) 1/3 −1 (소수점 이하 버림)

표 5-2-15 추락재해 예방을 위한 안전조치 적정성

평가항목 1.8	(실외) 추락재해 예방을 위한 안전조치 적정성	배점(10점)	
평가기준	세부 평가기준	평가결과	평가점수
추락재해 예방 안전조치 적정성 평가	"보통"기준을 충족하며, 근로자가 안전대, 안전모 등의 추락재해 예방 보호구를 착용한 경우	우수	10
	추락재해예방 안전조치가 적정한 경우	보통	6
	추락재해예방 안전조치가 적정하지 않은 경우	미흡	0
첨부/증빙 자료	석면해체·제거작업 완료보고서(추락재해방지 조치, 근로자의 안전대, 안전모 착용 사진)		

▌평가결과 적용기준▐

(1) "보통" 평가 기준이란 다음의 작업 상황을 보고서로 확인이 가능한 경우

① 석면 슬레이트 해체·제거작업 높이가 2미터 이상인 경우 비계를 조립하는 등의 방법으로 작업발판을 설치해야 함

- 작업발판 설치가 곤란한 경우 안전방망을 설치해야 함(안전방망의 설치가 곤란한 경우 근로자에게 안전대를 착용토록 하고, 안전대 부착설비를 설치해야 함. 부착설비로 지지로프 등을 설치할 경우 추락 시 근로자를 충분히 지탱할 수 있는 강도를 가져야 함)

② 지붕 위 작업 시 발빠짐 등 근로자가 위험해질 우려가 있는 경우 폭 30센티미터 이상의 발판을 설치하거나 안전방망을 설치하는 등 필요한 조치를 하여야 함

③ 건축물(주택)의 붕괴방지 사전확인 및 조치, 하부 작업자 보호를 위한 낙하방치조치, 건설장비 사용에 대한 안전조치 등 기타 산업재해예방을 위한 조치사항은 산업안전보건기준에 관한 규칙을 준용

표 5-2-16 적정한 슬레이트 제거작업

평가항목 1.1	(실외) 적정한 슬레이트 제거작업	배점(10점)	
평가기준	세부 평가기준	평가결과	평가점수
적정한 슬레이트 제거작업 평가	"보통"기준을 충족하며, 손상(부스러기 포함)이 되거나 손상 우려가 있는 지붕 슬레이트를 즉시 습윤화한 후 비닐포장 하는 경우	우수	10
	지붕 슬레이트를 가능한 손상을 주지 않고 제거하는 경우	보통	6
	지붕 슬레이트를 절단하거나 파쇄하여 제거하는 경우	미흡	0
첨부 / 증빙 자료	석면해체 · 제거작업 완료보고서(지붕재 해체 · 제거 작업사진 등)		

▌ 평가결과 적용기준 ▌

(1) "보통" 평가 기준이란 다음의 작업 상황을 보고서로 확인이 가능한 경우

① 지붕슬레이트의 해체 · 제거 작업 사진을 확인하여 손상을 주지 않고 제거하는 경우 "보통" 평가,

② "보통"기준을 충족하며, 손상(부스러기 포함)이 되거나 손상 우려가 있는 지붕 슬레이트를 즉시 습윤화한 후 비닐포장하는 경우 "우수"평가

③ 지붕 슬레이트를 절단하거나, 파쇄하거나, 던지는 등 손상을 주는 경우 "미흡"으로 평가

▌표 5-2-17 석면해체 · 제거작업 계획서의 적정성

평가항목 1.10	석면해체 · 제거작업 계획서의 적정성	배점(10점)	
평가기준	세부 평가기준	평가결과	평가점수
석면해체 · 제거 작업 계획서의 적정성 평가	작업계획서 중 적정한 보고서가 85% 초과 경우	우수	10
	작업계획서 중 적정한 보고서가 85% 이하 50% 초과 경우	보통	6
	작업계획서 중 적정한 보고서가 50% 이하 경우	미흡	0
첨부 / 증빙 자료	석면해체 · 제거작업 작업계획서		

▌평가결과 적용기준 ▌

- 신고실적에 따른 평가 대상 작업계획서를 임의로 선택하여 적정한 계획서 여부 확인

※ 평가대상 작업계획서 : 평가일 전 최근1년의 신고대상 현장

(1) 적정한 석면해체 · 제거작업 계획서란 : 산업안전보건기준에 관한 규칙 제489조(석면해체 · 제거작업 계획 수립)에 따라 다음의 각 내용을 포함하여 적정하게 수립 후 계획 주지 및 요지 게시를 실시한 경우

※ 작업 계획서는 편철 순서대로 정렬되어 계획서 내용의 확인이 용이할 것

석면해체 · 제거작업 계획에 포함될 내용

1. 공사개요 및 투입인력
2. 석면함유물질의 위치, 범위 및 면적 등
3. 석면해체 · 제거작업의 절차 및 방법
   - 해체 · 제거작업에 사용하는 도구, 장비, 설비 등 목록
   - 해체 · 제거 작업순서 및 작업방법 등
4. 석면 흩날림 방지 및 폐기방법
   - 해체 · 제거작업과정 중 발생된 석면함유 잔재물의 습식 또는 진공청소 등 석면분진 비산방지방법 및 석면함유 잔재물 등 처리방법
5. 근로자 보호조치
   ① 해체 · 제거작업자의 개인보호구 지급 및 착용계획
   ② 위생설비 설치 계획
   ③ 작업종료 후 작업복 및 호흡보호구 등 세척 방법,
   ④ 추락, 감전 등 재해예방을 위한 조치계획,
   ⑤ 석면에 대한 특수건강진단
   ⑥ 석면의 유해성, 흡연 등 금지 및 기타 석면해체 · 제거 작업관련 특별안전교육 등 교육계획
   ⑦ 경고표지 설치 및 출입 통제조치 계획
   ⑧ 비상연락체계 등

표 5-2-18 신고실적별 작업계획서 대상 및 평가기준

신고실적 기준	평가 대상 작업계획서	평가기준		
		우수	보통	미흡
10건 미만	전수	85% 초과	85% 이하 50% 초과	50% 이하
10건 이상 ~ 50건 미만	10건	7건 초과	5건 초과 7건 이하	5건 이하
50건 이상 ~ 100건 미만	15건	12건 초과	7건 초과 12건 이하	7건 이하
100건 이상 ~ 150건 미만	20건	17건 초과	10건 초과 17건 이하	10건 이하
150건 이상 ~ 200건 미만	25건	21건 초과	12건 초과 21건 이하	12건 이하
200건 이상	30건	25건 초과	15건 초과 25건 이하	15건 이하

※ 신고실적이 10건 미만인 업체는 적정 작업계획서의 평가기준을 소수점 첫째자리에서 반올림하여 적용

표 5-2-19 석면 해체·제거작업 모니터링 요원 지원 실적

평가항목 1.11	석면 해체·제거작업 모니터링 요원 지원 실적	배점(10점)	
평가기준	세부 평가기준	평가결과	평가점수
석면 해체 제거작업 모니터링 요원 지원 실적 평가	평가대상 작업 중 모니터링 요원 지원 실적이 30%이상 경우	우수	10
	평가대상 작업 중 모니터링 요원 지원 실적이 5%이상 30%미만 경우	보통	6
	평가대상 작업 중 모니터링 요원 지원 실적이 5%미만 또는 지원을 거부한 경우	미흡	0
	평가대상 작업이 소규모 석면해체·제거작업 모니터링 대상에 해당되지 않는 경우	해당 없음	-

▌평가결과 적용기준▐

(1) 석면 모니터링 요원에게 지원받은 실적 확인

석면함유자재 면적이 800 m^2 미만인 소규모 석면해체·제거작업 현장의 안전성 확보를 위해 공단에서 실시하는 석면 해체·제거작업 모니터링 요원의 현장 방문 기술지원 실적을 확인함

- 평가 당해연도 신고현장 중 공단 전체의 석면 모니터링 요원에게 지원받은 실적으로 평가
- 평가 대상현장이 모니터링 지원 대상에 해당되지 않는 경우 "해당없음"으로 평가

B. 장비의 성능(가중치 0.2)

표 5-2-20 장비의 보유 수량 적정성

평가항목 2.1	장비의 보유 수량 적정성	배점(20점)	
평가기준	세부 평가기준	평가결과	평가점수
장비의 적정보유 수량 평가	적정 보유 수량 대비 85% 이상 보유	우수	20
	적정 보유 수량 대비 65% 이상 85% 미만 보유	보통	12
	적정 보유 수량 대비 65% 미만 보유	미흡	3
첨부/증빙 자료	장비 보유 사진, 구매내역 사본, 장비이력카드 등		

▌ 평가결과 적용기준 ▌

(1) 업체에서 보유하고 있는 장비의 보유대수를 확인

- 추가 보유장비 대상(4종) : 음압기, 음압기록장치, 진공청소기, 위생설비
- 신고실적 대비 장비의 보유현황 평가(평가일 기준 최근1년)
- 업체에서 현재 보유 중인 장비의 구매내역 및 serial number(대여업체와의 장기임대는 인정)를 확인
- 적정 보유 수량 대비 85% 이상 보유 우수, 65~80% 미만 보통, 65% 미만 미흡. 단, 40건 미만 업체는 각 장비별 1대씩 반드시 보유하여야 하며, 1대라도 미보유시 등록요건 불충족으로 평가를 중단 후 등록요건 확인서(덧붙임) 징구(시행규칙 별표 10의 4 장비기준)

표 5-2-21 신고실적별 적정보유 장비 수량

전년도 신고실적	장비보유 기준	적정보유 수량(합계)
40건 미만	장비별 각 1대	4대
40건 이상 ~ 80건 미만	장비별 각 2대	8대
80건 이상 ~ 120건 미만	장비별 각 3대	12대
120건 이상 ~ 160건 미만	장비별 각 4대	16대
160건 이상	장비별 각 5대	20대

표 5-2-22 고성능 필터가 장착된 음압기의 성능

평가항목 2.2	고성능 필터가 장착된 음압기의 성능	배점(20점)	
평가기준	세부 평가기준	평가결과	평가점수
음압기의 성능 평가	"보통" 기준을 충족하며, 필터 교환 주기(기준)가 장비 매뉴얼에 정해져 있어, 주기적으로 적정하게 교환하는 경우(또는 차압이 초기에 비해 30% 이상 증가하지 않은 경우)	우수	20
	음압기의 성능이 적정하며, 유량조절기(또는 댐퍼), 마노미터가 설치된 경우	보통	12
	음압기의 성능이 적정하지 않으며, 여과되지 않은 공기가 누설되는 경우	미흡	3
첨부/증빙 자료	필터 시험성적서, 필터구매내역 등 사본 음압기, 유량조절기, 마노미터 등 사진 또는 카탈로그		

▌ 평가결과 적용기준 ▌

(1) "보통"평가 기준 : 보유한 음압기 전수에 대하여 평가하고 가장 성능이 미흡한 음압기 기준으로 평가

① 적정한 음압기 성능이란?

- 고성능필터(HEPA Filter, 99.97% 효율)를 장착하고, 전처리 필터를 고성능필터 앞쪽에 설치
- 음압기 내부를 밀폐하여 여과되지 않은 공기가 누설되지 않도록 하는 구조
- 송풍기는 필터 뒤쪽에 설치
- 전처리 필터는 작업장소 이동 전 교체

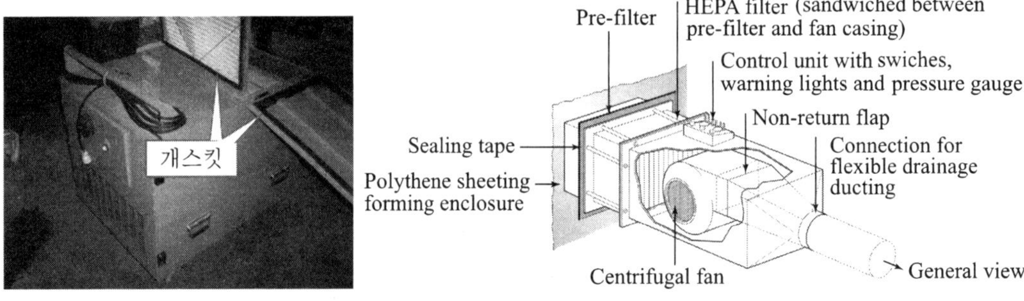

그림 5-2-7 음압기 내부 투시도

② 여과되지 않은 공기가 누설되지 않는 구조

- 개스킷이 부착되어 누설되지 않도록 조치가 된 구조

(2) "우수"평가 기준

① "보통"평가를 만족하며, 음압기 관리매뉴얼이 작성되어 필터 교환을 주기적으로 이루어지는 경우

② 고성능 필터는 관리매뉴얼의 교체주기(권장 700시간), 압력손실(차압게이지), 음압성능(스모크 테스트), 배기덕트의 수축정도 등을 파악하여 적정하게 교환하고 있는지 평가

- 헤파필터의 차압이 초기 차압에 비해 30% 이상 증가하지 않아 성능을 적정하게 유지하는 경우

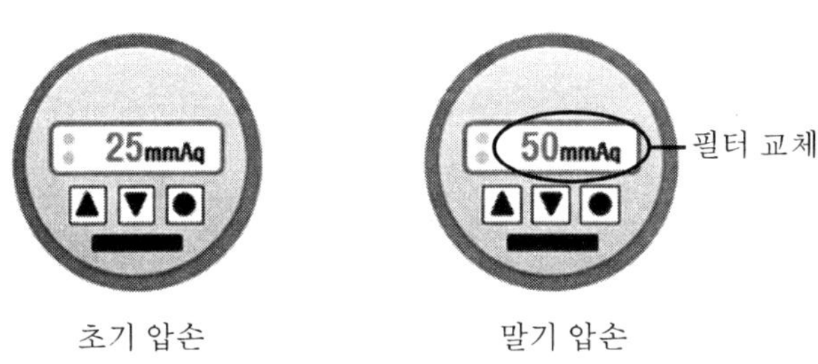

[음압기 필터의 교체 확인]

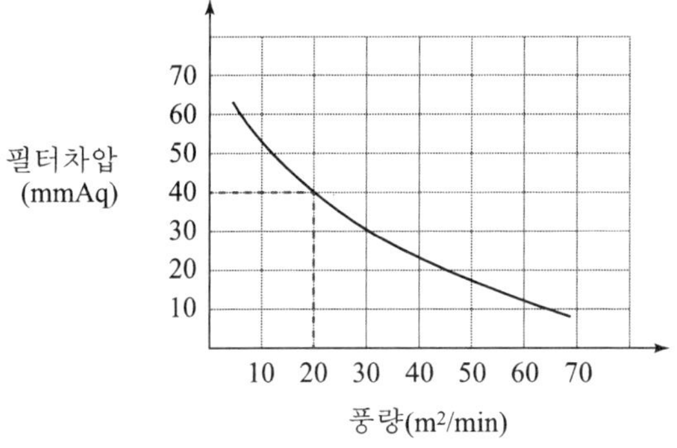

[필터차압과 풍량과의 관계]

그림 5-2-8

표 5-2-23 음압기록장치의 성능

평가항목 2.3	음압기록장치의 성능	배점(10점)	
평가기준	세부 평가기준	평가결과	평가점수
음압기록장치의 성능 평가	"보통" 기준을 충족하며, 음압측정기의 신뢰도에 이상이 없고, 음압 상태를 수시로 모니터링하고 있는 경우	우수	10
	음압기록장치 성능이 적정하며, 사용방법을 정확히 숙지하여 사용하고 있는 경우	보통	6
	음압기록장치가 고장이거나, 성능이 미흡한 경우	미흡	2
첨부/증빙 자료	음압기록장치 스펙 또는 설명서, 기록지 등 자료 사본, 검교정 성적서 음압기록장치 설치(작업장 내외부 등) 및 수시 모니터링 사진		

▌ 평가결과 적용기준 ▌

(1) "보통"평가 기준

① 적정한 음압기록장치 성능이란?

- 측정 전 자체적으로 영점(Zero point)을 교정할 수 있으며, 측정감도가 0.01 mmH_2O 이하이고,

- 일정시간 간격으로 측정된 자료가 저장 가능하며, 결과물이 출력 가능한 경우

② "사용방법을 정확히 숙지하여 사용"하는 것은 작업 전 음압기록장치를 설치하여 작업장(밀폐공간) 내부와 대기(작업장 외부)와의 압력차를 체크하여 작업장 내부를 음압으로 유지하는 것을 말함

(2) "우수"평가 기준

① "보통"평가 기준을 충족하며,

② 측정기의 신뢰도 평가는 음압기록장치 권장 검교정 주기(12개월)마다 검교정을 받은 경우 인정

- 권장 검교정 주기는 국가교정기관지정제도운영요령 제41조(교정대상 및 주기)와 교정대상 및 주기설정을 위한 지침 별표 3(측정기의 교정대상 및 주기)에 의거한 주기를 말함

③ 음압상태를 수시로 모니터링 하는 경우란

- 음압기록을 관리자가 수시로 확인하고 있거나

- 경보음(−0.508 mmH_2O 유지하지 못할 경우 알람)이 울리는 기능이 있는 경우

표 5-2-24 고성능 필터가 장착된 진공청소기의 성능

평가항목 2.4	고성능 필터가 장착된 진공청소기의 성능	배점(10점)	
평가기준	세부 평가기준	평가결과	평가점수
진공청소기의 성능 평가	"보통" 기준을 충족하며, 필터 교환이 주기적으로 적정하게 이루어지는 경우	우수	10
	고성능 필터가 장착된 진공청소기의 성능이 적정한 경우	보통	6
	고성능 필터가 장착된 진공청소기가 고장이거나 성능이 미흡한 경우	미흡	2
첨부 / 증빙 자료	필터 시험성적서, 필터구매내역 등 자료사본		

▌ 평가결과 적용기준 ▌

(1) "보통"평가 기준 : 적정한 진공청소기의 성능
- 고성능필터(HEPA Filter, 99.97% 효율)를 장착하고, 전처리 필터를 고성능필터 앞쪽에 설치
- 여과되지 않은 공기가 누설되지 않도록 하는 구조
- 석면분진을 포집할 수 있는 충분한 모터성능 보유

(2) "우수"평가 기준 : 필터 교환이 주기적으로 적정하게 이루어진 경우
- 전처리 필터를 일정 주기별로 교체 이력을 관리하고 있으며, 필터 구매내역이 있는 경우
- 고성능 필터는 전처리 필터를 교체했는데도 포집성능이 저하된 경우 등을 파악하여 적정하게 교환하고 있는지 평가

표 5-2-25 비닐시트 사양

평가항목 2.5	비닐시트 사양	배점(10점)	
평가기준	세부 평가기준	평가결과	평가점수
비닐시트 사양 평가	"보통"기준을 충족하며, 비닐시트에 대한 시험성적서를 보유한 경우	우수	10
	비닐시트의 두께가 적정하고 인장강도가 2,400 N/cm^2 이상인 경우	보통	6
	비닐시트의 두께가 부적정하거나, 인장강도가 2,400 N/cm^2 미만인 경우	미흡	2
첨부/증빙 자료	비닐시트 시험성적서, 비닐의 늘어나는 정도, 두께 측정 사진		

▌평가결과 적용기준 ▌

(1) 비닐시트의 실제 사용 여부 확인
- 평가받는 비닐시트를 최소 6개월 이상 구매·사용한 구매내역을 확인하고 보관중인 비닐의 사양 확인

(2) 비닐시트의 두께 측정 : 비닐두께 측정기를 이용하여 비닐 두께 측정
- 바닥 비닐, 포장 비닐 두께는 0.15 mm 이상, 벽면 비닐 두께는 0.08 mm 이상

※ 실제 측정치가 시험성적서의 최소값 이상이거나, -5% 범위까지는 인정

(3) 비닐시트(0.15 mm)의 인장강도 2,400 N/cm^2 이상인 제품 확인방법
- 비닐을 양손으로 천천히 잡아당겨 찢어지거나, 늘어난 정도가 심하면 부적정

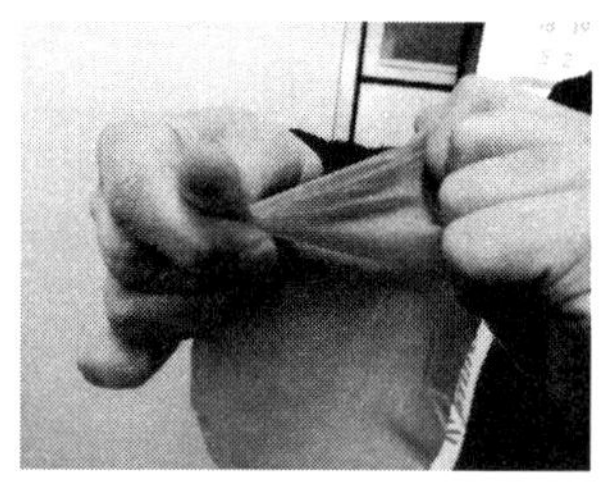

[적정 사례]

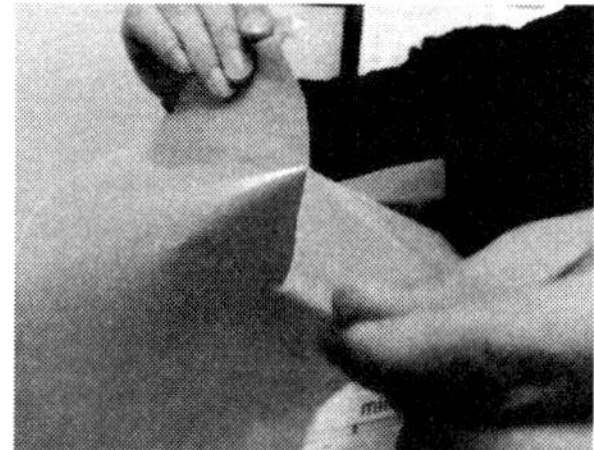

[부적정 사례]

그림 5-2-9

시 험 성 적 서

신 청 자 : (주)제이엘프라스틱
주 소 : 경기 광주시 초월읍 선동리 380-5
제 출 처 :
시 료 명 : 필름 1 점
시료1 : PE

KATRI NO : SPHA12-00000855
발급일자 : 2012.05.24
용 도 : 품질관리용
PAGE(S) : 1 / 2

2012. 05. 22 자로 신청하신 시료에 대한 시험결과는 아래와 같습니다.

시 험 항 목	시 험 결 과 시료1
겉모양 : KS M 3503 7.4:2010	
겉모양(개)	2
두께 (mm) : KS M 3503 7.5:2010	
평균값	0.1501
최소값	0.142
최대	0.158
인장강도 (N/㎠) : KS M 3503 7.6:2010	
세로	3 089
가로	3 091
* 주) 시험기 : C.R.E TYPE(INSTRON)	
신장률 (%) : KS M 3503 7.6:2010	
세로	646 이상
가로	646 이상

그림 5-2-10

표 5-2-26 작업 근로자의 안전성 확보를 위한 장비 보유

평가항목 2.6	작업 근로자의 안전성 확보를 위한 장비 보유	배점(10점)	
평가기준	세부 평가기준	평가결과	평가점수
근로자의 안전성 확보를 위한 장비 보유 평가	"보통"기준을 충족하며, 사고의 위험을 예방하기 위해 적절하게 사용하고 있는 경우	우수	10
	안전성 확보를 위한 필수장비를 모두 보유하고 있는 경우	보통	6
	안전성 확보를 위한 필수장비를 일부 보유하고 있는 경우	미흡	2
첨부 / 증빙 자료	필수장비 보유목록 작성 및 현장 장비 설치 · 사용 사진(완료보고서 등)		

▌ 평가결과 적용기준 ▌

(1) "보통"평가 기준 : 안전성 확보를 위한 필수장비 목록
   ① 보호구(안전모, 안전화, 안전대 등)
   ② 추락 · 낙하 등의 위험방호에 필요한 가설기자재(강관비계 또는 이동식 비계, 말비계, 안전대 부착설비, 지붕위 작업용 폭 30 cm 이상 발판 등)
   ③ 전기에 의한 위험예방에 필요한 누전차단기 설치 코드릴, 2중 절연구조 전동공구 등

(2) "우수"평가 기준 : "적절하게 사용하고 있는 경우"란 추락 · 낙하 · 감전 등 재해발생 위험이 없도록 산업안전보건기준에 관한 규칙에 따라 필수장비를 사용한 경우를 말하며, 해체 · 제거작업 완료보고서 등을 검토하여 실제 사용여부를 확인

표 5-2-27 장비별 매뉴얼, 이력관리 등 기록유지

평가항목 2.7	장비별 매뉴얼, 이력관리 등 기록유지	배점(10점)	
평가기준	세부 평가기준	평가결과	평가점수
매뉴얼 등 기록유지 적절성 평가	모든 장비의 매뉴얼 및 이력관리 등이 문서화 되어 기록유지가 되고 있는 경우	우수	10
	일부 장비에 대하여 매뉴얼 및 이력관리 등이 문서화 되어 기록유지가 되고 있는 경우	보통	6
	장비별 매뉴얼 및 이력관리가 전혀 없는 경우	미흡	2
첨부 / 증빙 자료	장비별 매뉴얼, 이력관리 대장 사본/사진		

▌ 평가결과 적용기준 ▌

(1) 매뉴얼, 이력관리가 필요한 장비목록

① 음압기 및 필터(HEPA Filter)

② 음압기록장치

③ 진공청소기 및 필터(HEPA Filter)

④ 송기마스크 또는 전동식 호흡용보호구

(2) "보통"평가 기준 : 상기 장비 중 일부장비에 대하여 설명서(국문) 보유, 구입·수리·점검·교체·검교정 등에 대한 기록이 문서화 되어 유지하고 있는 경우

※ 송기마스크 또는 전동식 호흡용보호구는 의무안전인증을 필한 제품 여부 확인

(2) "우수"평가 기준 : 상기 모든 장비에 대하여 설명서(국문) 보유, 구입·수리·점검·교체·검교정 등에 대한 기록을 유지하고 있는 경우

※ 음압기록장치 권장 검교정 주기 1년 1회(국가교정기관지정제도운영요령 제41조에 의해 권장한 교정 주기)

표 5-2-28 장비 · 보호구의 청결상태

평가항목 2.8	장비 · 보호구의 청결상태	배점(10점)	
평가기준	세부 평가기준	평가결과	평가점수
장비 · 보호구의 청결상태 평가	모든 장비가 청결한 경우	우수	10
	일부 장비만 청결한 경우	보통	6
	모든 장비가 청결하지 않은 경우	미흡	2
첨부 / 증빙 자료	재사용하는 장비 · 보호구 청결상태 사진		

▌ 평가결과 적용기준 ▌

(1) 재사용하는 장비 · 보호구목록
① 음압기
② 음압기록장치
③ 진공청소기
④ 개인 보호구(호흡용 보호구, 보호장화, 안전모, 안전대 등)
⑤ 안전장비(비계, 작업발판 등 가설기자재)
⑥ 전기설비
⑦ 기타 석면해체 · 제거작업에 사용된 도구(분무기, 위생설비 밀폐용기, 스크레퍼, 못 뽑는 장비 등)

(2) "보통"평가 기준 : 석면해체 · 제거작업 시 사용한 장비 · 보호구에 부착된 석면분진을 청결하게 세척하였는지 평가하는 것으로 일부장비만 청결한 경우(사용하지 않은 신규장비는 평가제외)

(3) "우수"평가 기준 : 상기 모든 장비 · 보호구가 청결한 경우

C. 보유인력의 교육이수, 능력개발, 전산화 정도(가중치 0.1)

표 5-2-29 등록된 인력의 전문기술 능력

평가항목 3.1	등록된 인력의 전문기술 능력	배점(20점)	
평가기준	세부 평가기준	평가결과	평가점수
전문기술 능력 평가	전문기술 능력이 우수한 경우	우수	20
	전문기술 능력이 보통인 경우	보통	12
	전문기술 능력이 미흡한 경우	미흡	3
첨부/증빙 자료	질문에 대한 응답내용 요약기재 또는 작업계획서 등 자료사본 첨부		

평가결과 적용기준

(1) 등록업체의 전문기술 능력을 전문기술능력 세부평가 내용 통하여 석면해체·제거작업 시 근로자, 일반대중 등에게 석면의 노출위험을 예방하기 위한 전문기술 능력보유 정도를 평가
- 평가자에 따라 추가 질문을 작성해도 되며, 전문기술인력이 2인 이상인 경우 평균점수로 판단

(2) "우수"평가 기준 : 질문수의 70% 이상 알고 있는 경우

(3) "보통"평가 기준 : 질문수의 50% 이상~70% 미만으로 알고 있는 경우

(4) "미흡"평가 기준 : 질문수의 50% 미만으로 알고 있는 경우

전문기술능력 세부평가 내용

※ 아래 문제 중 10개 이상 선택하여 질문 후 정답률에 따라 전문기술능력 평가

① 다음 중 각섬석계 석면이 아닌 것은?
가. 백석면 나. 갈석면 다. 악티노라이트 라. 청석면

② 다음 중 석면에 의한 질병이 아닌 것은?
가. 악성중피종 나. 폐암 다. 석면폐 라. 폐렴

③ 위생설비 설치시 공기차단막 설치방법을 모두 고르시오?
가. Z-Lock 나. H-Lock 다. T-Lock 라. L-Lock

④ 음압기 필요대수 계산시 시간당 몇 회 이상 환기를 권장하는가?
가. 1회 나. 2회 다. 3회 라. 4회

⑤ EPA(미국환경보호청)에서 권장하는 습윤제 제조방법의 첨가비율은?
물 1 L : 습윤약품 ( ) L

⑥ 비닐구매시 권장 두께 및 인장력은? 바닥 : 벽체 : 인장력 :

⑦ 밀폐보양시 바닥면 시트(첫 번째 시트)가 벽위로 ( ) cm 올려서 고정시켜야 하는가?

⑧ 체적계산 시 천정 플레넘(Plenum) 등 보이지 않는 부분까지 고려하는가? (○, ×)

⑨ 위생설비의 출입순서는?

⑩ 내화피복제, 분무재 등 고위험 작업 시 사용해야하는 보호구는?

⑪ 다음 중 음압기에 사용하는 필터가 아닌 것은?
가. 프리필터 나. 미디엄 필터 다. 헤파 필터 라. 울파 필터

⑫ 석면해체·제거작업 완료된 후 작업장의 공기 중 석면농도 기준은? ( )개/cc

⑬ 석면함유물질(ACM)이란? 석면의 중량이 ( )% 초과(무게 퍼센트)

⑭ 제조, 수입, 양도, 제공, 사용 금지 대상은? ( )% 초과(무게 퍼센트)

⑮ 석면 노출기준 : ( )개/cc

⑯ 음압기 필터 교체시기는?

⑰ 기관석면조사대상에 대해 설명하시오.

⑱ 등록업체에 의한 석면해체·제거 대상에 대해 설명하시오.

⑲ 석면 슬레이트 해체·제거작업 높이가 2미터 이상인 경우 무엇을 설치하여야 하는가?

⑳ 석면해체·제거작업 계획에 포함될 내용은?

표 5-2-30 등록된 인력의 실제 작업현장 관리 참여도

평가항목 3.2	등록된 인력의 실제 작업현장 관리 참여도	배점(20점)	
평가기준	세부 평가기준	평가결과	평가점수
등록인력현장관리 참여도 평가	등록된 인력 모두가 실제 현장에 참여하고 있는 경우	우수	20
	등록된 인력 중 일부(또는 전부)가 실제 현장에 참여하지 않은 경우	미흡	0
첨부 / 증빙 자료	작업계획서(신고서) 및 작업일지 등 확인자료 사본 첨부		

▌ 평가결과 적용기준 ▌

(1) 고용노동부에 등록되어 있는 “가” 또는 “나”의 인력(석면해체 · 제거 현장관리자)이 실제 석면해체 · 제거작업에 관리감독 하고 있는지 평가
- 등록된 인력은 아니지만 “가”, “나”의 동등한 인력수준(자격 & 교육이수)을 보유한 등록업체 정규직 근로자가 참여한 경우는 인정

표 5-2-31 등록된 인력의 석면 전문교육 이수

평가항목 3.3	등록된 인력의 석면 전문교육 이수	배점(20점)	
평가기준	세부 평가기준	평가결과	평가점수
등록 인력의 석면관련 전문교육 평가	등록된 인력이 석면관련 전문교육을 최근 1년간 2회 이상(인력별 1회 이상) 이수한 경우	우수	20
	등록된 인력이 석면관련 전문교육을 최근 1년간 1회 이수한 경우	보통	12
	등록된 인력이 석면관련 전문교육을 최근 1년간 이수하지 않은 경우	미흡	3
첨부/증빙 자료	교육 이수증 또는 수료증 등 사본		

▌ 평가결과 적용기준 ▌

(1) 고용노동부에 등록되어 있는 "가", "나"의 인력이 인력기준 요건에 해당하는 석면해체·제거 현장 관리자 교육 이외의 석면관련 전문교육 또는 석면해체·제거 관리자 보수교육 등(공단, 협회, 기타 관련단체 등에서 실시하는 교육)을 이수한 내용 확인

- 등록인력별 교육 이수증, 수료증 등을 반드시 확인

<실적 인정 교육>

① 석면 관련 교육 기관의 전문화 교육

② 석면 관련 교육 기관에서 실시하는 관리감독자 교육(석면관련 내용이 없는 과정의 경우 불인정)

③ 공단 교육(안전성 평가 컨설팅 지원 교육, 안전성 평가 설명회 등)

④ 상기 교육 이외 평가자가 판단하여 석면 관련 전문화 교육

(2) "우수"평가 기준 : 최근 1년간 등록된 인력별 1회(등록인력 2명 × 1회 = 2회) 이상 교육을 이수한 경우

(3) "보통"평가 기준 : 최근 1년간 교육을 1회(등록인력 중 1명 × 1회 = 1회) 이수한 경우

(4) "미흡"평가 기준 : 최근 1년간 교육을 이수하지 않은 경우

표 5-2-32 석면해체 · 제거작업 근로자의 석면 전문교육 이수

평가항목 3.4	석면해체 · 제거작업 근로자의 석면 전문교육 이수	배점(10점)	
평가기준	세부 평가기준	평가결과	평가점수
근로자의 석면관련 전문교육 이수평가	석면해체 · 제거작업 근로자 중 석면관련 전문교육을 받은 근로자가 최근 1년간 평균 작업 인원수의 30% 이상인 경우	우수	10
	석면해체 · 제거작업 근로자 중 석면관련 전문교육을 받은 근로자가 최근 1년간 평균 작업 인원수의 10% 이상 30% 미만인 경우	보통	6
	석면해체 · 제거작업 근로자 중 석면관련 전문교육을 받은 근로자가 최근 1년간 평균 작업 인원수의 10% 미만인 경우	미흡	2
첨부 / 증빙 자료	교육 이수증 또는 수료증 등 사본		

▌평가결과 적용기준 ▌

(1) 석면해체 · 제거작업을 직접 수행하는 근로자(등록인력 제외)가 석면관련 전문교육을 이수했는지 여부를 확인

- 근로자별 교육 이수증, 수료증 등을 반드시 확인
- 평가대상 현장별 투입인력의 평균인원 대비 이수인원
- 등록업체 자체교육은 인정 안됨

<실적 인정 교육>

① 석면 관련 교육 기관의 전문화 교육

② 공단 교육(안전성 평가 교육, 설명회, 교육원 이러닝, 근로자 건강센터 교육 등)

③ 건설업 기초안전보건교육(최근 1년 이내 교육만 인정)

④ 상기 교육 이외 평가자가 판단하여 석면 관련 전문화 교육

▌표 5-2-33 석면해체·제거작업 근로자에 대한 특별교육 실시

평가항목 3.5	석면해체·제거작업 근로자에 대한 특별교육 실시	배점(10점)	
평가기준	세부 평가기준	평가결과	평가점수
특별교육 평가	"보통"기준을 충족하며, 근로자별 교육일지 작성상태(사진 첨부, 내용, 서명 등)가 양호한 경우	우수	10
	석면해체·제거작업에 필요한 내용에 대하여 특별교육을 실시한 경우	보통	6
	석면해체·제거작업에 필요한 내용에 대하여 특별교육을 실시하지 않은 경우	미흡	0
첨부/증빙 자료	석면해체·제거작업 계획서, 교육일지, 사진 등 사본		

▌평가결과 적용기준 ▌

(1) 석면해체·제거작업 근로자 필수 교육 내용은
- 석면의 특성과 위험성
- 석면해체·제거의 작업방법에 관한 사항
- 석면 비산방지 및 처리방법,
- 근로자 보호조치(개인보호구 착용 방법, 위생설비 사용방법)
- 기타 안전보건에 관한 사항 등

(2) "보통"평가 기준 : 교육의 적정여부 평가
- 석면해체·제거 작업계획서에 작성된 내용을 작업자에게 작업 전 교육을 실시하였는지 확인
- 특별교육 시간 적정 여부 확인
  - 일용근로자 : 2시간 이상
  - 일용근로자 제외 : 16시간 이상(단시간 또는 간헐적 작업인 경우 2시간 이상)

(3) "우수"평가 기준 : 특별교육일지 작성상태 등으로 판단
- 석면해체·제거작업에 필요한 내용에 대하여 특별교육이 적정하게 실시되고 근로자별 교육일지 작성 상태(사진 첨부, 내용, 서명 등)가 양호한 경우
- 교육내용(교육일지 등)이 계획서와 일치 여부 및 교육결과에 대해 결재를 득하였는지 확인

표 5-2-34 홈페이지 보유 및 석면정보 제공

평가항목 3.6	홈페이지 보유 및 석면정보 제공	배점(10점)	
평가기준	세부 평가기준	평가결과	평가점수
홈페이지 보유 및 석면정보의 적정성 평가	홈페이지를 보유하고 있으며, 홈페이지에서 제공하는 석면해체 · 제거작업 정보가 최신성을 유지하는 경우	우수	10
	홈페이지를 보유하고 있는 경우	보통	6
	홈페이지를 보유하지 않는 경우	미흡	2
첨부 / 증빙 자료	홈페이지 사이트 주소, 제공된 정보의 부적정 자료 사본		

평가결과 적용기준

(1) 홈페이지(카페, 블로그 등)를 보유하고 있는 경우 홈페이지를 방문하여 제공된 정보가 적정한지 평가

(2) "우수"평가 기준 : 홈페이지에서 제공하고 있는 석면해체 · 제거작업 관련 정보가 적정한 경우

- 석면관련 정보제공이 없거나 최신성이 유지되지 않은 경우(최소 6개월 이내 업데이트 내역이 없는 경우) "보통" 평가
- 정보의 적정성은 본 매뉴얼의 평가기준 등을 참고하여 내용의 적정성 평가

표 5-2-35 인력 · 장비(자산) 및 작업 관련 내용의 전산화

평가항목 3.7	인력 · 장비(자산) 및 작업 관련 내용의 전산화	배점(10점)	
평가기준	세부 평가기준	평가결과	평가점수
인력,장비 등 전산화 적정성 평가	흔글, Excel 프로그램 등 전자문서로 관리 하고 있으며, 쉽게 확인이 가능한 경우	우수	10
	흔글, Excel 프로그램 등 전자문서로 관리 하고 있으나, 쉽게 확인이 불가능한 경우	보통	6
	별도의 전산자료로 관리하지 않는 경우	미흡	2
첨부/증빙 자료	인력 · 장비(자산) 및 석면해체 · 제거작업 관련 전자문서를 확인할 수 있는 관련 자료 사본 등		

▌평가결과 적용기준 ▌

(1) 인력 · 장비(자산) 및 석면해체 · 제거작업 관련 내용을 흔글, Excel 프로그램 등 전자문서로 관리하고 있는지 확인

<전자문서>

① 인력 관련 문서(일용직 근로자 관리대장, 임금 지급 대장, 근로계약서 등)

② 장비(자산) 이력카드, 장비 매뉴얼, 장비 운용계획 등

③ 작업계획서, 석면 해체 · 제거작업 신고대장, 석면농도 측정 결과 등

(2) "우수"평가 기준 : 전자문서로 관리를 적절하게 하고 있으며, 평가자의 요구에 따라 쉽게 출력이 가능한 경우(예 : 근로자 "홍길동" 의 작업이력 좀 볼 수 있을까요? 2016~2017년도 석면해체 · 제거작업 신고실적을 볼 수 있을까요?)

(3) "보통"평가 기준 : 전자문서로 관리하고 있으나, 쉽게 확인이 불가능한 경우

- 사용자가 전산 사용능력이 미흡하거나 파일정리가 불량하여 쉽게 확인이 불가능한 경우

D. 그 밖에 필요한 사항(가중치 0.1)

표 5-2-36 석면해체 · 제거 등록업체 재해발생

평가항목 4.1	석면해체 · 제거 등록업체 재해발생	배점(20점)	
평가기준	세부 평가기준	평가결과	평가점수
재해발생 평가	최근 1년간 무재해인 경우	우수	20
	최근 1년간 재해자 1명 발생한 경우	보통	12
	최근 1년간 재해자 2명 이상 발생한 경우	미흡	3
첨부/증빙 자료	공단 ERP 산재통계 자료		

▌평가결과 적용기준 ▌

(1) 해당업체의 산재통계 자료를 활용하여 평가일 전 최근 1년까지 재해현황 평가
- 산재관리번호 및 사업개시번호 확인(건설업의 경우 현장별 사업개시번호를 등록)하여 조회되는 재해자 모두(석면해체 · 제거 작업 중 발생한 재해가 아닌 경우도 포함)를 대상에 포함

표 5-2-37 석면해체 · 제거 작업내용 등 서류 보존

평가항목 4.2	석면해체 · 제거 작업내용 등 서류 보존	배점(30점)	
평가기준	세부 평가기준	평가결과	평가점수
서류 보존 적정성 평가	석면해체 · 제거 작업내용의 기록이 모두 보존되어 있는 경우	우수	20
	석면해체 · 제거 작업내용의 기록이 일부 보존되어 있거나, 보존되어 있지 않은 경우	미흡	0
첨부/증빙 자료	작업장의 명칭 및 소재지, 근로자의 인적사항, 작업의 내용 및 작업기간에 관한 서류 사본(또는 목록) 등		

▌평가결과 적용기준 ▌

① “우수” : 석면해체 · 제거업체 등록 이후 연도별 실시한 석면해체 · 제거작업에 대하여 작업장의 명칭 및 소재지, 근로자의 인적사항, 작업의 내용 및 작업기간에 관한 서류 등을 산업안전보건법 제 64조 제6항에 의거한 보존기간에 맞게 모두 보존하고 있는 경우(보존기간이 지난 문서 제외)

② “보통” : 보존의무 대상 서류를 일부 보존하고 있는 경우

③ “미흡” : 보존의무 대상 서류를 보존하고 있지 않은 경우

표 5-2-38 석면해체 · 제거작업 자체 매뉴얼의 보유

평가항목 4.3	석면해체 · 제거작업 자체 매뉴얼의 보유	배점(20점)	
평가기준	세부 평가기준	평가결과	평가점수
자체 매뉴얼 보유평가	KOSHA GUIDE 이상의 수준으로 자체 매뉴얼을 작성하여 보유한 경우	우수	20
	KOSHA GUIDE를 보유한 경우	보통	12
	KOSHA GUIDE 이하 수준의 매뉴얼을 보유하고 있거나, 매뉴얼을 보유하지 않은 경우	미흡	3
첨부 / 증빙 자료	KOSHA GUIDE 이상의 수준으로 자체 작성된 매뉴얼 자료(해당부분) 사본		

▌평가결과 적용기준 ▌

① "우수" : 석면해체 · 제거작업지침(KOSHA GUIDE)을 참조하여 그 이상의 수준으로 자체 작성된 매뉴얼 자료가 있는 경우(결재를 득해야 함)

② "보통" : KOSHA GUIDE를 보유하고 있거나, 공단에서 제공하는 기술 자료를 보유하고 있는 경우

③ "미흡" : KOSHA GUIDE 이하 수준의 매뉴얼을 보유하고 있거나 매뉴얼을 보유하지 않는 경우

표 5-2-39 석면해체 · 제거작업 근로자의 고용 형태

평가항목 4.4	석면해체 · 제거작업 근로자의 고용 형태	배점(10점)	
평가기준	세부 평가기준	평가결과	평가점수
작업 근로자 고용형태 평가	석면해체 · 제거작업 근로자 3명 이상을 정규직으로 고용하거나 채용인력의 50% 이상을 정규직 고용한 경우	우수	10
	석면해체 · 제거작업 근로자 1~2명을 정규직으로 고용하거나 채용인력의 20% 이상~50% 미만을 정규직 고용한 경우	보통	6
	석면해체 · 제거작업 근로자 모두 일용직으로 고용하거나 채용인력의 20% 미만을 정규직 고용한 경우	미흡	2
첨부 / 증빙 자료	재직사실 증명 서류(4대보험 등)		

▌평가결과 적용기준 ▌

① 석면해체 · 제거작업 근로자 고용(정규직, 일용직 등) 형태를 재직사실 증명 서류 (4대보험 등)를 통해 확인
- 평가일 전 최근1년의 근로자 중 정규직으로 6개월 이상 고용한 경우를 정규직으로 간주(등록인력은 제외)
- 정규직 인원 비율은 소수점 첫째자리에서 반올림하여 산정

표 5-2-40 석면해체 · 제거작업 완료보고서의 전산입력(K2B) 정도

평가항목 4.5	석면해체 · 제거작업 완료보고서의 전산입력 (K2B) 정도	배점(30점)	
평가기준	세부 평가기준	평가결과	평가점수
이력관리 프로그램 활용도 평가	이력관리프로그램(K2B)에 등록업체 가입하고, 평가대상 기간 내 작성된 완료보고서 중 이력관리프로그램에 입력된 비율이 60% 이상인 경우	우수	30
	이력관리프로그램(K2B)에 등록업체 가입하고, 평가대상 기간 내 작성된 완료보고서 중 이력관리프로그램에 입력된 비율이 60% 미만인 경우	보통	18
	이력관리프로그램(K2B)에 등록업체로 미가입한 경우 이거나, 이력관리프로그램에 등록업체 가입은 하였으나 완료보고서 전체를 미입력 한 경우	미흡	5
첨부 / 증빙 자료	KOSHA GUIDE 이상의 수준으로 자체 작성된 매뉴얼 자료(해당부분) 사본		

▌ 평가결과 적용기준 ▌

① 석면해체 · 제거등록업체의 완료보고서 작성 및 보관(30년 보관)의 편의 도모와, 석면해체 · 제거작업 완료보고서의 전산화로 석면해체 · 제거작업 안전성 평가 업무 효율성을 높이고자 안전보건공단 K2B 프로그램을 구축하여 활용

이력관리프로그램(K2B)에 입력된 비율(%)

$$= \frac{\text{K2B 전산시스템에 입력된 완료보고서 수}}{\text{평가일 기준으로 최근 1년간 작성된 석면 해체 · 제거작업 완료보고서 수}} \times 100$$

부록

석면해체 · 제거작업
완료보고서 양식

석면해체·제거작업 완료보고서

<table>
<tr><td rowspan="4">[ ] 건축물
[ ] 설비</td><td colspan="2">위치(소재지)</td><td colspan="2">건축물등록번호</td></tr>
<tr><td colspan="2">용도</td><td colspan="2">건물명(설비명)</td></tr>
<tr><td colspan="2">건축물수</td><td colspan="2">구조</td></tr>
<tr><td colspan="2">세대수</td><td colspan="2">연면적</td></tr>
<tr><td rowspan="2">소유자</td><td colspan="2">성명</td><td colspan="2">전화번호</td></tr>
<tr><td colspan="4">주소</td></tr>
<tr><td rowspan="3">석면해체
·제거업자</td><td colspan="2">업자명(상호)</td><td colspan="2">대표자 성명</td></tr>
<tr><td colspan="4">고용노동부 등록번호</td></tr>
<tr><td colspan="2">전화번호</td><td colspan="2">휴대전화번호</td></tr>
<tr><td>작업장</td><td colspan="2">공사현장명(공사명·작업명)</td><td colspan="2">전화번호</td></tr>
<tr><td rowspan="2">해체사유</td><td colspan="4">해체사유</td></tr>
<tr><td>해체기간</td><td colspan="3">년 월 일부터 년 월 일까지</td></tr>
<tr><td rowspan="11">석면함유
자재(물질)의
종류 및 면적</td><td colspan="2">종 류</td><td colspan="2">면적(m^2)·부피(m^3)·길이(m)</td></tr>
<tr><td colspan="2">분무재(뿜칠재)</td><td colspan="2"></td></tr>
<tr><td colspan="2">내화피복재</td><td colspan="2"></td></tr>
<tr><td colspan="2">천장재</td><td colspan="2"></td></tr>
<tr><td colspan="2">지붕재</td><td colspan="2"></td></tr>
<tr><td colspan="2">벽재(벽체의 마감재)</td><td colspan="2"></td></tr>
<tr><td colspan="2">바닥재</td><td colspan="2"></td></tr>
<tr><td colspan="2">파이프보온재</td><td colspan="2"></td></tr>
<tr><td colspan="2">단열재</td><td colspan="2"></td></tr>
<tr><td colspan="2">개스킷</td><td colspan="2"></td></tr>
<tr><td colspan="2">기타(칸이 부족할 경우 별첨)</td><td colspan="2"></td></tr>
<tr><td>현장책임자</td><td colspan="2">성명</td><td colspan="2">전화번호</td></tr>
<tr><td>감리원</td><td colspan="2">성명</td><td colspan="2">전화번호</td></tr>
<tr><td rowspan="5">작업근로자
인적사항
(칸이 부족할
경우 별첨)</td><td>성명</td><td>생년월일</td><td>주소</td><td>전화번호</td></tr>
<tr><td></td><td></td><td></td><td></td></tr>
<tr><td></td><td></td><td></td><td></td></tr>
<tr><td></td><td></td><td></td><td></td></tr>
<tr><td></td><td></td><td></td><td></td></tr>
<tr><td>첨부서류</td><td colspan="4">1. 석면 해체·제거 작업 사진 1부
2. 석면농도측정 결과표 1부
3. 사업장 주변 석면측정결과 신고서(사업장 주변 측정 대상 시) 1부
4. 근로자 특수건강검진결과표 1부</td></tr>
</table>

완료보고서 평가방법 및 작성방법

[완료보고서 평가방법]

① 완료보고서는 석면해체・제거작업 안전성평가 항목 중 석면해체・제거작업 기준 준수의 1.1~1.9까지 항목의 평가를 위하여 작성합니다.

② 완료보고서는 평가일 기준으로 최근 1년간의 완료된 현장에 대하여 모두 작성하며, 이중 완료된 작업실적에 따라 완료보고서를 임의로 선정하여 평가를 실시합니다.

<신고실적에 따른 완료보고서 평가대상 수>

평가기간 중 완료 작업실적	완료보고서 작성대상	평가대상 완료보고서 수
10건 미만	평가 전 해체완료 현장은 모두 완료보고서 작성	작업 전체
10건 이상 ~ 50건 미만		10건
50건 이상 ~ 100건 미만		15건
100건 이상 ~ 150건 미만		20건
150건 이상 ~ 200건 미만		25건
200건 이상		30건

③ 완료보고서 평가의 최종점수는 평가대상 현장의 항목별(1.1~1.9번 항목, 70점 만점) 평균점수(안전성평가 집계표 참조)에 완료보고서 작성비율(%)을 곱하여 합산 후 최종 점수를 산출합니다.

예) ▸ 평가범위 및 대상 : 평가일(2016.8.20) 기준으로 최근 1년간(2015.8.20~2016.8.19)의 작업이 완료된 현장
▸ 평가범위 중 완료 작업실적 : 45개소(50건 미만)
▸ 작성된 완료보고서 수 : 43개소
▸ 임의로 선정한 10건에 대하여 항목별(1.1~1.9번) 평가점수 평균 산출(집계표 작성)
 - 1.1항목(10점 만점)의 10건 점수 합산결과 85점인 경우 평균 8.5점
▸ 완료보고서 작성비율 : (43/45) * 100 = 95.5(%)
▸ 1.1 항목 최종 점수 : 8.5점 * 0.955 = 8.12점(소수점 셋째자리에서 반올림)
▸ 위와 같은 방법으로 1.1~1.9 항목별 최종 점수를 산출 후 합산하여 완료보고서 평가

[완료보고서 작성방법]

① 완료보고서 작성을 위하여 촬영하는 사진은 단위작업현장(불침투성 차단재로 밀폐되고 음압기가 설치된 현장 단위 또는 슬레이트 해체 건축물 단위)별로 구분하여 촬영해야 하며 사진에는 반드시 현장명, 작업일시, 업체명 등이 표시되도록 작업표지판(명판)을 포함하여 합니다.

② 정확한 평가를 위하여 촬영대상 작업, 설비 등에 대해서 빠짐없이 촬영하여 첨부여야 합니다.

③ 아래의 경우는 최저점으로 평가됩니다.
 - 사진이 없는 경우
 - 사진이 해당 현장, 작업, 설비 등이 확실하지 않은 경우
 - 타 현장사진을 사용한 경우
 ※ 만약 위반사항이 중대한 경우 평가등급이 최하위 등급(D등급)으로 조정될 수 있습니다.

④ 사진설명 란은 별도의 추가 설명이 필요한 경우 작성하시기 바랍니다.

⑤ 촬영대상 외의 사진을 추가할 경우 <첨부 2> 별지 양식을 이용하여 작성하시기 바랍니다.

<첨부 1> 석면 해체·제거 작업 사진(현장명 :   )

평가항목 1.1	석면해체·제거작업 현장의 밀폐(보양)조치	배점(10점)
촬영대상	① 석면해체·제거 현장의 보양 전과 후의 전체 전경 및 작업관리자 ② 2중으로 보양된 바닥, 벽면 비닐, 두께 측정사진 ③ 스모그 머신 등을 이용한 기류 흐름 테스트 모습 ④ 외부로 석면의 비산 방지를 위한 비산방지망 또는 격벽	

구분	사진		사진설명
밀폐 전			작업일 (. . .)
밀폐 후			작업일 (. . .)
2중 보양			작업일 (. . .)
스모그 머신 등 테스트 (비산방지망)			작업일 (. . .)

평가항목 1.2~3	석면해체 · 제거작업 현장의 밀폐(보양)조치	배점(5점)
촬영대상	① 작업장 출입구 또는 근로자가 보기 쉬운 장소에 "관계자외 출입금지" 경고표지 ② 석면해체 · 제거 작업장 안내표지 ③ 바리케이드, 출입금지 띠, 펜스 등의 경계선 ④ 흡연 및 음식물 섭취 등의 금지표지	

구분	사진		사진설명
경고표지			작업일 (. . .)
안내표지			작업일 (. . .)
경계선			작업일 (. . .)
흡연 금지표지			작업일 (. . .)

평가항목 1.4	개인보호구 지급 및 착용	배점(10점)
촬영대상	① 작업별 적정한 호흡보호구 착용 모습 ② 신체를 감싸는 보호복, 보호장갑, 보호신발 등의 착용 모습 ③ 음압 또는 양압 밀착도 검사 모습 ④ 호흡용보호구의 보관 상자	

구분	사진		사진설명
호흡용 보호구			작업일 (. . .)
보호복 등			작업일 (. . .)
밀착도 검사			작업일 (. . .)
보호구 보관상자			작업일 (. . .)

평가항목 1.5	위생설비 설치 및 사용	배점(10점)
촬영대상	① 위생설비의 설치 전경(탈의실, 샤워실, 갱의실) ② 출입구가 비닐로 2겹(Z-lock 또는 T-lock)이상 설치 모습 ③ 배수여과시설, 온수 시설, 세면도구 ④ 밀폐용기 보관함 등	

구분	사진		사진설명
위생설비			작업일 (　.　.　.)
출입구			작업일 (　.　.　.)
샤워시설			작업일 (　.　.　.)
밀폐용기			작업일 (　.　.　.)

평가항목 1.6	비산방지를 위한 습식작업	배점(5점)
촬영대상	① 물 또는 습윤제를 사용하여 습식으로 작업 모습 ② 습윤제가 충분히 스며들도록 일정시간 간격으로 작업하는 모습 ③ 습윤제에 의해 젖은 석면함유 건축자재 표면 등	

구분	사진		사진설명
습식작업			작업일 (　.　.　.)
추가 습식작업			작업일 (　.　.　.)
석면 건축자재 표면			작업일 (　.　.　.)
석면 건축자재 표면			작업일 (　.　.　.)

평가항목 1.7	석면잔재물 흩날림 방지 및 잔재물 처리	배점(5점)
촬영대상	① 습식청소 또는 진공청소기를 이용한 청소 모습 ② 석면함유 경고표시가 된 포대를 이용하여 석면함유 잔재물을 2중으로 포장하는 모습 ③ 표면고정 처리제(고착제)를 사용하여 고정처리를 하는 경우 ④ 석면폐기물을 지정된 장소에 보관하는 경우 보관장소 ⑤ 비닐보양을 제거후 석면잔재물이 남지 않도록 청소 후 확인	

구분	사진		사진설명
청소			작업일 (. . .)
포장			작업일 (. . .)
표면 고정처리			작업일 (. . .)
보관장소			작업일 (. . .)
석면해체 · 제거작업 이후 청소상태			작업일 (. . .)

평가항목 1.8~1.9	(실내) 석면해체 · 제거작업 밀폐장소 음압 유지 (실내) 석면해체 · 제거작업 완료 후 석면농도 측정	배점(10점)
촬영대상	① 음압측정기의 음압 측정치 사진 ② 음압측정기 튜브의 측정 위치 ③ 석면 농도 측정 사진(시료채취기, 분진비산용 송풍기 등) ④ 석면 농도 측정시 음압 측정사진	

구분	사진		사진설명
음압측정			작업일 (　　.　　.　　.)
음압기 위치			작업일 (　　.　　.　　.)
석면 농도측정			작업일 (　　.　　.　　.)
석면 농도측정시 음압기			작업일 (　　.　　.　　.)

평가항목 1.8~1.9	(실외) 추락재해 예방을 위한 안전조치 적정성 (실외) 적정한 슬레이트 제거작업	배점(10점)
촬영대상	① 비계, 이동식비계, 안전대 부착설비, 작업발판, 사다리 등 ② 안전모, 안전대 착용 모습 ③ 슬레이트 해체·제거 작업 모습 ④ 손상 우려가 있는 지붕 슬레이트의 습윤화 작업	

구분	사진		사진설명
추락방지 조치			작업일 (　.　.　.)
보호구 착용			작업일 (　.　.　.)
슬레이트 해체			작업일 (　.　.　.)
습윤화			작업일 (　.　.　.)

<첨부 2> 별지 양식

사진 1	작업일(　　.　　.　　.)	사진 2	작업일(　　.　　.　　.)
사진 3	작업일(　　.　　.　　.)	사진 4	작업일(　　.　　.　　.)
사진 5	작업일(　　.　　.　　.)	사진 6	작업일(　　.　　.　　.)
사진 7	작업일(　　.　　.　　.)	사진 8	작업일(　　.　　.　　.)

부록

석면해체 · 제거작업 지침

(KOSHA GUIDE H-70-2019)

1. 석면해체 · 제거작업 지침(KOSHA GUIDE)

1.1 목적

지침은 산업안전보건기준에 관한 규칙(이하 '안전보건규칙'이라 한다) 제2장, 제6절(석면 제조 · 사용작업 및 해체 · 제거작업 및 유지 · 관리 등의 조치기준) 제477조 내지 제497조의 3의 규정에 의해 근로자의 건강장해를 예방하고 안전한 작업을 위하여 석면의 해체 · 제거작업 표준을 정함을 목적으로 한다.

1.2 적용범위

지침은 석면함유 설비 및 건축물을 해체 · 제거하는 작업을 업으로 하는 사업주와 그 작업을 수행하는 근로자에게 적용한다.

1.3 용어의 정의

1.3.1 지침에서 사용되는 용어의 정의는 다음과 같다.

(1) "석면"이라 함은 자연에서 생산되는 섬유상 형태를 갖고 있는 규산염 광물로서 백석면, 갈석면, 청석면, 안소필라이트석면, 트레모라이트석면, 악티노라이트석면 등 여섯 종의 광물을 말한다.
(2) "석면함유물질"이라 함은 석면이 중량기준 1% 초과 함유된 물질을 말한다.
(3) "석면함유 설비 및 건축물"이라 함은 석면함유물질이 포함되어 있는 설비 및 건축물을 말한다.
(4) "분무된 석면"이라 함은 건축물 또는 시설의 내외부에 내화, 흡음, 단열, 장식 및 기타 용도를 위해 분무 · 미장 등의 방법으로 표면에 입혀진 석면을 말한다.
(5) "보온재"라 함은 건축물 또는 시설의 파이프, 덕트, 보일러, 탱크 등의 내외부에 보온 · 단열을 목적으로 사용된 물질을 말한다.

(6) "내화피복재"라 함은 높은 온도에서도 타지 않도록 하기 위하여 물질의 표면에 덮어씌우는 물질을 말한다.

(7) "석면해체 · 제거작업"이라 함은 석면함유 설비 또는 건축물의 파쇄, 개 · 보수 등으로 인하여 석면분진이 흩날리거나 흩날릴 우려가 있고 작은 입자의 석면 폐기물이 발생되거나 발생될 우려가 있는 작업을 말한다.

(8) "고성능필터(High efficiency particulate air filter : HEPA filter)"라 함은 0.3μm의 입자를 99.97% 포집할 수 있는 성능을 가진 필터를 말한다.

(9) "음압기"라 함은 고성능필터가 달린 팬을 이용하여 작업장 내부 공기를 일정 유량으로 배기하여 석면해체 · 제거작업 공간 내부를 음압으로 유지하도록 하는 장치를 말한다.

(10) "음압기록장치"라 함은 석면해체 · 제거작업 공간 내외부의 압력 차이를 측정 · 기록할 수 있는 장비를 말한다.

(11) "사업주"라 함은 석면이 함유되어 있는 설비나 건축물의 해체 · 제거를 업으로 하는 자를 말한다.

(12) "글로브 백 작업(Glove bag operation)"이라 함은 폴리에틸렌 등 불침투성 재질의 비닐시트를 사용하며 안쪽으로 손 모양의 글로브에 손을 넣어서 석면해체 · 제거작업을 수행하는 것을 말한다.

1.3.2 그 밖에 지침에서 사용하는 용어의 정의는 지침에 특별한 규정이 있는 경우를 제외하고는 산업안전보건법, 같은 법 시행령, 같은 법 시행규칙, 산업안전보건기준에 관한 규칙 및 관련 고시에서 정하는 바에 의한다.

1.4 석면해체 · 제거작업의 범위

1.4.1 분무된 석면의 해체 · 제거작업

철 구조물의 내화재로 빔, 기둥, 트러스 및 연결부위에 분무된 것과 장식목적의 마감재 또는 천장의 방음단열재로 분무된 석면 등을 해체 · 제거하는 작업

1.4.2 석면이 함유된 보온재 또는 내화피복재의 해체 · 제거작업

공기조화설비의 파이프, 보일러 또는 산업현장의 용광로, 전기로 등의 설비에 보온 · 단열성 및 내화성을 주기 위해 석면이 함유된 보온재 및 내화피복

재 등을 붙이거나 코팅된 것을 해체·제거하는 작업

1.4.3 석면이 함유된 벽체, 바닥타일 및 천장재의 해체·제거작업

내화 및 방음을 목적으로 벽체, 바닥타일, 천장재 등으로 사용된 석면이 함유 된 각종 건축자재 등을 해체·제거하는 작업

1.4.4 석면이 함유된 지붕재의 해체·제거작업

지붕재로서 방수를 목적으로 아스팔트를 접착제로 하여 석면이 함유된 아스팔트 휄트 및 루핑 등의 방수시트를 적층한 것과 단열목적의 석면이 함유된 판넬, 슬레이트 등을 해체·제거하는 작업

1.4.5 석면이 함유된 가스켓 등 기타 석면함유물질의 해체·제거작업

보일러, 용광로 및 전기로 등의 문 또는 개방부위, 고압의 스팀 라인에 설치된 가스켓, 석면링, 펌프 및 밸브의 팩킹재 등을 해체·제거하는 작업

1.5 석면해체·제거작업 전 준비사항

1.5.1 석면해체·제거작업계획 수립

(1) 석면해체·제거 작업계획에 포함될 내용

(가) 석면함유물질 사전조사내용

(나) 석면해체·제거작업 공사기간 및 투입인력

(다) 석면해체·제거작업의 절차 및 방법

사전조사결과해체·제거할 석면함유물질별로 사용하는 도구 등 장비목록, 작업순서 및 작업방법 등의 해체·제거방법

(라) 석면 비산방지 및 처리방법

① 해체·제거작업과정 중 밀폐, 격리, 음압유지 시스템, 습식작업, 진공청소 등의 석면 비산방지방법

② 해체·제거작업과정에서 발생한 석면함유물질, 잔재물 및 부스러기의 처리 방법

(마) 근로자 보호조치

해체·제거작업자의 건강보호를 위한 호흡용보호구, 보호복, 보안경(반

면형 방진마스크의 경우) 등 개인보호구와 위생설비 등 보호조치내용

(바) 기타사항

지정폐기물처리, 석면의 물질안전보건자료, 근로자에 대한 석면의 유해성 등에 대한 교육계획 등을 포함

(2) 작업계획의 주지

(가) 사업주는 석면해체・제거작업계획을 수립한 때에는 당해 작업근로자에게 그 내용을 서면, 게시 또는 교육 등을 통하여 주지시켜야 한다.

(나) 사업주는 당해작업 근로자 외에 석면해체・제거작업으로 인해 영향을 받을 우려가 있는 동일건물 내의 근로자 및 입주자에게 해체・제거작업 실시 계획 등에 대해 주지시켜야 한다.

1.5.2 경고표지의 설치

(1) 사업주는 석면해체・제거작업을 행하는 장소에는 <별지1>의 경고표지를 출입구에 게시하여야 한다.

(2) 다만, 작업이 이루어지는 장소가 실외이거나 출입구가 설치되어 있지 아니한 경우에는 근로자가 보기 쉬운 장소에 게시하여야 한다.

(3) 또한, 석면해체・제거작업장에 접근이 가능한 인근 주민 및 통행자 등에게 석면해체・제거작업이 이루어지는 장소임을 상기시킬 수 있는 표지등을 게시하여야 한다.

1.5.3 개인보호구의 지급・착용

(1) 사업주는 석면해체・제거작업에 근로자를 종사하도록 하는 때에는 작업조건에 적절한 방진마스크(특등급만 해당), 송기마스크 또는 전동식 호흡보호구(방진마스크, 특등급만 해당), 고글형 보호안경, 신체를 감싸는 보호의 및 보호장갑 등의 개인보호구를 작업 근로자 개인별로 지급하고 착용하도록 하여야 한다.

(2) 사업주는 호흡용 보호구를 지급할 때에는 작업근로자에게 다음의 교육을 실시하여야 한다.

(가) 밀착도 자가점검(Fit-check)방법

(나) 보호구의 이상유무 검사방법

(다) 사용방법

(라) 유지관리방법

(마) 오염물 세척 및 제거방법

(바) 보호구의 사용제한

(3) 사업주는 불침투성의 보호장갑, 보호의 및 보호신발을 지급하여야 한다.

1.5.4 석면해체·제거 장비 및 보호구

(1) 음압기

(가) 고성능필터를 장착하여야 한다.

(나) 전처리 필터를 고성능필터 앞쪽에 반드시 설치하여야 한다.

(다) 필터 차압 게이지를 설치하여야 한다.

(라) 음압기 내부를 밀폐하여 여과되지 않은 공기가 누설되지 않도록 하는 구조가 되어야한다.

(마) 송풍기는 필터 뒤쪽에 설치하여야 한다.

(바) 이동 시 음압기 내·외부의 석면이 비산하지 않도록 비산방지장치 혹은 설비를 갖추어야 한다.

(2) 음압기록장치

(가) 측정 감도는 0.01 mmH_2O 이하일 것

(나) 1분 간격으로 측정된 자료를 24시간 연속하여 1개월 이상 저장 가능한 자료 저장용량을 가질 것

(다) 1분 평균으로 측정된 작업장소와 외부와의 압력차가 0.508 mmH_2O 이하일 때 경보음이 작동하는 기능을 가질 것

(라) 측정전자체적으로 영점(Zero point)을 교정할 수 있는 기능을 갖출 것

(마) 결과물을 출력할 수 있는 기능을 가질 것

(3) 진공청소기

(가) 고성능필터를 장착해야 한다.

(나) 여과되지 않은 공기가 누설되지 않도록 하는 구조이어야 한다.

(다) 석면해체·제거작업 시 지속적으로 석면분진을 포집할 수 있는 충분한 모터성능을 가진 것이어야 한다.

(4) 호흡용 보호구 산업안전보건법 제34조에 따른 안전인증제품이어야 한다.

(5) 보호복

(가) 보호복은 근로자의 전신을 덮을 수 있고 허리, 손목, 목이 조이는 구조로 머리덮개가 부착된 일회용 보호의이여야 한다.

(나) 습식작업에 사용할 수 있는 소재이어야 한다.

(다) 산업안전보건법 제34조에 따른 안전인증제품이어야 한다.

(라) 지퍼 부분은 지퍼덮개가 있어, 석면 분진이 유입되지 않는 구조로 되어야 한다.

(마) 봉제처리 부분을 통하여 석면이 침투하지 못하도록 봉제처리 후 코팅방식, 테이핑 처리 또는 동등성능 이상의 처리방식을 적용하여야 한다.

1.5.5 위생설비의 설치

(1) 사업주는 석면해체・제거 작업장소와 연결되거나 인접한 장소에 탈의실, 샤워실 및 작업복 갱의실 등의 위생설비를 설치하고 필요한 용품 및 용구를 비치하여야 한다.

(2) 사업주가 실내의 석면 해체・제거작업장소에 위생설비를 설치하는 때에는 다음의 요건이 충족되어야 한다.

(가) 위생설비의 설치순서는 탈의실 → 샤워실→ 보호복 갱의실 → 작업장 순으로 연결하여 설치하여야 한다.

(나) 각 실의 연결 복도의 출입구는 분진의 확산방지를 위해 폴리에틸렌 재질 의 커튼을 설치하는 것이 바람직하다.

(다) 샤워실은 온・냉수가 공급되어야 한다.

(3) 작업 전 출입순서

(가) 탈의실로 들어가 평상복을 벗고 보호복을 착용하고 호흡보호구를 검사 후 착용한다.

(나) 샤워실을 통해 갱의실로 들어가되, 샤워실에서 샤워를 하지 않는다.

(다) 보호복 갱의실에서 안전모, 보호신발 및 다른 장비를 착용한다.

(라) 작업장소로 들어간다.

(4) 작업 후 출입순서

(가) 작업장소를 떠나기 전에 작업자는 눈에 보이는 석면분진 등을 물걸레 등으로 세척하거나 고성능 진공청소기로 제거한다.

(나) 보호복 갱의실로 들어가 호흡보호구를 착용한 상태로 일회용 보호복을 벗고 재사용할 도구 및 장비를 보관한다.

(다) 샤워실로 들어가 호흡보호구를 착용한 상태로 샤워하고 재활용할 보호장구와 호흡보호구를 세척한다. 그 후 호흡보호구를 벗고 샤워를 계속한다.

(라) 샤워실을 나와 탈의실에서 평상복으로 갈아입은 후 나온다.

(5) 기타 해체・제거작업, 옥외작업 또는 작업장소 입구와 연결하여 탈의실, 샤

워실, 작업복 갱의실 등의 위생설비를 설치하기에 현실적으로 곤란한 경우에는 별도장소에 위생설비를 설치할 수 있다.

(가) 위생설비는 작업장소에 직접 연결되는 구조가 가장 이상적이다. 그러나 옥외작업에서 작업특성상 작업장소에 인접하여 설치하기가 현실적으로 어려운 경우에는 작업장소와 분리된 적정한 장소에 위생설비를 설치할 수 있다.

(나) 다만, 위생설비가 격리되어 설치된 경우 작업자는 작업장을 떠날 때 작업 장소 내에서 진공청소기 등을 사용하여 보호복 및 사용장비 등에 부착된 석면분진을 세척하여 이동 중 석면분진이 흩날리지 않도록 하여야 한다.

(6) 사업주는 석면해체·제거작업 근로자가 착용했던 개인보호구 등은 보호복 갱의실에서 벗어 밀폐용기에 넣어 보관토록 하고 오염을 제거하기 위한 세척 등 필요한 조치를 하여야 한다.

1.5.6 석면해체·제거작업 시 금지사항

(1) 분진포집장치가 장착되지 않은 고속 절삭디스크 톱의 사용

(2) 압축공기 사용

(3) 석면함유물질의 분진 및 부스러기 등을 건식으로 빗자루 등을 이용하여 청소하는 작업

1.5.7 근로자가 지켜야 할 의무사항

(1) 근로자는 지급된 개인보호구를 착용하고 작업수칙을 준수하여야 하다.

(2) 근로자는 석면함유 설비 또는 건축물을 해체·제거하는 작업장에서 담배를 피우거나 음식물을 먹어서는 안 된다.

1.5.8 석면함유 잔재물의 처리

(1) 사업주는 해체·제거작업이 완료된 후 그 작업 과정에서 발생한 석면함유 잔재물 등이 해당 작업장에 남지 아니하도록 청소 등 필요한 조치를 하여야 한다.

(2) 사업주는 석면해체·제거작업 및 제 1항에 따른 조치 중에 발생한 석면함유 잔재물 등을 비닐이나 그 밖에 이와 유사한 재질의 포대에 담아 밀봉한 후 <별지 2>에 따른 표지를 붙여 폐기물관리법에 따라 처리하여야 한다.

1.6 석면해체 · 제거작업 수행 시 유의사항

1.6.1 공통 조치사항

(1) 작업장소 내 창문 등 개구부는 밀폐하고 인근 작업장소와 격리조치 하여야 한다.

(가) 해체 · 제거작업지역의 환기시스템은 모두 중단하고 전기설비를 차단시킨 후 창문, 환기덕트의 개방부위, 출입문 등 모든 개구부는 밀폐시켜야한다.

(나) 작업지역은 타인접장소 등과 격리시키되 기존의 벽 등 구조물이 불충분할 경우에는 임시벽을 설치하여야 한다.

(다) 작업지역 내이동이 가능한 시설물은 작업지역 밖으로 이동시키고, 이동이 불가능한 시설물이 존재하는 경우 폴리에틸렌 시트 등의 불침투성 재질로 덮어야 한다.

(라) 벽과 바닥은 오염을 방지하기 위해 폴리에틸렌 등의 불침투성 재질로 덮고 갈라진 틈은 테이프 등을 붙여 틈새가 없도록 하여야 한다.

(2) 작업장소를 고성능필터가 장착된 음압밀폐시스템구조로 하여야 한다.

(가) 실내 작업장소 내 음압밀폐를 하기 위하여 작업부위를 제외하고는 바닥, 벽 등을 불침투성 재질의 폴리에틸렌 시트로 덮는다. 바닥은 0.15 mm 이상, 벽면은 0.08 mm 이상의 두께로 이중으로 덮는 것을 권장한다.

(나) 작업장소과 외부와의 압력차가 0.508 mmH_2O 이상을 유지하도록 하여야 한다.

① 음압측정은 작업자의 출입 · 이동에 의하여 영향을 받을 수 있으며, 음압기와 가까울수록 높게 측정된다.

② 음압측정위치는 출입문에 영향을 받지 않고 음압기와 가장 먼 위치에서 측정하여야 한다.

(다) 음압은 음압기록 장치를 사용하여 작업시작부터 작업종료까지 측정하여 기록을 보관하여야 한다.

(라) 음압장치에는 작업장소 내 발생한 석면분진이 외부로 배출되지 않도록 고성능필터가 장착된 것을 사용하여야 한다.

(마) 시스템 내 공기흐름은 근로자의 호흡기 영역으로부터 고성능필터 또는 분진 포집장치 방향을 유지하여야 한다.

(바) 작업개시 전에 음압밀폐시스템 내 누출부위가 있는지 검사를 하여야 한다.

(사) 음압유지를 확인하는 방법

① 음압밀폐시스템의 폴리에틸렌 시트 등의 밀폐시트가 작업장 안쪽으로 쪼그라드는 것을 확인한다.

② 스모크 테스트 튜브(Smoke test tube) 등에 의한 연기흐름의방향이 석면 해체·제거작업장과 연결된 출입구 등 개구부에서 작업장 내부로 이동하는 것을 확인한다.

③ 음압기록계로 현재의 음압이 -0.508 mmH_2O를 유지하는지 확인한다.

(아) 해체·제거작업은 음압기로부터 먼 곳에서 시작하여 가까운 곳으로 이동하며 진행한다.

(3) 작업장소가 실외인 경우에는 작업 시 석면분진이 외기로 흩날리지 않도록 고성능 필터가 장착된 석면분진 포집장치를 가동하는 등 적절한 조치를 하여야 한다.

(4) 물 또는 습윤액을 사용하여 습식작업을 하여야 한다.

(가) 해체·제거대상 물질에 스프레이 등으로 습식화 한 후에 작업하여야 하고, 작업 중에도 계속해서 습윤 상태가 유지되도록 하여야 한다.

(나) 습식작업에 따른 감전재해를 예방하기 위하여 해체·제거작업에 사용되는 전기는 누전차단기가 설치된 연장선(이동식 코드릴)을 이용하여 외부에서 공급하여 사용한다.

(5) 불침투성 재질의 폴리에틸렌시트 바닥재에 축적된 석면 부스러기 또는 분진의 재비산을 방지하기 위해 필요한 경우에는 작업장 바닥에 불침투성 습윤천 (Drop cloths)을 깔아 작업을 실시하는 것을 권장한다.

1.6.2. 석면해체·제거 작업별 조치사항

(1) 분무된 석면이나 석면이 함유된 보온재 또는 내화피복재의 해체·제거작업

(가) 작업근로자에게 송기마스크 또는 전동식 호흡보호구(방진마스크, 특등급에 한함)를 지급하여 착용하도록 한다.

(나) 파이프에 도포된 석면이 함유된 보온재 또는 내화피복재를 해체·제거하는 작업의 경우 글로브 백 작업이 권장된다.

① 음압밀폐시스템과 병행하여 석면분진의 노출을 최소화시키기 위하여

파이프에 도포된 단열재를 해체·제거하는 작업에 글로브 백 작업을 수행할 수 있다.

② 글로브 백 작업은 다음 방법에 따라 수행한다.

㉮ 제거하고자 하는 파이프관의 단열재 주위를 글로브 백으로 파이프관의 하부로부터 상부로 감싼 후 상부 및 백의 양 측면을 테이프 등을 사용하여 밀봉한다.

㉯ 밀봉하기 전에 글로브 백 내에 해체·제거하기 위해 필요한 도구 등을 넣어야 한다.

㉰ 글로브에 손을 넣어 해체·제거되는 단열재 등 석면함유물질을 먼저 물 또는 습윤액을 사용하여 습윤화하고 늘어져 있는 글로브 백에 떨어뜨려 저장한다.

㉱ 필요하다면 글로브 백의 일정한 구멍을 통해 스프레이 노즐을 집어넣어 해체·제거되는 단열재를 수시로 습윤화한다.

㉲ 해당 장소에서해체·제거작업이 완료되면, 늘어져 있는 아래 부분을 비틀어서 테이프로 감싼다. 상단부분에 고성능 필터 장착 진공청소기의 흡입구를 넣어 상단부분의 내부에 있는 공기를 흡입하여 석면먼지를 제거한 후 젖은 걸레로 석면함유물질이 제거된 부분을 청소하거나 고착제로 도포한다.

㉳ 늘어져 있는 글로브 백이 해체·제거된 석면함유물질로 가득 차면 글로브 백의 내부 표면을 물로 세척하고 파이프 관으로부터 분리하여 완전 밀폐한 후에 다른 글로브 백에 넣는다.

㉴ 글로브 백에 석면의 경고표지를 표시한 후 폐기 처리한다.

(2) 석면이 함유된 벽체, 바닥타일 및 천정재의 해체·제거작업

(가) 석면이 함유된 비닐 및 아스팔트 바닥재나 바닥타일의 경우 고속 절삭 디스크 톱, 도끼, 망치 등을 사용하여 자르거나 깎아내는 작업은 반드시 음압밀폐시스템을 설치하여야 한다.

(나) 작업근로자에게 방진마스크(특등급만 해당)나 송기마스크 또는 전동식 호흡보호구(방진마스크, 특등급만 해당)를 지급하고 착용시켜야 한다.

① 반면형 방진마스크를 착용한 경우에는 보안경(고글)을 근로자에게 지급하여 착용토록 하여야 한다.

② 석면이 함유된 벽체, 바닥타일 및 천장재의 해체·제거작업은 작업

조건에 따라 고농도의 석면분진이 발생할 수 있으므로 송기마스크나 전동식 호흡보호구(방진마스크, 특등급만 해당) 또는 전면형 방진마스크(특등급만 해당)의 지급과 착용이 권장된다.

(다) 석면함유 벽체, 바닥타일, 천장재는 가능한 한 손상되지 않도록 제거하여야 한다.

(라) 해체·제거작업은 가능한 한 절단용 동력도구 등을 이용하여 석면함유물질을 직접 절단, 연마, 찢거나 깨는 등의 손상을 주지 않는 방법으로 제거하여야 한다.

(3) 석면이 함유된 지붕재의 해체·제거작업

(가) 지붕재 해체·제거작업은 가능한 한 절단용 동력도구 등을 이용하여 지붕재를 직접 절단, 연마 또는 찢거나 하는 등의 손상을 주지 않는 방법으로 제거 하여야 한다.

(나) 지붕재의 해체·제거작업과정에서 발생될 수 있는 석면분진이 실내에 유입되어 오염되지 않도록 난방 또는 환기를 위한 모든 통풍구의 유입부위는 밀폐시키고 작업 중 환기설비의 가동을 중단하여야 한다.

(다) 작업근로자에게 방진마스크(특등급만 해당)나 송기마스크 또는 전동식 호흡보호구(방진마스크, 특등급만 해당)를 지급하고 착용시켜야 한다.

① 반면형 방진마스크를 착용한 경우에는 보안경(고글)을 근로자에게 지급하여 착용토록 하여야 한다.

② 석면이 함유된 지붕재의 해체·제거작업은 작업조건에 따라 고농도의 석면 분진에 발생할 수 있으므로 송기마스크나 전동식 호흡보호구(방진마스크, 특등급만 해당) 또는 전면형 방진마스크(특등급만 해당)의 지급과 착용이 권장된다.

(4) 석면이 함유된 가스켓 등 기타 석면함유물질의 해체·제거작업

(가) 해체·제거작업은 물 또는 습윤액을 이용한 습식작업으로 하여야 한다.

① 가스켓을 손상시켜 해체·제거하는 경우에는 반드시 습식작업을 하여야 하며 해체·제거작업 중에도 계속하여 습윤제가 첨가된 물을 분무하여야 한다.

② 특히 가스켓을 제거 후 잔류물을 긁어내는 작업은 반드시 습식상태에서 실시하여야 한다.

(나) 석면이 함유된 가스켓 등의 석면함유물질의 해체・제거작업은 가능한 한 절단용 동력도구 등을 이용하여 직접 절단, 연마 또는 찢거나 하는 등의 손상을 주지 않는 방법으로 제거하여야 한다.

(다) 작업근로자에게 방진마스크(특등급만 해당)나 송기마스크 또는 전동식 호흡보호구(방진마스크, 특등급만 해당)를 지급하고 착용시켜야 한다.

① 반면형 방진마스크를 착용한 경우에는 보안경(고글)을 근로자에게 지급하여 착용토록 하여야 한다.

② 석면이 함유된 가스켓 등 기타 석면함유물질의 해체・제거작업은 다른 석면해체・제거작업에 비하여 낮은 농도의 석면분진이 발생하므로 반면형 방진마스크를 지급・착용하여도 좋으나, 작업조건에 따라 고농도의 석면 분진이 발생될 수 있다면 송기마스크나 전동식 호흡보호구(방진마스크, 특등급만 해당) 또는 전면형 방진마스크(특등급만 해당)의 지급과 착용이 권장된다.

1.7 석면의 제거・청소 및 처리 시 유의사항

7.1 석면이 함유된 물질은 가능하면 제거 전에 습윤액을 물에 첨가하여 물의 침투성을 증가시키고 흘러내리거나 마르는 것을 방지한다.

7.2 습윤이 충분히 될 수 있도록 습윤액을 사용 후 20~30분 이후에 작업을 실시하도록 한다. 단, 외부의 환경에 의해 습윤이 불충분한 경우 작업 중 습윤성을 유지하도록 반복적으로 습윤액을 뿌린다.

7.3 석면폐기물은 건조되기 전에 자주 그리고 규칙적으로 고성능필터가 장착된 진공청소기로 청소하거나 젖은 물걸레를 이용하여 습식으로 청소하여야 한다.

7.4 바닥시트, 폴리에틸렌시트 등 해체・제거작업 중 사용된 폐기용 소모용품은 습윤화 후 폐기용기에 넣고 보관하기 전에 습윤화 하거나 밀봉한 후 폐기물관리법에 따라서 처리하여야 한다.

7.5 석면폐기물을 청소, 제거한 후에 작업지역은 가능하다면 물로 세척하거나 고성능필터가 달린 진공청소기로 청소하여야 한다.

7.6 습식작업 시 사용되는 전기 공구 및 장비는 감전방지를 위해 누전차단기가 장착된 것을 사용하여야 한다.

7.7 석면해체·제거작업이 완료되면 사다리, 임시작업대 등 공구 및 장비는 젖은 걸레로 닦거나 고성능필터가 장착된 진공청소기로 세척하여야 하며, 음압밀폐시스템을 설치한 작업인 경우에는 세척작업동안에도 계속 가동하여야 한다. 또한 고성능 필터의 교체 등은 반드시 음압이 유지되는 밀폐된 작업장 내에서 하여야 한다.

7.8 석면해체·제거작업을 위해 밀폐, 격리 등에 사용된 불침투성 폴리에틸렌 시트 등의 재료는 습윤화하여 폐기물관리법에 따라서 처리하며 재사용하여서는 안 된다.

7.9 바닥시트는 습윤화하여 접어서 폐기물 관리법에 따라서 처리하여야 한다.

7.10 작업종료 후 재사용할 구조물 등은 걸레로 닦거나 고성능필터가 장착된 진공청소기로 세척하여야 한다. 다만, 딱딱한 재질이 아닌 구조물 등은 재사용하여서는 안 된다.

7.11 음압밀폐시스템은 완벽하게 오염이 제거되어야 하며 프리필터(Prefilter) 및 고성능 필터는 폐기물관리법에 따라서 처리하여 폐기하여야 한다.

7.12 재사용되지 않을 석면폐기물과 보호복은 폐기처리용 용기에 보관하여야 한다.

7.13 폐기처리용 용기는 다음의 사항이 충족되어야 한다.

(1) 분진 누출이 되지 않아야 한다.

(2) 폐기물의 외형 및 형태에 맞는 구조이어야 한다.

(3) 석면이 침투되어서는 안 된다.

(4) 석면폐기물이 포함되어 있다는 적절한 표시를 하여야 한다.

7.14 폐기처리용 용기는 0.15 mm 두께의 폴리에틸렌 용기가 권장되고 작업장소 밖으로 배출하기 이전에 용기 표면에 붙은 석면분진을 제거하기 위해 젖은 걸레로 닦거나 고성능필터가 장착된 진공청소기로 청소하여야 한다.

7.15 0.15 mm 두께의 폴리에틸렌 용기를 밀봉하기 전에 용기 내 잔류공기를 제거하기 위해 고성능필터가 장착된 진공청소기를 사용하고 용기의 상부를 비틀어 접은 상태로 테이프 등으로 밀봉하여야 한다.

7.16 폐기처리용 용기 안에는 바닥, 벽, 천정타일과 같이 뾰족한 부분을 가진 폐기물을 넣지 않도록 하다. 뾰족한 부분을 가진 폐기물은 일정높이로 쌓아서 0.15 mm 두께의 폴리에틸렌 시트를 이중으로 폐기물의 각 더미를 포장한 후에 폐기물의 형태에 맞는 적당한 용기에 담아야 한다.

참고문헌

석면 해체 · 제거 작업 지침 2019, 한국산업안전보건공단

<별지 1> 석면취급/해체 작업장의 경고표지
(산업안전보건기준에 관한 규칙 제490조 관련)

관계자 외 출입금지 석면 취급 / 해체 중 보호구 / 보호복 착용 흡연 및 음식물 섭취 금지

주) 1. 크기는 가로 70센티미터, 세로 50센티미터 이상
2. "관계자 외 출입금지" 글자의 크기는 가로 8센티미터, 세로 10센티미터 이상
3. 그밖에 글자의 크기는 가로 6센티미터, 세로 6센티미터 이상
4. 글자는 흰색 바탕에 흑색, 다만 "석면 취급/해체 중" 글자는 적색

<별지 2> 석면함유 잔재물 등의 처리 시 표지

1. 양식

석 면 함 유

신호어 : 발암성물질

유해・위험성 : 폐암, 악성중피종, 석면폐 등

예방조치 문구 : 취급 또는 폐기 시 석면분진이 발생하지 않도록 해야 합니다.
취급근로자는 방진마스크 등 개인보호구를 착용해야 합니다.

공급자 정보 :

※ "공급자 정보"에는 석면해체・제거 사업주의 성명, 주소, 전화번호를 적습니다.

2. 규격

규격
300 cm^2 (가로 × 세로) 이상 (0.25 × 세로) ≤ 가로 ≤ (4 × 세로)

건설업(석면해체 · 제거작업) 관리감독자 정가 13,000원

발 행 2019년 3월 20일 초판 2쇄
저 자 화학안전보건협회 (김정만 외 9인)
발행인 정우용
발행처 도서출판 동화기술
경기도 파주시 광인사길 201(문발동, 파주출판도시)
Tel (031)955-4211~6 donghwapub@nate.com
Fax (031)955-4217 www.donghwapub.co.kr
(등록) 1977년 12월 19일/9-16호

ISBN 978-89-425-9177-0